全国高等职业教育“十二五”规划教材
中国电子教育学会推荐教材
全国高职高专院校规划教材·精品与示范系列

电力电子技术及应用

王晓芳　主　编
潘洪坤　副主编

電子工業出版社
Publishing House of Electronics Industry
北京·BEIJING

内 容 简 介

本书结合国家示范专业建设课程改革成果，按照以能力为本位、以就业为导向的原则进行编写。主要内容分为器件和转换电路两大部分。在器件方面，除介绍普通的晶闸管外，还介绍了门极关断晶闸管、大功率晶体管、功率场效应晶体管、晶闸管的派生器件、功率二极管等；在转换电路部分，主要介绍可控整流、触发电路及保护电路、有源逆变电路、变频电路、交流调压电路、直流转换电路；后面还介绍较为典型的应用电路及综合实训内容。本书实用性较强，将课程内容与典型应用融为一体，注重培养读者的专业应用能力。

本书为高等职业本专科院校自动化类、机电类等专业相应课程的教材，以及开放大学、成人教育、自学考试、中职学校及培训班的教材，同时也可作为电力、电子相关专业工程技术人员的参考书。

本书配有免费的电子教学课件、练习题参考答案，详见前言。

图书在版编目（CIP）数据

电力电子技术及应用/王晓芳主编．—北京：电子工业出版社，2013.6
全国高职高专院校规划教材・精品与示范系列
ISBN 978-7-121-20156-1

Ⅰ. ①电… Ⅱ. ①王… Ⅲ. ①电力电子技术—高等职业教育—教材 Ⅳ. ①TM1

中国版本图书馆 CIP 数据核字（2013）第 071103 号

策划编辑：陈健德（E-mail:chenjd@phei.com.cn）
责任编辑：桑 昀
印　　刷：北京京华虎彩印刷有限公司
装　　订：北京京华虎彩印刷有限公司
出版发行：电子工业出版社
　　　　　北京市海淀区万寿路 173 信箱　邮编　100036
开　　本：787×1 092　1/16　印张：16　字数：423 千字
版　　次：2013 年 6 月第 1 版
印　　次：2018 年 1 月第 4 次印刷
定　　价：32.00 元

凡所购买电子工业出版社图书有缺损问题，请向购买书店调换。若书店售缺，请与本社发行部联系，联系及邮购电话：（010）88254888，88258888。

质量投诉请发邮件至 zlts@phei.com.cn，盗版侵权举报请发邮件至 dbqq@phei.com.cn。

本书咨询联系方式：chenjd@phei.com.cn。

职业教育　继往开来（序）

自我国经济在21世纪快速发展以来，各行各业都取得了前所未有的进步。随着我国工业生产规模的扩大和经济发展水平的提高，教育行业受到了各方面的重视。尤其对高等职业教育来说，近几年在教育部和财政部实施的国家示范性院校建设政策鼓舞下，高职院校以服务为宗旨、以就业为导向，开展工学结合与校企合作，进行了较大范围的专业建设和课程改革，涌现出一批示范专业和精品课程。高职教育在为区域经济建设服务的前提下，逐步加大校内生产性实训比例，引入企业参与教学过程和质量评价。在这种开放式人才培养模式下，教学以育人为目标，以掌握知识和技能为根本，克服了以学科体系进行教学的缺点和不足，为学生的顶岗实习和顺利就业创造了条件。

中国电子教育学会立足于电子行业企事业单位，为行业教育事业的改革和发展，为实施"科教兴国"战略做了许多工作。电子工业出版社作为职业教育教材出版大社，具有优秀的编辑人才队伍和丰富的职业教育教材出版经验，有义务和能力与广大的高职院校密切合作，参与创新职业教育的新方法，出版反映最新教学改革成果的新教材。中国电子教育学会经常与电子工业出版社开展交流与合作，在职业教育新的教学模式下，将共同为培养符合当今社会需要的、合格的职业技能人才而提供优质服务。

近期由电子工业出版社组织策划和编辑出版的"全国高职高专院校规划教材·精品与示范系列"，具有以下几个突出特点，特向全国的职业教育院校进行推荐。

（1）本系列教材的课程研究专家和作者主要来自于教育部和各省市评审通过的多所示范院校。他们对教育部倡导的职业教育教学改革精神理解得透彻准确，并且具有多年的职业教育教学经验及工学结合、校企合作经验，能够准确地对职业教育相关专业的知识点和技能点进行横向与纵向设计，能够把握创新型教材的出版方向。

（2）本系列教材的编写以多所示范院校的课程改革成果为基础，体现重点突出、实用为主、够用为度的原则，采用项目驱动的教学方式。学习任务主要以本行业工作岗位群中的典型实例提炼后进行设置，项目实例较多，应用范围较广，图片数量较大，还引入了一些经验性的公式、表格等，文字叙述浅显易懂。增强了教学过程的互动性与趣味性，对全国许多职业教育院校具有较大的适用性，同时对企业技术人员具有可参考性。

（3）根据职业教育的特点，本系列教材在全国独创性地提出"职业导航、教学导航、知识分布网络、知识梳理与总结"及"封面重点知识"等内容，有利于老师选择合适的教材并有重点地开展教学过程，也有利于学生了解该教材相关的职业特点和对教材内容进行高效率的学习与总结。

（4）根据每门课程的内容特点，为方便教学过程对教材配备相应的电子教学课件、习题答案与指导、教学素材资源、程序源代码、教学网站支持等立体化教学资源。

职业教育要不断进行改革，创新型教材建设是一项长期而艰巨的任务。为了使职业教育能够更好地为区域经济和企业服务，殷切希望高职高专院校的各位职教专家和老师提出建议和撰写精品教材（联系邮箱：chenjd@phei.com.cn，电话：010-88254585），共同为我国的职业教育发展尽自己的责任与义务！

中国电子教育学会

前　言

随着科学技术的进步，新型的电力电子器件不断涌现，电力电子技术的应用范围不断拓展，促进了行业技术与产品的发展。为满足行业岗位的技能需求，结合国家示范院校专业建设开展的课程改革，按照以能力为本位、以就业为导向的原则编写本书，力求反映教学内容的先进性，同时充分注重高职教育的特点。所涉及的理论知识以“必需、够用”为度，突出相关技术分析和实际应用方法的介绍，以适应企业对技术发展的要求。

本书内容分为器件和变换电路两大部分。在器件方面，除介绍了普通晶闸管外，还介绍门极关断晶闸管、大功率晶体管、功率场效应晶体管、晶闸管的派生器件、功率二极管等；在变换电路部分，主要介绍可控整流、触发电路及保护电路、有源逆变电路、变频电路、交流调压电路、直流变换电路。第 8 章介绍了较为典型的应用电路，本书最后设置了综合实训内容。本书有些章在传统内容的基础上，在章末还配有与本章内容相适应的实训内容，使理论和实训有机地结合起来，使学生通过实验加深对本章内容的理解，增强学生的感性认识，使学习更具有目的性和实践性，方便学习者顺利就业。

本书为高等职业本专科院校自动化类、机电类等专业相应课程的教材，以及开放大学、成人教育、自学考试、中职学校及培训班的教材，同时也可作为电力、电子相关专业工程技术人员的参考书。

本书由大连职业技术学院王晓芳任主编、潘洪坤任副主编，其中王晓芳编写了第 1～6 章以及前言、绪论、附录、习题，潘洪坤编写了第 7～8 章以及综合实训。

在编写过程中，参阅了许多同行专家们的论著文献，在此一并真诚致谢。

由于时间仓促，编者水平有限，教材中难免存在一些错误和不妥之处，敬请读者批评指正。

为了方便教师教学，本书配有免费的电子教学课件、练习题参考答案，请有需要的教师登录华信教育资源网（http://www.hxedu.com.cn）免费注册后再进行下载，有问题时请在网站留言或与电子工业出版社联系（E-mail:hxedu@phei.com.cn）。

编者

目　录

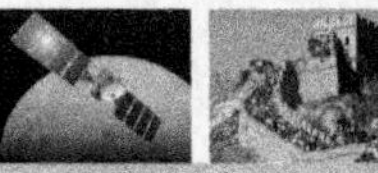

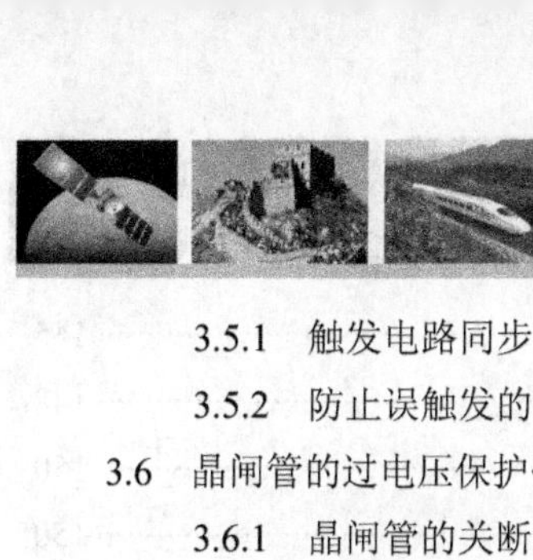

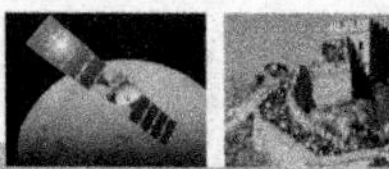

符号说明

符号	含 义	符号	含 义
u	电压瞬时值	U_{bb}	单结晶体管 b_1 与 b_2 两极之间的电压
u_1	整流变压器一次侧电压瞬时值	U_{do}	α=0° 时，整流电路输出电压平均值
u_2	整流变压器二次侧电压瞬时值（二次侧正弦电压瞬时值）	i	电流瞬时值
U_d	整流输出电压瞬时值	i_1	变压器一次侧绕组电流瞬时值
U_g	晶闸管门极电压瞬时值	i_2	变压器二次侧绕组电流瞬时值
U_L	电感（电抗器）两端电压瞬时值	i_d	整流电路的负载电流瞬时值
U_i	输入电压瞬时值	i_{VT}	流过晶闸管的电流瞬时值
U_o	输出电压瞬时值	i_{VD}	流过二极管的电流瞬时值
U_{VT}	晶闸管两端电压瞬时值	I	整流后负载上的电流有效值
U_{VD}	二极管两端电压瞬时值	I_1	变压器一次侧绕组的电流有效值
U_r	调制信号电压	I_2	变压器二次侧绕组的电流有效值
U_c	载波信号电压	I_d	整流电路的直流输出电流平均值
U_d	整流输出电压平均值	I_V	单结晶体管的谷点电流
U	整流电路负载电压有效值	I_H	晶闸管的维持电流
U_1	变压器一次侧电压有效值	I_L	晶闸管的擎住电流
U_2	变压器二次侧电压有效值	I_{VT}	流过晶闸管的电流有效值
$U_{VT(AV)}$	晶闸管通态平均电压	I_{VD}	流过二极管的电流有效值
U_r	换相电压降	$I_{T(AV)}$	晶闸管的通态平均电流
U_{BO}	晶闸管正向转折电压	I_{dVT}	流过晶闸管的电流平均值
U_{RO}	晶闸管反向击穿电压	I_G	晶闸管及 GTO 的门极电流
U_{DRM}	晶闸管正向断态重复峰值电压	I_{CM}	GTR 集电极最大电流
U_{RRM}	晶闸管反向断态重复峰值电压	$I_{F(AV)}$	功率二极管的正向平均电流
U_{DSM}	晶闸管正向断态不重复峰值电压	I_{ATO}	GTO 最大可关断阳极电流
U_{RSM}	晶闸管反向断态不重复峰值电压	I_P	单结晶体管的峰值电流
U_{VTM}	晶闸管承受的最大正、反向电压	α	晶闸管的控制角
U_F	二极管的正向压降	β	晶闸管的逆变角
U_P	单结晶体管峰点电压	γ	换相重叠角
U_V	单结晶体管谷点电压	δ	晶闸管的停止导电角

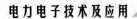

续表

符号	含　义	符号	含　义
θ_{VT}	晶闸管的导通角	R_L	负载电阻
θ_α	安全裕量角	K_f	波形系数
η	单结晶体管的分压比	t_{on}	开关的导通时间
t_q	晶闸管的关断时间	t_{off}	开关的断开时间
t_r	晶闸管、GTO、MOSFET、开通时的上升时间	T_s	开关的工作周期
t_{rr}	电力二极管反向恢复时间，晶闸管反向阻断时间	T	周期
t_{gt}	晶闸管的开通时间	i_k	两相漏电抗回路中产生的假想回路电流
t_{gr}	晶闸管的正向阻断恢复时间	di/dt	通态电流临界上升率
L_d	直流平波电抗器	du/dt	断态电压临界上升率
R_d	直流负载电阻		

绪　论

1. 什么是电力电子技术

电力电子技术是一种利用电力电子器件对电能进行控制、转换和传输的技术，它是一门电子学、电力学和控制理论相结合的边缘学科，随着电力电子技术的不断发展，它已成为一门涉及领域广阔的学科。自1958年第一只工业用普通晶闸管诞生以来，这一技术获得迅速发展，新型电力电子器件不断涌现，使电子技术进入了强电领域。目前，现代控制技术和微电子技术，使电力半导体器件向高频、高效、小型和智能化方向发展，电力电子技术日趋成熟，逐渐形成一个完整的体系。

电力电子技术主要包括两个方面，即电力半导体器件制造技术和电力半导体变流技术。前者是电力电子技术的基础，后者是电力电子技术的核心。两者既相辅相成、相互依存又相互促进，推动了电力电子技术的飞速发展，使其在科技进步和经济建设中发挥着越来越重要的作用。

2. 电力电子技术的发展概况

1）电力半导体器件

半导体变流技术的发展立足于电力半导体器件的发展，而电力半导体器件是以美国1956年生产的硅整流管（SR）和1958年生产的晶闸管（SCR）为起始点逐渐发展起来的。具体可分为以下四个阶段。

第一阶段是以整流管、晶闸管为代表的发展阶段。这一阶段的半导体器件在低频、大功率变流领域中的应用占有优势，很快便完全取代了汞弧整流器。

第二阶段是以GTO、GTR等全控型器件为代表的发展阶段。这一阶段的半导体器件虽仍采用电流型控制模式，但其应用使得变流器的高频化得以实现。

第三阶段是以功率MOSFET、IGBT等电压型全控器件为代表的发展阶段。此时半导体器件可直接用IC（集成控制器）进行驱动，高频特性更好，可以说器件制造技术已进入了和微电子技术相结合的初级阶段。

第四阶段是以SPIC、HVIC等功率集成电路为代表的发展阶段。在这一阶段中，电力电子技术与微电子技术更紧密地结合在一起，所使用的半导体器件是将全控型电力电子器件与驱动电路、控制电路、传感电路、保护电路、逻辑电路等集成在一起的高度智能化的功率集成电路，它实现了器件与电路的集成，强电与弱电、功率流与信息流的集成，成为机和电之间的智能化接口、机电一体化的基础单元。预计PIC（功率集成电路）的应用将使电力电子技术实现第二次革命，进入全新的智能化时代。

2）电力半导体变流技术

变流技术的发展大致经历了以下三个阶段。

第一阶段是电子管、离子管（闸流管、汞弧整流器、高压汞弧阀）的发展与应用阶段。此

时的变流技术属于整流变换，只是变流技术的一小部分。

第二阶段是硅整流管、晶闸管的发展与应用阶段，主要指晶闸管的应用阶段。随着器件制造水平的不断提高，变流装置保护措施的不断完善，使得硅整流管、晶闸管在变流装置中的应用技术日趋成熟。这一阶段，随着整流管特别是晶闸管制造水平的不断提高，半导体变流技术所涉及的应用领域不断扩展。

第三阶段是全控型电力半导体器件的发展与应用阶段，也是半导体电力变流器向高频化发展的阶段，同时还是变流装置的控制方式由移相控制（Phase Shift Control，PSC）向时间比率控制（Time Ratio Control，TRC）发展的阶段。

第三阶段的发展是随着全控型器件的发展而逐渐展开的。时至今日，晶闸管应用领域的绝大部分已经或即将被功率集成器件所取代，只是在大功率、特大功率的电化、电子电源与电力系统有关的高压直流输电（HVDC）、静止式动态无功功率补偿装置（SVC）、串联可控电容补偿装置（SCC）等应用领域，晶闸管暂时还不能被取代。

3．电力电子技术的应用

电力电子技术发展到今天，其应用范围大致可分为以下六个方面。

（1）整流：实现 AC/DC 的转换。

（2）逆变：实现 DC/AC 的转换。

（3）变频：实现 AC/DC/AC（AC/AC）的转换。

（4）交流调压：把不变的交流电压转换成电压有效值可调的交流电压。

（5）斩波：实现 DC/DC（AC/DC/DC）的转换。

（6）静止式固态断路器：实现无触点的开关、断路器的功能。

4．本课程的任务与要求

电力电子技术课程是高职电气自动化专业的一门主干专业课程。它的任务是：讲授晶闸管（SCR）等电力电子器件的工作原理、特性参数及应用技术的基本理论知识，并通过实践环节，培养学生具有安装、调试和维修电力电子器件组成的各种设备的能力，使学生掌握电力电子技术的基本知识和基本技能，为学习其他专业知识和职业技能打好基础，增强以后对职业变化的适应能力。

学生通过理论学习与实践训练，应达到以下要求。

（1）掌握电力电子技术中的基本概念和基本分析方法。

（2）掌握常用电力电子器件的特性、主要参数、选用方法及应用范围。

（3）理解基本电路的原理、结构和用途。

（4）能独立完成教学基本要求中规定的实验与实训项目。

（5）能正确使用常用电子仪器仪表。观察实验现象，记录有关数据，并能通过分析比较得出正确结论。

（6）能阅读和分析常见的电力电子电路原理图及电力电子设备的电路方框图。

（7）能够借助工具书和设备铭牌、产品说明书、产品目录（手册）等资料，查阅电子元器件及产品的有关数据、功能和使用方法。

（8）能正确选用电力电子器件并组装常用电路。

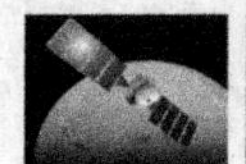

（9）能初步判断和分析以电力电子器件为主所构成的设备的一般故障，并能处理此类设备的简单故障。

电力电子技术所涉及的知识面广、内容多，在学习中应注意复习电工基础、电子技术、电机与电气控制等课程的内容。在讲授和学习中要着重于物理概念及分析问题的方法，重视实验和读图等应用能力的培养。

本课程将涉及高等数学、电路分析、电子技术、电动机拖动等学科知识，学习本课程时需要复习相关课程并综合运用所学知识。

第1章 电力电子器件

教学导航

教	知识重点	1．晶闸管的结构、外形、符号工作原理及其特性 2．全控型电力电子器件结构及其特性 3．晶闸管的派生器件及其特性 4．功率二极管及其特性 5．如何鉴别晶闸管的好坏
	知识难点	晶闸管的导通与关断条件
	推荐教学方式	先去实训室观察晶闸管等电力电子器件的结构，再用实验测试法让学生对晶闸管的导通与关断条件有个清楚的认知，然后利用多媒体演示结合讲授法让学生掌握晶闸管等电力电子器件的结构、外形、符号工作原理及其特性
	建议学时	6学时
学	推荐学习方法	以观察法和实验测试法为主，结合分析法、判断法
	必须掌握的理论知识	晶闸管的结构、外形、符号工作原理及其特性全控型电力电子器件结构及其特性
	必须掌握的技能	会连接晶闸管的导通电路 学会使用万用表测试晶闸管的好坏

通过控制信号可以控制普通晶闸管的导通，但不能控制其关断，所以称其为半控型器件。功率二极管有时又称电力二极管，由于不能通过信号控制其导通和关断，因此又可称其为不可控器件。功率二极管和晶闸管还有许多派生器件，如快速恢复二极管、肖特基二极管、双向晶闸管、快速晶闸管、逆导晶闸管和光控晶闸管等。

通过控制信号既可以控制其导通，又可以控制其关断的电力电子器件被称为全控型器件。这类器件的品种很多，目前常用的有门极可关断晶闸管（GTO）、大功率晶体管（GTR）、功率场效应晶体管（Power MOSFET）、绝缘栅双极型晶体管（IGBT）、静电感应晶体管（SIT）及静电感应晶闸管（SITH）等。

根据器件参与导电的内部载流子种类的不同，全控型器件又可分为单极型、双极型和复合型三类。器件内部只有一种载流子参与导电的称为单极型器件，如 Power MOSFET 和 SIT 等；器件内部有电子和空穴两种载流子参与导电的称为双极型器件，如 GTR、GTO 和 SITH 等；由双极型器件与单极型器件复合而成的新器件称为复合型器件，如 IGBT 等。

1.1 普通晶闸管

晶闸管是一种既具有开关作用又具有整流作用的大功率半导体器件。由于它具有体积小、重量轻、效率高、动作迅速、维护简单、操作方便和寿命长等特点，因而获得了广泛的应用。

1.1.1 晶闸管的结构

晶闸管是一种大功率半导体变流器件，它是具有三个 PN 结的四层结构，其外形、结构和电气图形符号如图 1-1 所示。由最外的 P_1 层和 N_2 层引出两个电极，分别为阳极 A 和阴极 K，由中间 P_2 层引出的电极是门极 G（也称控制极）。三个 PN 结称为 J_1、J_2、J_3。

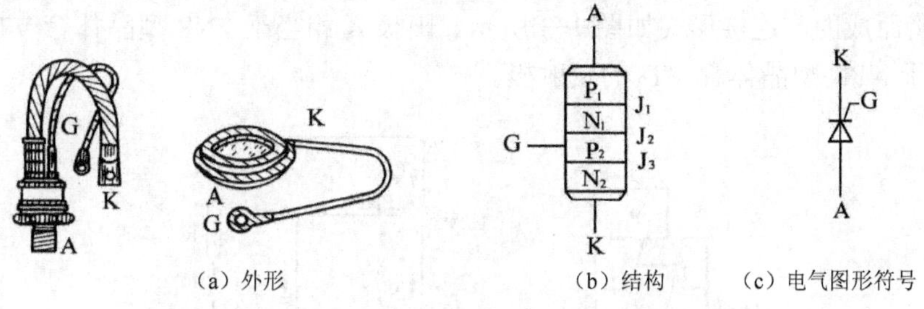

图 1-1 晶闸管的外形、结构和电气图形符号

常用的晶闸管有螺栓式和平板式两种外形，如图 1-1（a）所示。晶体管在工作过程中会因损耗而发热，因此必须安装散热器。靠阳极（螺栓）拧紧在铝制散热器上的螺栓式晶闸管，冷却方式是自然冷却；由两个相互绝缘的散热器夹紧晶闸管的平板式晶闸管，靠冷风冷却。额定电流大于 200A 的晶闸管都是平板式外形。此外，晶闸管的冷却方式还有水冷、油冷等。

1.1.2 晶闸管的工作原理

下面通过如图 1-2 所示的电路来说明晶闸管的工作原理。在该电路中，由电源 E_a、白炽灯、

晶闸管的阳极 A 和阴极 K 组成晶闸管的主电路；由电源 E_g、开关 S、晶闸管的门极 G 和阴极 K 组成控制电路，也称为触发电路。

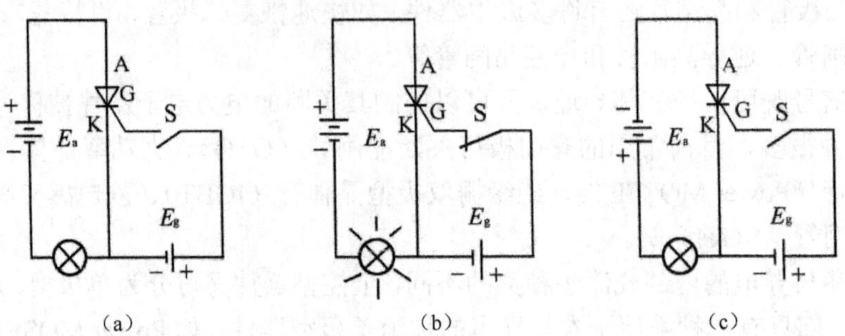

图 1-2　晶闸管导通实验电路图

当晶闸管的阳极 A 接电源 E_a 的正极，阴极 K 经白炽灯接电源 E_a 的负极时，晶闸管承受正向电压。当控制电路中的开关 S 断开时，白炽灯不亮，说明晶闸管不导通。

当晶闸管承受正向电压，控制电路中开关 S 闭合，使控制极也加正向电压（控制极相对阴极）时，白炽灯亮，说明晶闸管导通。

当晶闸管导通时，将控制极上的电压去掉（即将开关 S 断开），白炽灯依然亮，说明一旦晶闸管导通，控制极就失去了控制作用。

当晶闸管的阳极和阴极间加反向电压时，不管控制极是否加电压，白炽灯都不亮，晶闸管截止。如果控制极加反向电压，无论晶闸管主电路加正向电压还是反向电压，晶闸管都不导通。

通过上述实验可知，晶闸管导通必须同时具备两个条件：①晶闸管主电路加正向电压；②晶闸管控制电路加合适的正向电压。

为了进一步说明晶闸管的工作原理，可把晶闸管看成是由一个 PNP 型晶体管和一个 NPN 型晶体管连接而成的，连接形式如图 1-3 所示。阳极 A 相当于 PNP 型晶体管 VT_1 的发射极，阴极 K 相当于 NPN 型晶体管 VT_2 的发射极。

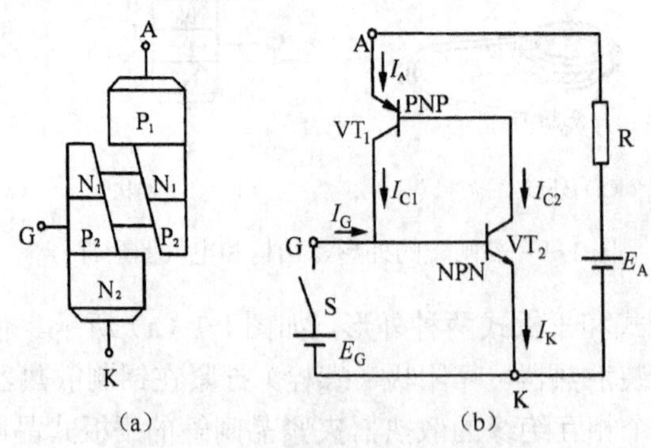

图 1-3　晶闸管工作原理等效电路

当晶闸管阳极承受正向电压，控制极也加正向电压时，晶体管 VT_2 处于正向偏置，E_G 产生的控制极电流 I_G 就是 VT_2 的基极电流 I_{B2}，VT_2 的集电极电流 $I_{C2}=\beta_2 I_G$。而 I_{C2} 又是晶体管 VT_1 的基极电流，VT_1 的集电极电流 $I_{C1}=\beta_1 I_{C2}=\beta_1\beta_2 I_G$（$\beta_1$ 和 β_2 分别是 VT_1 和 VT_2 的电流放大系

数）。电流 I_{C1} 又流入 VT_2 的基极，再一次放大。这样循环下去，形成了强烈的正反馈，使两个晶体管很快达到饱和导通，这就是晶闸管的导通过程。导通后，晶闸管上的压降很小，电源电压几乎全部加在负载上，晶闸管中流过的电流即负载电流。

在晶闸管导通之后，它的导通状态完全依靠管子本身的正反馈作用来维持，即使控制极电流消失，晶闸管仍将处于导通状态。因此，控制极的作用仅是触发晶闸管使其导通，导通之后，控制极就失去了控制作用。要想关断晶闸管，最根本的方法就是将阳极电流减小到使之不能维持正反馈的程度，也就是将晶闸管的阳极电流减小到小于维持电流。可采用的方法有：将阳极电源断开；改变晶闸管的阳极电压的方向，即在阳极和阴极间加反向电压。

1.1.3　晶闸管的伏安特性

晶闸管阳极与阴极间的电压 U_A 和阳极电流 I_A 的关系称为晶闸管的伏安特性，正确使用晶闸管必须要了解其伏安特性。如图 1-4 所示为晶闸管的伏安特性曲线，包括正向特性（第一象限）和反向特性（第三象限）两部分。

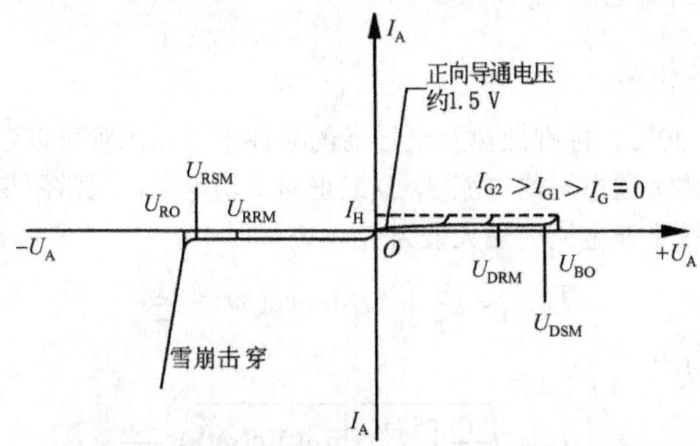

图 1-4　晶闸管的伏安特性曲线

晶闸管的正向特性又有阻断状态和导通状态之分。在正向阻断状态时，晶闸管的伏安特性是一组随门极电流 I_G 的增加而不同的曲线簇。当 I_G=0 时，逐渐增大阳极电压 U_A，只有很小的正向漏电流，晶闸管正向阻断；随着阳极电压的增加，当达到正向转折电压 U_{BO} 时，漏电流突然剧增，晶闸管由正向阻断状态突变为正向导通状态。这种在 I_G=0 时，依靠增大阳极电压而强迫晶闸管导通的方式称为"硬开通"。多次"硬开通"会使晶闸管损坏，因此通常不允许这样做。

随着门极电流 I_G 的增大，晶闸管的正向转折电压 U_{BO} 迅速下降，当 I_G 足够大时，晶闸管的正向转折电压很小，可以看成与一般二极管一样，只要加上正向阳极电压，晶闸管就能导通。晶闸管正向导通的伏安特性与二极管的正向特性相似，即当流过较大的阳极电流时，晶闸管的压降很小。

晶闸管正向导通后，要使晶闸管恢复阻断，只有逐步减小阳极电流 I_A，使 I_A 下降到小于维持电流 I_H（维持晶闸管导通的最小电流），则晶闸管又由正向导通状态变为正向阻断状态。图 1-4 中各物理量的含义如下：U_{DRM}、U_{RRM}——正、反向断态重复峰值电压；U_{DSM}、U_{RSM}——正、反向断态不重复峰值电压；U_{BO}——正向转折电压；U_{RO}——反向击穿电压。

晶闸管的反向特性与一般二极管的反向特性相似。在正常情况下，当承受反向阳极电压时，晶闸管总是处于阻断状态，只有很小的反向漏电流流过。当反向电压增加到一定值时，反向漏电流增加较快，再继续增大反向阳极电压会导致晶闸管反向击穿，造成晶闸管永久性损坏，这时对应的电压为反向击穿电压 U_{RO}。

1.1.4 晶闸管的主要参数

1．正向断态重复峰值电压 U_{DRM}

在控制极断路和晶闸管正向阻断的条件下，可重复加在晶闸管两端的正向峰值电压称为正向断态重复峰值电压 U_{DRM}。一般规定此电压为正向转折电压 U_{BO} 的 80%。

2．反向断态重复峰值电压 U_{RRM}

在控制极断路时，可以重复加在晶闸管两端的反向峰值电压称为反向断态重复峰值电压 U_{RRM}。此电压取反向击穿电压 U_{BO} 的 80%。

3．通态平均电流 $I_{T(AV)}$

在环境温度小于 40℃，标准散热及全导通的条件下，晶闸管可以连续导通的最大工频正弦半波电流的平均值称为通态平均电流 $I_{T(AV)}$或正向平均电流，通常所说晶闸管是多少安就是指这个电流。如果正弦半波电流的最大值为 I_M，则

$$I_{T(AV)}=\frac{1}{2\pi}\int_0^{\pi} I_M\sin\omega t\mathrm{d}(\omega t)=\frac{I_M}{\pi} \tag{1-1}$$

额定电流有效值为

$$I_T=\sqrt{\frac{1}{2\pi}\int_0^{\pi} I_M^2(\sin\omega t)^2\mathrm{d}(\omega t)}=\frac{I_M}{2} \tag{1-2}$$

然而在实际使用中，流过晶闸管的电流波形形状、波形导通角并不是一定的，各种含有直流分量的电流波形都有一个电流平均值（一个周期内波形面积的平均值），也就有一个电流有效值（均方根值）。现定义某电流波形的有效值与平均值之比为这个电流的波形系数，用 K_f 表示，即

$$K_f=\frac{\text{电流有效值}}{\text{电流平均值}} \tag{1-3}$$

根据式（1-3）可求出正弦半波电流的波形系数，即

$$K_f=\frac{I_T}{I_{T(AV)}}=\frac{\pi}{2}=1.57 \tag{1-4}$$

这说明额定电流 $I_{T(AV)}$=100A 的晶闸管，其额定电流有效值为 $I_T=K_f I_{T(AV)}$=157A。

不同的电流波形有不同的平均值与有效值，波形系数 K_f 也不同。在选用晶闸管时，首先要根据管子的额定电流（通态平均电流）求出元件允许流过的最大有效电流。不论流过晶闸管的电流波形如何，只要流过元件的实际电流最大有效值小于或等于晶闸管的额定有效值，且在规定的散热冷却条件下，管芯的发热就能限制在允许范围内。

由于晶闸管的电流过载能力比一般电动机、电器要小得多，因此在选用晶闸管额定电流时，

根据实际最大的电流计算后至少要乘以 1.5～2 的安全系数，使其有一定的电流裕量。

4. 维持电流 I_H 和掣住电流 I_L

在室温且控制极开路时，维持晶闸管继续导通的最小电流称为维持电流 I_H。维持电流大的晶闸管容易关断。维持电流与元件容量、结温等因素有关，同一型号的元件其维持电流也不相同。通常在晶闸管的铭牌上标明了常温下 I_H 的实测值。

给晶闸管门极加上触发电压，当元件刚从阻断状态转为导通状态时，就撤掉触发电压，此时元件维持导通所需要的最小阳极电流称为掣住电流 I_L。对同一晶闸管来说，掣住电流 I_L 为维持电流 I_H 的 2～4 倍。

5. 晶闸管的开通与关断时间

晶闸管作为无触点开关，在导通与阻断两种工作状态之间的转换并不是瞬时完成的，需要一定的时间。当元件的导通与关断频率较高时，就必须考虑这种时间的影响。

1）开通时间 t_{gt}

从门极触发电压前沿的 10%到元件阳极电压下降至 10%所需的时间称为开通时间 t_{gt}，普通晶闸管的 t_{gt} 约为 6μs，开通时间与触发脉冲的陡度大小、结温以及主回路中的电感量等有关。为了缩短开通时间，常采用实际触发电流比规定触发电流大 3～5 倍、前沿陡的窄脉冲来触发，称为强触发。另外，如果触发脉冲不够宽，晶闸管就不可能触发导通。一般来说，要求触发脉冲的宽度稍大于 t_{gt}，以保证晶闸管可靠触发。

2）关断时间 t_q

晶闸管导通时，内部存在大量的载流子。晶闸管的关断过程是：当阳极电流刚好下降到零时，晶闸管内部各 PN 结附近仍然有大量的载流子未消失，此时若马上重新加上正向电压，晶闸管会不经触发而立即导通，只有再经过一定的时间，待元件内的载流子通过复合而基本消失之后，晶闸管才能完全恢复正向阻断能力。晶闸管从正向阳极电流下降为零到它恢复正向阻断能力所需要的这段时间称为关断时间 t_q。

晶闸管的关断时间与元件结温、关断前阳极电流的大小以及所加反向电压的大小有关。普通晶闸管的 t_q 为几十到几百微秒。

6. 通态电流临界上升率 di/dt

门极流入触发电流后，晶闸管开始只在靠近门极附近的小区域内导通，随着时间的推移，导通区域才逐渐扩大到 PN 结的全部区域。如果阳极电流上升得太快，就会导致门极附近的 PN 结因电流密度过大而烧毁，使晶闸管损坏。因此，对晶闸管必须规定允许的最大通态电流上升率，称通态电流临界上升率 di/dt。

7. 断态电压临界上升率 du/dt

晶闸管的结面积在阻断状态下相当于一个电容，若突然加一正向阳极电压，便会有一个充电电流流过结面，该充电电流流经靠近阴极的 PN 结时，产生相当于触发电流的作用，如果这个电

流过大，将会使元件误触发导通，因此对晶闸管还必须规定允许的最大断态电压上升率。在规定条件下，晶闸管直接从断态转换到通态的最大阳极电压上升率称为断态电压临界上升率 du/dt。

1.1.5 晶闸管的型号及简单测试方法

1. 晶闸管的型号

按国家 JB 1144—75 规定，普通硅晶闸管型号中各部分的含义如图 1-5 所示。

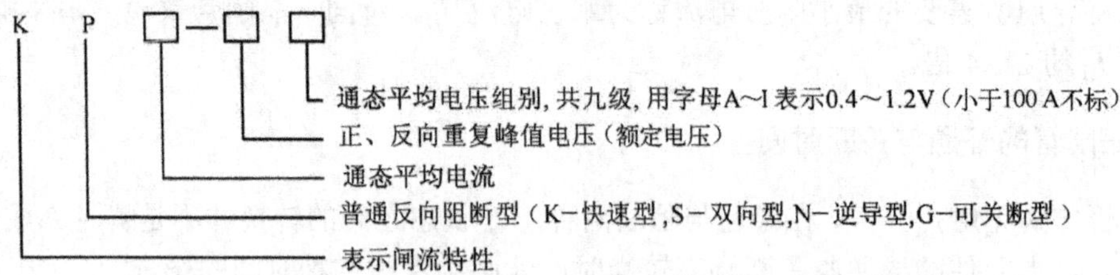

图 1-5 普通硅晶闸管型号中各部分的含义

如 KP5—7E 表示额定电流为 5A、额定电压为 700V 的普通晶闸管。

2. 晶闸管的简单测试方法

对于晶闸管的三个电极，可以用万用表粗测其好坏。依据 PN 结单向导电原理，用万用表欧姆挡测试元件的三个电极之间的阻值，可初步判断管子是否完好。如用万用表 R×1k 挡测量阳极 A 和阴极 K 之间的正、反向电阻都很大，在几百千欧以上，且正、反向电阻相差很小，用 R×10 或 R×100 挡测量控制极 G 和阴极 K 之间的阻值，其正向电阻应小于或接近反向电阻，这样的晶闸管是好的。如果阳极与阴极或阳极与控制极间为短路，或者阴极与控制极间为短路或断路，则晶闸管是坏的。

1.2 全控型电力电子器件

1.2.1 门极可关断晶闸管（GTO）

门极可关断晶闸管（Gate Turn Off Thyristor，GTO）具有普通晶闸管的全部特性，如耐压高（工作电压可高达 6000V）、电流大（电流可达 6000A）以及造价便宜等，同时它又具有门极正脉冲信号触发导通、门极负脉冲信号触发关断的特性。在它的内部有电子和空穴两种载流子参与导电，所以它属于全控双极型器件。它的电气图形符号如图 1-6 所示，有阳极 A、阴极 K 和门极 G 三个电极。

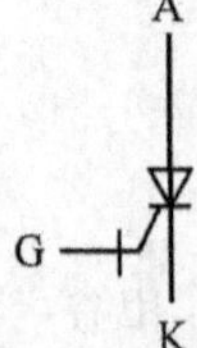

图 1-6 GTO 的电气图形符号

1. GTO 的基本工作原理

GTO 的工作原理与普通晶闸管相似，其结构也可以等效看成是由一个 PNP 晶体管和一个 NPN 晶体管组成的反馈电路。两个等效晶体管的电流放大倍数分别为α_1和α_2。GTO 触发导通的条件是：当它的阳极与阴极之间承受正向电压，门极加正脉冲信号（门极为正，阴极为负）时，可使$\alpha_1+\alpha_2>1$，从而在其内部形成电流正反馈，使两个等效晶体管接近临界饱和的导通状态。

导通后的管压降比较大，一般为 2～3V。只要在 GTO 的门极加负脉冲信号，即可将其关断。GTO 采取了特殊工艺，使管子导通后处于接近临界饱和状态。因此，当 GTO 的门极加负脉冲信号（门极为负，阴极为正）时，门极出现反向电流，此反向电流将 GTO 的门极电流抽出，使其电流减小，α_1和α_2也同时下降，以致无法维持正反馈，从而使 GTO 关断。普通晶闸管导通时处于深度饱和状态，用门极抽出电流无法使其关断，而 GTO 处于临界饱和状态，因此可用门极负脉冲信号破坏临界状态使其关断。

由于 GTO 门极可关断，关断时，可在阳极电流下降的同时再施加逐步上升的电压，不像普通晶闸管关断时是在阳极电流等于零后才能施加电压的。因此，GTO 关断期间功耗较大。另外，因为导通压降较大，门极触发电流较大，所以 GTO 的导通功耗与门极功耗均比普通晶闸管大。

2. GTO 的特定参数

GTO 的基本参数与普通晶闸管大多相同，现将不同的主要参数介绍如下。

1）最大可关断阳极电流 I_{ATO}

GTO 的最大阳极电流除了受发热温升限制外，还会由于管子阳极电流 I_A 过大使$\alpha_1+\alpha_2$稍大于 1 的临界导通条件被破坏，管子饱和加深，导致门极关断失败，因此，GTO 必须规定一个最大可关断阳极电流 I_{ATO}，也就是管子的铭牌电流。I_{ATO}与管子电压上升率、工作频率、反向门极电流峰值和缓冲电路参数有关，在使用中应予以注意。

2）关断增益β_q

该参数是用来描述 GTO 关断能力的。关断增益β_q为最大可关断阳极电流 I_{ATO}与门极负脉冲电流最大值 I_{GM}之比，即

$$\beta_q=\frac{I_{ATO}}{|-I_{GM}|}$$

目前大功率 GTO 的关断增益为 3～5。采用适当的门极电路，很容易获得上升率较快、幅值足够大的门极负电流，因此在实际应用中不必追求过高的关断增益。

3）掣住电流 I_L

与普通晶闸管定义一样，I_L是指门极加触发信号后，阳极大面积饱和导通时的临界电流。GTO 由于工艺结构特殊，其 I_L要比普通晶闸管大得多，因而在加电感性负载时必须有足够的触发脉冲宽度。

GTO 有能承受反压和不能承受反压两种类型，在使用时要特别注意。

国产 50A GTO 的技术参数参见表 1-1。

表 1-1 国产 50A GTO 的技术参数

参数名称	符号	单位	参数值	参数名称	符号	单位	参数值
正向断态重复峰值电压	U_{DRM}	V	1000～1500	关断时间	t_q	μs	<10
反向断态重复峰值电压	U_{RRM}	V	受反压与不受反压两种	工作频率	f	kHz	3
阳极可关断电流	I_{ATO}	A	30、50	允许 $\frac{du}{dt}$	$\frac{du}{dt}$	V/μs	>500
掣住电流	I_L	A	0.5～2.5	允许 $\frac{di}{dt}$	$\frac{di}{dt}$	A/μs	>100
正向触发电流	I_G	mA	200～800	正向管压降（直流值）	U_V	V	2～4
反向关断电流	$-I_{GM}$	A	6～10	关断增益	β_q		5
开通时间	t_{gt}	μs	<6				

3．GTO 的缓冲电路

GTO 设置缓冲电路的目的有以下两个。

1）减轻 GTO 在开、关过程中的功耗

为了降低导通时的功耗，必须抑制 GTO 导通时阳极电流的上升率。GTO 关断时会出现溢流现象，即局部因电流密度过高导致瞬时温度过高，甚至使 GTO 无法关断，为此必须在管子关断时抑制电压上升率。

2）抑制静态电压上升率

过高的电压上升率会使 GTO 因位移电流产生误导通。图 1-7 为 GTO 的阻容缓冲电路，其电路形式和工作原理与普通晶闸管电路基本相似。图 1-7（a）只能用于小电流电路；图 1-7（b）与图 1-7（c）是较大容量 GTO 电路中常见的缓冲电路，其二极管尽量选用快速型、接线短的二极管，这将使缓冲电路阻容效果更显著。

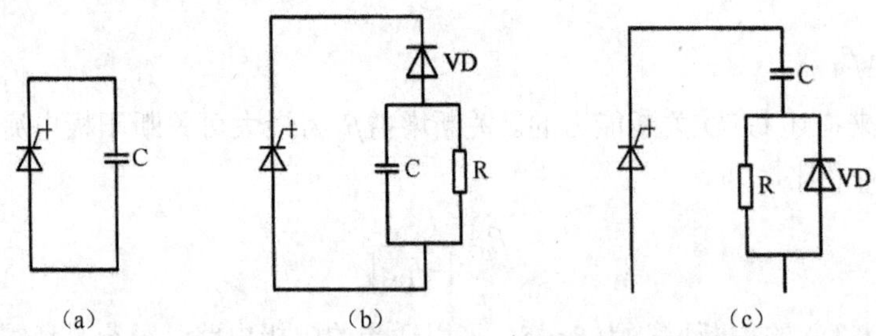

图 1-7 GTO 的阻容缓冲电路

4．GTO 的门极驱动电路

利用门极正脉冲信号可使 GTO 导通，门极负脉冲信号可以使其关断，这是 GTO 最大的优点，但要使 GTO 关断所需的门极反向电流比较大，约为阳极电流的 1/5。尽管采用高幅值的窄脉冲信号可以减少关断所需的能量，但还是需要采用专门的触发驱动电路。

图 1-8（a）所示为小容量 GTO 门极驱动电路，属于电容储能电路。工作原理是利用正向门极电流向电容充电触发 GTO 导通；当关断时，电容储能释放形成门极关断电流。图中+E_C

是电路的工作电源，U_1 为控制电压。当 $U_1=0$ 时，复合管 VT_1、VT_2 饱和导通，VT_3、VT_4 截止，电源 E_C 对电容 C 充电，形成正向门极电流，触发 GTO 导通；当 $U_1>0$ 时，复合管 VT_3、VT_4 饱和导通，电容 C 沿 VD_1、VT_4 放电，形成门极反向电流，使 GTO 关断，放电电流在 VD_1 上的压降保证了 VT_1、VT_2 截止。

图 1-8（b）是一种桥式驱动电路。当在晶体管 VT_1、VT_3 的基极加控制电压使它们饱和导通时，GTO 触发导通；当在普通晶闸管 VT_2、VT_4 的门极加控制电压使其导通时，GTO 关断。考虑到关断时门极电流较大，所以关断时用普通晶闸管组。晶体管组和晶闸管组是不能同时导通的。图中电感 L 的作用是在晶闸管阳极电流下降期间释放所储存的能量，补偿 GTO 的门极关断电流，提高关断能力。

上述两种触发电路都只能用于 300A 以下的 GTO 的导通，对于 300A 以上的 GTO 可用如图 1-8（c）所示的触发电路来控制。当 VT_1、VD 导通时，GTO 导通；当 VT_2、VT 导通时，GTO 关断。由于控制电路与主电路之间用变压器进行隔离，GTO 导通、关断时的电流不影响控制电路，所以提高了电路的容量，实现了用小电压对大电流电路的控制。

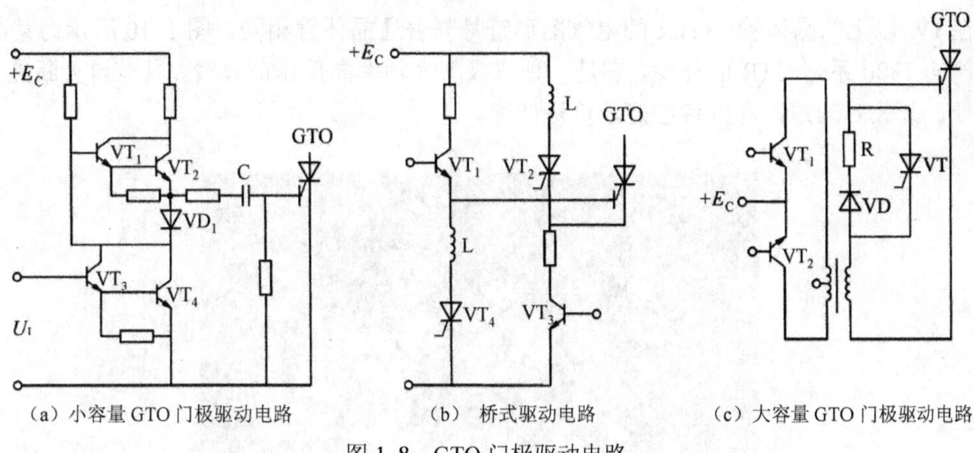

（a）小容量 GTO 门极驱动电路　（b） 桥式驱动电路　（c）大容量 GTO 门极驱动电路

图 1-8　GTO 门极驱动电路

5．GTO 的典型应用

GTO 主要用于高电压、大功率的直流变换电路（即斩波电路）及逆变器电路中，如恒压恒频电源（CVCF）、常用的不停电电源（UPS）等。另一类 GTO 的典型应用是调频调压电源，即 VVVF，此电源较多用于风机、水泵、轧机、牵引等交流变频调速系统中。

此外，由于 GTO 具有耐压高、电流大、开关速度快、控制电路简单方便等特点，因此还特别适用于汽油机点火系统。

如图 1-9 所示为一种用电感、电容关断 GTO 的点火电路。图中 GTO 为主开关，控制 GTO 导通与关断即可使脉冲变压器 TP 二次侧绕组产生瞬时高压，该电压使汽油机火花塞电极间隙产生火花。在晶体管 VT 的基极输入脉冲电压，低电平时，VT 截止，电源对电容 C 充电，同时触发 GTO。由于 L 和 C 组成 LC 谐振电路，C 两端可产生高于电源的电压。脉冲电压为高电平时，晶体管 VT 导通，C 放电并将其电压加于 GTO 门极，使 GTO 迅速、可靠地关断。R 为限电流电阻，C_1（0.5μF）与 GTO 并联，可限制 GTO 的电压上升率。

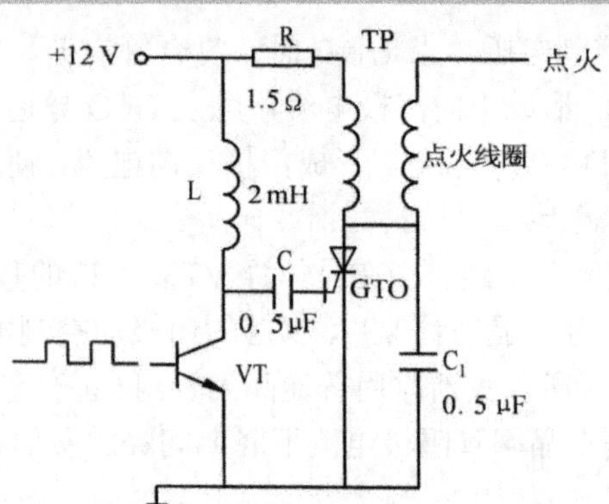

图 1-9　用电感、电容关断 GTO 的点火电路

1.2.2　大功率晶体管（GTR）

大功率晶体管又可称为电力晶体管（Giant Transistor，GTR），通常指耗散功率（或输出功率）在 1W 以上的晶体管。GTR 的电气图形符号与普通晶体管相同。图 1-10 所示为某晶体管厂生产的 1300 系列 GTR 的外观，它是一种双极型大功率高反压晶体管，具有自关断能力，控制方便，开关时间短，高频特性好，价格低廉。

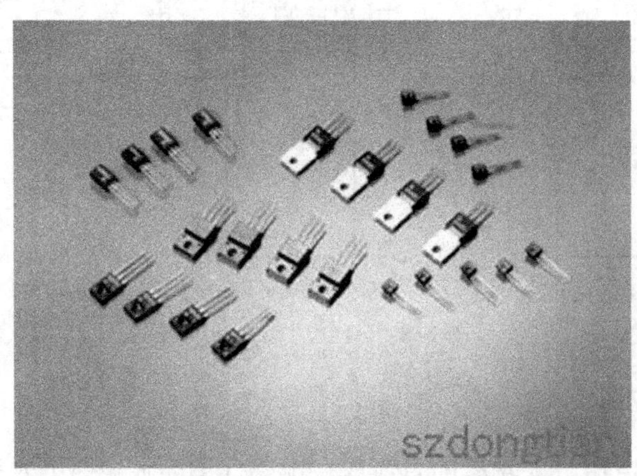

图 1-10　1300 系列 GTR 外观

目前，GTR 的容量已达 400A/1200V、1000A/400V，工作频率可达 5kHz，模块容量可达 1000A/1800V，频率为 30kHz，因此也可被用于不停电电源、中频电源和交流电机调速等电力变流装置中。

1. GTR 的极限参数

1）集电极最大电流 I_{CM}（最大电流额定值）

一般将直流电流放大倍数β下降到额定值的 1/2～1/3 时，集电极电流 I_C 的值定为 I_{CM}。因此，通常 I_C 的值只能到 I_{CM} 的一半左右，使用时绝不能让 I_C 值达到 I_{CM}，否则 GTR 的性能将变差。

2）集电极最大耗散功率 P_{CM}

P_{CM} 即 GTR 在最高集电结温度时所对应的耗散功率，它等于集电极工作电压与集电极工作电流的乘积。这部分能量转化为热能使管温升高，在使用中要特别注意 GTR 的散热。如果散热条件不好，会促使 GTR 的平均寿命下降。实践表明，工作温度每增加 20℃，平均寿命差不多下降一个数量级，有时会因温度过高而使 GTR 迅速损坏。

3）GTR 的反向击穿电压

（1）集电极与基极之间的反向击穿电压 U_{CBO}：当发射极开路时，集电极-基极间能承受的最高电压。

（2）集电极与发射极之间的反向击穿电压 U_{CEO}：当基极开路时，集电极-发射极间能承受的最高电压。

当 GTR 的电压超过某一定值时，管子性能会发生缓慢、不可恢复的变化，这些微小变化逐渐积累，最后导致管子性能显著变差。因此，实际管子的最大工作电压应比反向击穿电压低得多。

4）最高结温 T_{JM}

GTR 的最高结温与半导体材料的性质、器件制造工艺、封装质量有关。一般情况下，塑封硅管的 T_{JM} 为 125～150℃；金封硅管的 T_{JM} 为 150～170℃；高可靠平面管的 T_{JM} 为 175～200℃。

2．二次击穿和安全工作区

1）二次击穿

处于工作状态的 GTR，当其集电极反偏电压 U_{CE} 逐渐增大到最大电压时，集电极电流 I_C 急剧增大，但此时集电结的电压基本保持不变，这叫一次击穿，如图 1-11 所示。发生一次击穿时，如果有外接电阻限制电流 I_C 的增大，一般不会引起 GTR 的特性变差。如果继续增大 U_{CE}，又不限制 I_C 的增长，则当 I_C 上升到 A 点（临界值）时，U_{CE} 突然下降，而 I_C 继续增大（负阻效应），这时进入低压大电流段，直到管子被烧坏，这种现象称为二次击穿。

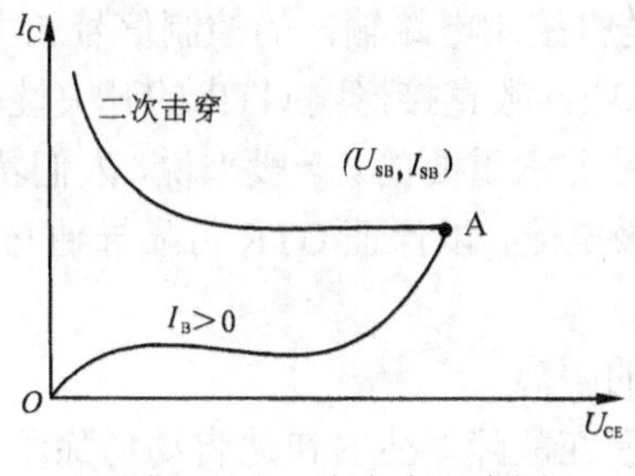

图 1-11　二次击穿示意图

A 点对应的电压 U_{SB} 和电流 I_{SB} 称为二次击穿的临界电压和临界电流，其乘积称为二次击穿的临界功率 P_{SB}，即 $P_{SB}=U_{SB}I_{SB}$。当 GTR 的基极正偏时，二次击穿的临界功率 P_{SB} 往往还小于 P_{CM}，但仍然能使 GTR 损坏。二次击穿的时间在微秒甚至纳秒数量级内，在这样短的时间内如果不采取有效保护措施，就会使 GTR 内出现明显的电流集中和过热点，轻者使器件耐压降低，特性变差；重者使集电结和发射结熔通，造成 GTR 永久性损坏。由于管子的材料、工

艺等因素的分散性，二次击穿难以计算和预测。

GTR 发生二次击穿损坏是它在使用中最大的弱点。要发生二次击穿，必须同时具备三个条件，即高电压、大电流及持续时间。因此，集电极电压、电流、负载性质、驱动脉冲宽度与驱动电路配置等都对二次击穿造成一定的影响。一般来说，工作在正常开关状态的 GTR 是不会发生二次击穿的。

2）安全工作区

安全工作区（Safe Operating Area，SOA）是指在输出特性曲线图上 GTR 能够安全运行的电流、电压的极限范围，如图 1-12 所示。二次击穿临界电压 U_{SB} 与二次击穿临界电流 I_{SB} 组成的二次击穿临界功率 P_{SB} 曲线如图中虚线所示，它是一个不等功率曲线。以 3DD8E 晶体管测试数据为例，其 P_{CM}=100W，U_{CEO}≥200V，但由于受到二次击穿的限制，当 U_{CE}=100V 时，P_{SB} 为 60W；当 U_{CE}=200V 时，P_{SB} 仅为 28W。因此，为了防止二次击穿，要选用功率足够大的管子，实际使用的最高电压通常要比管子的极限电压低得多。图 1-12 中阴影部分即为 SOA。

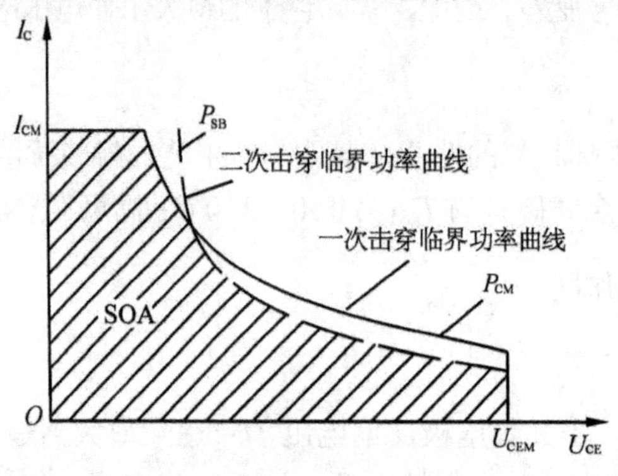

图 1-12　GTR 安全工作区

3．GTR 的基极驱动电路及其保护电路

1）基极驱动电路

GTR 基极驱动电路的作用是将控制电路输出的控制信号放大到足以保证 GTR 可靠导通和关断的程度。基极驱动电路的各项参数直接影响 GTR 的开关性能，因此根据主电路的需要正确选择和设计 GTR 的驱动电路是非常重要的。一般来说，人们希望基极驱动电路有如下功能：

① 提供全程的正、反向基极电流，以保证 GTR 可靠导通与关断，理想的基极驱动电流波形如图 1-13 所示。

② 实现主电路与控制电路的隔离。

③ 具有自动保护功能，以便在故障发生时快速自动切除驱动信号，避免损坏 GTR。

④ 电路尽可能简单，工作稳定可靠，抗干扰能力强。

GTR 驱动电路的形式很多，下面分别介绍几种，以供参考。

（1）简单的双电源驱动电路。

双电源驱动电路如图 1-14 所示，驱动电路与 GTR（VT_6）直接耦合，控制电路用光耦合实现电隔离，正、负电源（$+U_{C2}$ 和 $-U_{C3}$）供电。当输入端 S 为低电位时，VT_1～VT_3 导通，VT_4、VT_5 截止，B 点电压为负，给 GTR 基极提供反向基极电流，此时 GTR（VT_6）关断；当

S 端为高电位时，VT_1～VT_3 截止，VT_4、VT_5 导通，VT_6 流过正向基极电流，此时 GTR 开通。

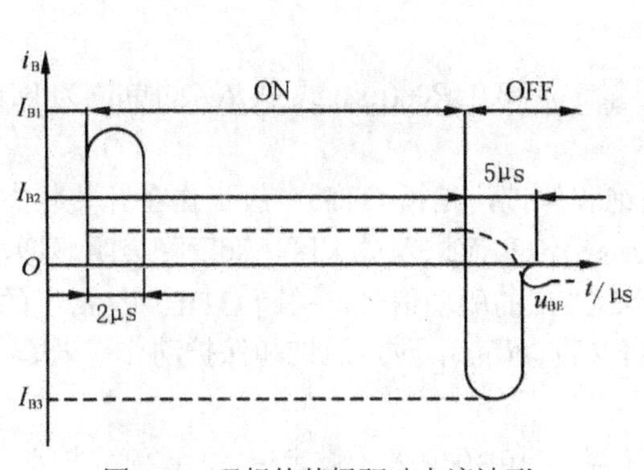

图 1-13 理想的基极驱动电流波形

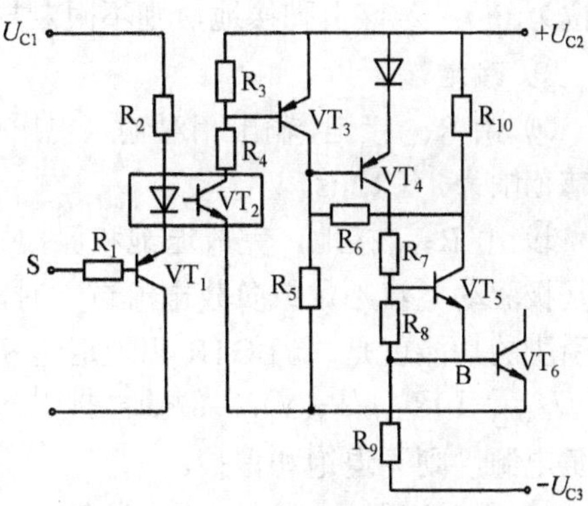

图 1-14 双电源驱动电路

（2）集成基极驱动电路。

THOMSON 公司生产的 UAA4002 大规模集成基极驱动电路可对 GTR 实现较理想的基极电流优化驱动和自身保护。它采用标准的双列 DIP-16 封装，对 GTR 基极正向驱动能力为 0.5A，反向驱动能力为–3A，也可以通过外接晶体管扩大驱动能力，不需要隔离环节。UAA4002 可对被驱动的 GTR 实现过流保护、退饱和保护、最小导通的时间限制、最大导通的时间限制、正反向驱动电源电压监控以及自身过热保护。

UAA4002 内部功能框图如图 1-15 所示。各引脚的功能如下：

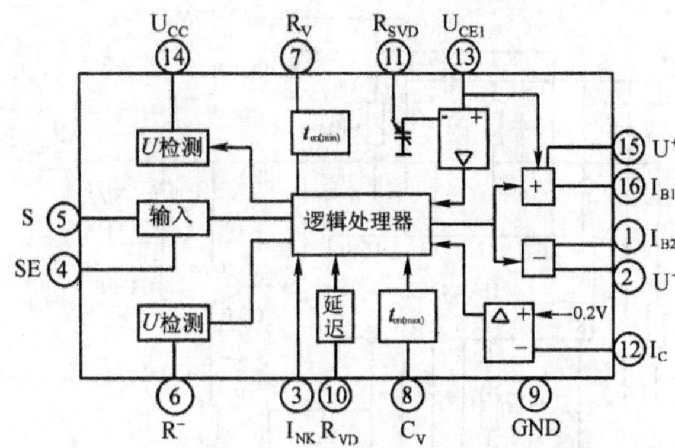

图 1-15 UAA4002 内部功能框图

① 反向基极电流 I_{B2} 输出端。

② 负电源端（–5V）。

③ 输出脉冲封锁端，为“1”则封锁输出信号，为“0”则解除封锁。

④ 输入的选择端，为“1”选择电平输入，为“0”选择脉冲输入。

⑤ 驱动信号输入端。

⑥ 由 R^- 接负电源，该引脚通过一个电阻与负电源相接。当负电源的电压欠压时可起保护作用；若该引脚接地，则无此保护作用。

⑦ 通过电阻 R_V 的阻值决定最小导通时间 $t_{on(min)}=0.06R_V(\mu s)$（式中 R_V 的单位为 kΩ），实际中 $t_{on(min)}$ 可在 1～12μs 之间调节。

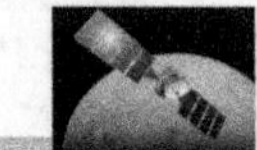

⑧ 通过电容 C_V 接地，最大导通时间 $t_{on(max)}=2R_V \cdot C_V$(μs)（式中 R_V 的单位为 kΩ，C_V 的单位为μF）；若该引脚接地，则不限制导通时间。

⑨ 接地端。

⑩ 由 R_{VD} 接地，输出相对输入电压前沿延迟量 $T_{VD}=0.05R_{VD}$(μs)（式中 R_{VD} 的单位为 kΩ），调节范围为 1～12μs。

⑪ 由 R_{SVD} 接地，完成退饱和保护。所谓退饱和保护，是指 GTR 一般工作在开关状态，当基极驱动电流不足或负载电流过大时，GTR 会退出饱和而进入放大区，管压降会明显增加。此引脚的功能就是，当 GTR 出现退饱和时，切除 GTR 的驱动信号，关断 GTR。R_{SVD} 上的电压 $U_{R_{SVD}}=10R_{SVD}/R_V$(V)，当从⑬ 脚引入的管压降 $U_{CE1}>U_{R_{SVD}}$ 时，退饱和保护动作；若⑪ 脚接负电源，则无退饱和保护。

⑫ 过电流保护端，接 GTR 发射极的电流互感器。若电流值大于设定值，则过流保护动作，关断 GTR；若该引脚接地，则无过流保护功能。

⑬ 通过抗饱和二极管接到 GTR 的集电极。

⑭ 正电源端（10～15V）。

⑮ 输出级电源输入端，由 R 接正电源。调节 R 的阻值大小可改变正向基极驱动电流 I_{B1}。

⑯ 正向基极电流 I_{B1} 输出端。

图 1-16 是由 UAA4002 作为驱动的开关电路实例，其容量为 8A/400V，采用电平控制方式，最小导通时间为 2.8μs。由于 UAA4002 的驱动容易扩展，因而可通过外接晶体管驱动各种型号和容量的 GTR，也可以驱动功率 MOSFET。

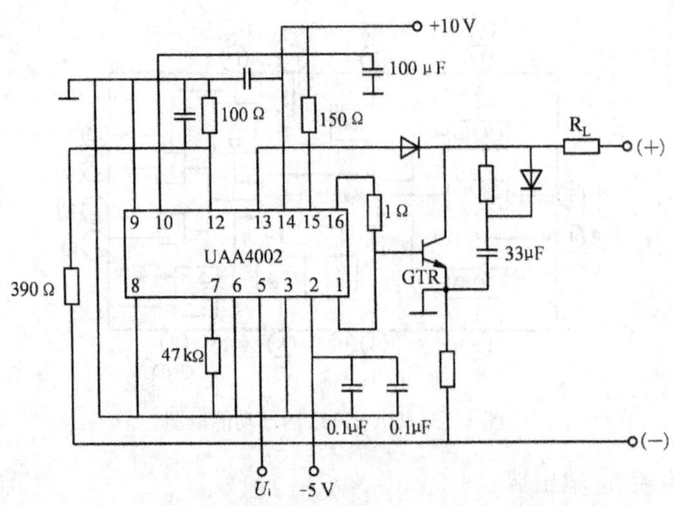

图 1-16 由 UAA4002 作为驱动的开关电路实例

2）GTR 的保护电路

GTR 作为一种大功率电力器件，常工作于大电流、高电压的场合。为了使 GTR 组成的系统能够安全可靠地正常运行，必须采取有效措施对 GTR 实施保护。一般来说，GTR 保护分为过电压保护、过电流保护、电流变化率 di/dt 限制和电压变化率 du/dt 限制等。

（1）GTR 的过电压保护及 di/dt、du/dt 的限制。

在电感性负载的开关装置中，GTR 在开通和关断过程中的某一时刻，可能会出现集电极

电压和电流同时达到最大值的情况，这时 GTR 的瞬时开关损耗最大。若其工作点超出器件的安全工作区 SOA，则极易产生二次击穿而使 GTR 损坏。缓冲电路可以使 GTR 在导通中的集电极电流缓升，避免了 GTR 同时承受高电压、大电流。另外，缓冲电路也可以使 GTR 的集电极电压变化率 du/dt 和集电极电流变化率 di/dt 得到有效的抑制，防止高压击穿和硅片局部过热熔通而损坏 GTR。

图 1-17 是一种缓冲电路。在 GTR 关断过程中，流过负载 R_L 的电流通过电感 L_S、二极管 VD_S 给电容 C_S 充电。因为 C_S 上的电压不能突变，这就使 GTR 在关断过程中电压缓慢上升，避免关断过程初期 GTR 中电流下降不多时电压就升到最大值的情况，同时也使电压上升率 du/dt 被限制。在 GTR 开通过程中，一方面 C_S 经 R_S、L_S 和 GTR 回路放电，减小了 GTR 所承受的较大的电流上升率 di/dt；另一方面，负载电流经电感 L_S 后受到缓冲，也就避免了开通过程中 GTR 同时承受大电流和高电压的情形。

值得注意的是，缓冲电路之所以能减小 GTR 的开关损耗，是因为它把 GTR 开关损耗转移到缓冲电路内并消耗在电阻 R_S 上，但这会使装置的效率降低。

（2）GTR 的过电流保护。

缓冲电路很好地解决了 GTR 的电压上升率、电流上升率限制及过电压保护等问题，下面讨论过电流保护问题。

过电流分为过载和短路两种情况。GTR 允许的过载时间较长，一般在数毫秒内，而允许的短路时间极短，一般在若干微秒内。由于时间极短，不能采用快速熔断器来保护，因此必须采取正确的保护措施，将电流限制在过载能力的限度内，以达到过载和短路保护的目的。一般做法是：利用参数状态识别对单个器件进行自适应保护；利用互锁办法对桥臂中的两个器件进行保护；利用常规的办法对电力电子装置进行最终保护。上述三种办法中，单独使用任何一种办法都不能进行有效保护，只有综合应用才能实现全方位的保护。下面对前两种方法加以介绍。

① GTR 的 U_{CE} 识别法。负载过电流或基极驱动电流不足都会导致 GTR 退出饱和区而进入放大区，管压降明显增加。可用图 1-18 所示的识别保护电路检测 GTR 管压降并与基准值 U_r 比较，当管压降 $U_{CE}>U_r$ 时就使驱动管 VT 截止，切除 GTR 的驱动信号，关断过流的 GTR。U_r 的大小取决于需要保护电路动作时的负载电流大小。U_r 的值通常由它所对应的额定负载电流值确定。由于 GTR 在脱离饱和区时 U_{CE} 变化较大，因此过载保护效果很好，它可使 GTR 在几微秒之内封锁驱动电流，关断 GTR。

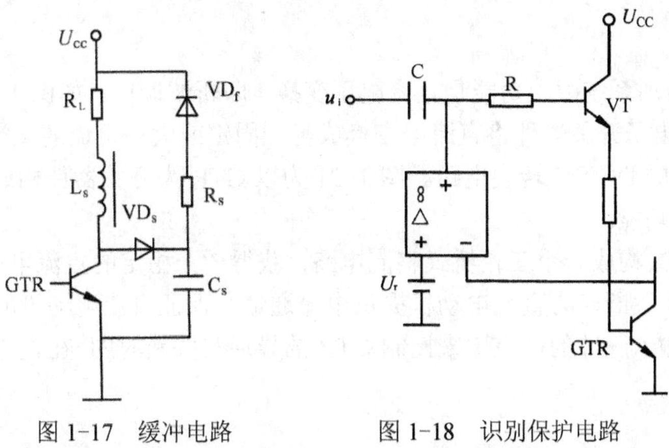

图 1-17　缓冲电路　　　　图 1-18　识别保护电路

② GTR桥臂互锁保护法。若一个桥臂上的两个GTR控制信号重叠或开关器件本身延时过长，则会造成桥臂短路。为了避免桥臂短路，可采用互锁保护法，即一个GTR关断后，另一个才导通。采用桥臂的互锁保护，不但能提高可靠性，而且可以改进系统的动态性能，提高系统的工作效率。图1-19所示为GTR桥臂互锁保护的示意图，这种互锁控制是通过“与”门来实现的，当A为高电平时，驱动GTR_A导通，其发射极输出低电平将另一接口的“与”门封锁，则GTR_B关断。如何判别GTR是否关断是互锁保护的关键问题。分析表明，只要GTR的B-E间已建立足够大的反向电压U_{BE}，GTR一定被关断（如ESM6045D管子的U_{BE}=−4V时，实现可靠关断）。图1-20为U_{BE}的识别电路。当GTR关断时，U_{BE}=−4V，恒流源电路中发光二极管因流过稳定电流而发光，以此作为GTR的关断信号。

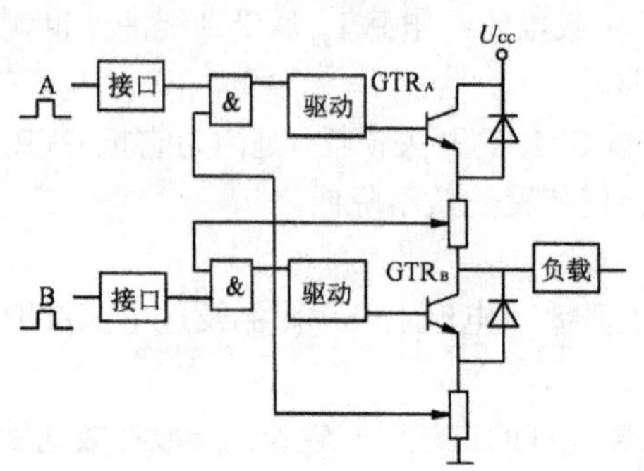

图1-19　GTR桥臂互锁保护示意图

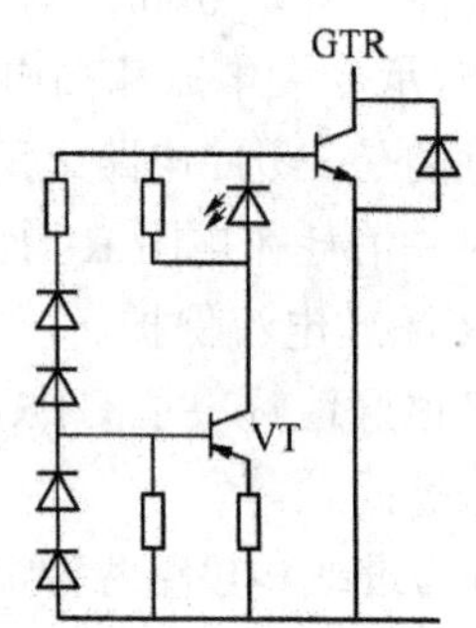

图1-20　U_{BE}的识别电路

4. GTR的应用

GTR的应用已发展到晶闸管领域，与一般晶闸管比较，GTR有以下应用特点：①具有自关断能力。GTR因为有自关断能力，所以在逆变回路中不需要复杂的换流设备，与使用晶闸管相比，不但使主回路简洁、重量减轻、尺寸缩小，更重要的是不会出现换流失败的现象，提高了工作的可靠性。②能在较高频率下工作。GTR的工作频率比晶闸管高1～2个数量级，不但可获得晶闸管系统无法获得的优越性能，而且因频率提高还可降低磁性元件和电容器件的规格参数及体积重量。

当然，GTR也存在二次击穿的问题，裕量要考虑充足一些。

下面介绍几个简单的例子来说明GTR的应用。

1）直流传动

GTR在直流传动系统中的功能是直流电压变换，即斩波调压，如图1-21所示。所谓斩波调压，是利用电力电子开关器件将直流电变换成另一固定或大小可调的直流电，有时又称此为直流变换或开关型的DC/DC转换电路。图1-21为以GTR为开关器件构成的斩波调压电路，可实现电动机调速功能。

图中VD_1～VD_6构成一个三相桥式整流电路，获得一个稳定的直流电压。VD为续流二极管，作用是在GTR关断时为直流电动机提供电流通道，保证直流电动机的电枢电流连续。通过改变GTR基极输入脉冲的占空比来控制GTR的导通与关断时间，在直流电动机上就可获得电压可调的直流电。

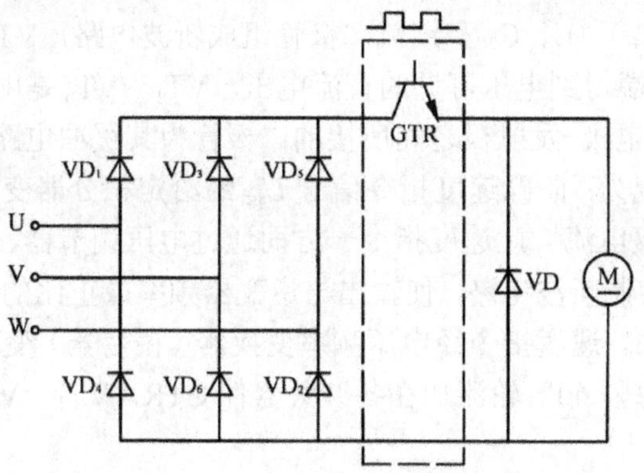

图 1-21　以 GTR 为开关器件构成的斩波调压电路

由于 GTR 的斩波频率可高达 2kHz 左右，在该频率下，直流电动机电枢电感足以使电流平滑，这样电动机旋转的振动减小，温升比用晶闸管调压时低，从而能减小电动机的尺寸。因此，在 200V 以下、数十千瓦容量内，用 GTR 不但简便，而且效果好。

2）电源装置

目前大量使用的开关式稳压电源装置中，GTR 的功能是斩波稳压，与以往的晶体管串联稳压或可控整流稳压相比，其优点是效率高，频率范围一般在音频之外，无噪声，反应快，滤波元件容量大大缩小。

3）逆变系统

与晶闸管逆变器相比，GTR 关断控制方便、可靠，效率可提高 10%，有利于节能。图 1-22 为电压型晶体管逆变器变频调速系统框图。

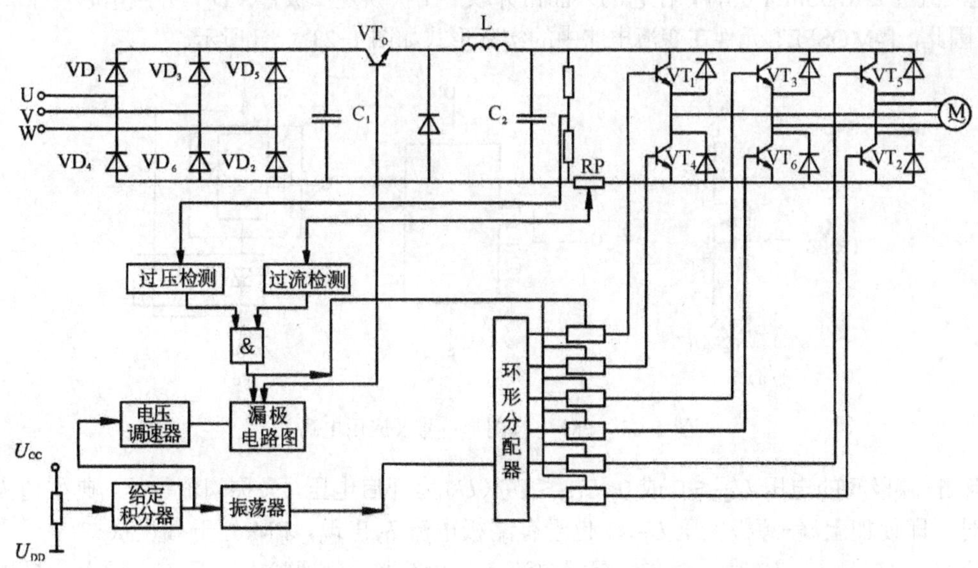

图 1-22　电压型晶体管逆变器变频调速系统框图

主电路由二极管 VD_1～VD_6 构成一个三相桥式整流电路，C_1 为滤波电容，以获得稳定的直流电压。由 GTR（VT_o）、L、C_2 和续流二极管组成斩波电路，VT_o 的基极电路输入可调的电压信号，则可在 C_2 两端得到电压可调的直流电压。VT_1～VT_6 是由 6 个 GTR 构成的三相逆变电路，每个 GTR 的集电极-发射极之间所接的二极管为其缓冲电路。

控制电路的工作情况为：阶跃速度指令信号 U_{gd} 经给定积分器变为斜坡信号，可以限制电动机启动与制动时的电枢电流。此速度指令一方面通过电压调节器、基极电路控制 VT_o 基极的关断与导通时间，即控制斩波电路，使输出与逆变器频率成正比的电压，以保证在调速过程中实现恒磁通；另一方面，速度指令经电压频率变换器（振荡器）变成相应脉冲，再经环形分配器分频，使驱动信号每隔 60° 轮流加在各开关器件 GTR（VT_1～VT_6）上，实现将直流电变成交流电的逆变过程。

当主电路出现过压或过流时，其检测电路输出信号，封锁逆变电路的输出脉冲（环形分配器），另外还立即封锁开关器件 GTR（VT_o）的基极电流，实现线路保护。

1.2.3　功率场效应晶体管

功率场效应晶体管（Power MOS Field Effect Transistor，Power MOSFET）是 20 世纪 70 年代中后期开发的新型功率半导体器件，通常又称绝缘栅功率场效应晶体管，本书简称为 P-MOSFET，用字母 PM 表示。功率场效应晶体管已发展出了多种结构形式，本节主要介绍目前使用最多的单极 VDMOS、N 沟道增强型 PM，管子电气图形符号如图 1-23（a）所示，它有三个引脚，S 为源极，G 为栅极，D 为漏极。源极的金属电极将管子内的 N 区和 P 区连接在一起，相当于在源极（S）与漏极（D）之间形成了一个寄生二极管。管子截止时，源-漏极间的反向电流就在该二极管内流动。为了明确起见，又常将 P-MOSFET 的电气图形符号用图 1-23（b）表示。如果是在变流电路中，P-MOSFET 元件自身的寄生二极管流过反向大电流，可能会导致元件损坏。为避免电路中反向大电流流过 P-MOSFET 元件，在它的外面常并联一个快恢复二极管 VD_2，并且串联一个二极管 VD_1。因此，P-MOSFET 元件在变流电路中的实际形式如图 1-23（c）所示。

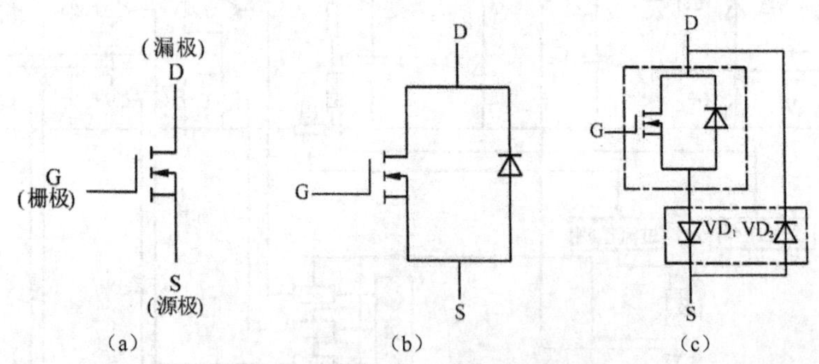

图 1-23　PM 电气图形符号及应用电路

当栅-源极间的电压 $U_{GS}\leqslant 0$ 或 $0<U_{GS}\leqslant U_V$（U_V 为开启电压，又称阈值电压，典型值为 2～4V）时，即使加上漏-源极电压 U_{DS}，也没有漏极电流 I_D 出现，PM 处于截止状态。

当 $U_{GS}>U_V$ 且 $U_{DS}>0$ 时，会产生漏极电流 I_D，PM 处于导通状态，且 U_{DS} 越大，I_D 越大。另外，在相同的 U_{DS} 下，U_{GS} 越大，I_D 越大。

综上所述，PM 的漏极电流 I_D 受控于栅-源电压 U_{GS} 和漏-源电压 U_{DS}。

1. P-MOSFET 的主要特性

P-MOSFET 的特性主要体现在以下几个方面。

（1）输入阻抗高，属于纯容性元件，不需要直流电流驱动，属于电压控制型器件，可直接与数字逻辑集成电路连接，驱动电路简单。

（2）开关速度快，工作频率可达 1MHz，比 GTR 器件快 10 倍，可实现高频斩波，且开关损耗小。

（3）P-MOSFET 为负电流温度系数，即器件内的电流随温度的上升而下降的负反馈效应，因此热稳定性好，不存在二次击穿问题，安全工作区 SOA 较大。

2. P-MOSFET 的栅极驱动电路

1）基本电路形式

在开关电路中，P-MOSFET 有如图 1-24 所示的四种电路形式。

（1）共源极电路：相当于普通晶体管的共发射极电路，如图 1-24（a）所示。

（2）共漏极电路：相当于射极跟随器，如图 1-24（b）所示。

（3）转换开关电路：PM_1 与 PM_2 轮流导通可构成半桥式逆变器，如图 1-24（c）所示。

（4）交流开关电路：当 PM_1、VD_2 导通时，负载为交流正向；当 PM_2、VD_1 导通时，负载为交流负向，如图 1-24（d）所示，它是交流调压电路的常用形式。

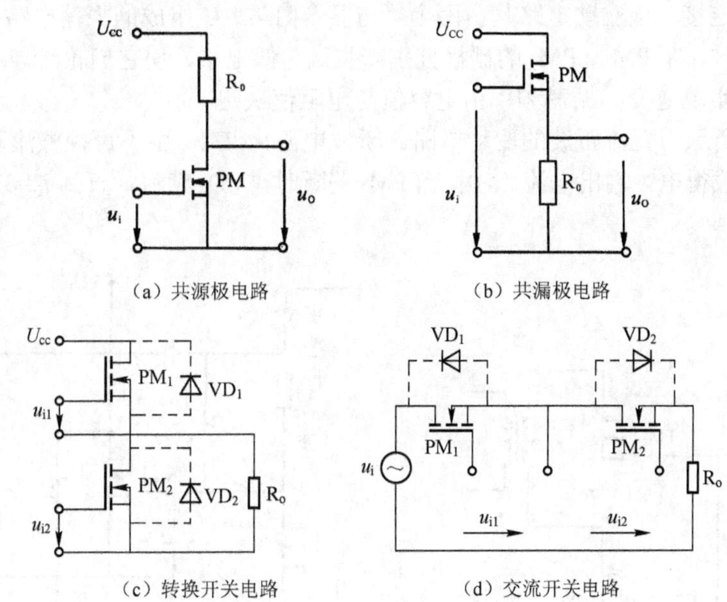

图 1-24　PM 电路的四种形式

2）对栅极驱动电路的要求

对栅极驱动电路的要求如下。

（1）提供所需要的栅极控制电压，以保证 P-MOSFET 可靠导通。

（2）减小驱动电路的输入电阻以提高栅极充、放电速度，从而提高器件的开关速度。

（3）实现主电路与控制电路间的电隔离。

（4）因为 P-MOSFET 的工作频率和输入阻抗都较高，很容易被干扰，所以栅极驱动电路还应具有较强的抗干扰能力。

理想栅极控制电压波形如图 1-25 所示，提高栅极电压上升率 du_G/dt 可缩短导通时间，但过高会使管子在导通时承受过高的电流冲击。正、负栅极电压的幅值 U_{G1}、U_{G2} 要小于器件规定的允许值。

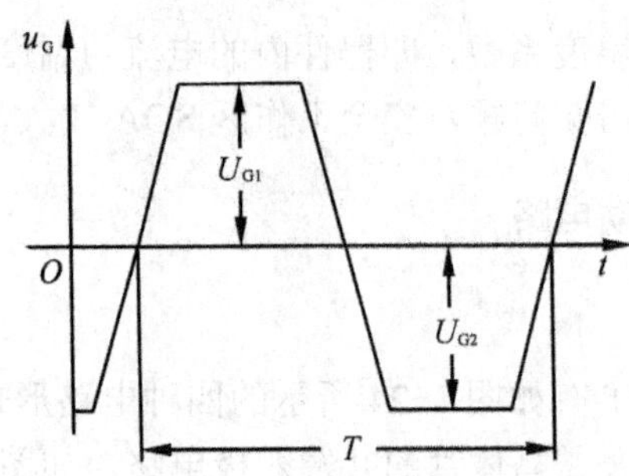

图 1-25　理想栅极控制电压波形

3）驱动电路举例

如图 1-26 所示为一种数控逆变器，两个 P-MOSFET 的栅极不用任何接口电路，直接与数字逻辑驱动电路连接。该驱动电路是由两个“与非”门与 RC 组成的振荡电路。当门 I 输入高电平，电路启振时，在 PM_1、PM_2 的栅极分别产生高、低电平，使它们轮流导通，将直流电压变为交流电压，实现逆变。振荡频率由电容值与电阻值决定。

如图 1-27 所示为直流斩波的驱动电路。斩波电源为 U_D，由不可控整流器获得，当管子 PM_2 导通时，负载得电，输出电流 $I_o>0$；当 PM_2 关断时，VD_4 续流，直到 $I_o=0$，VD_4 断开，接着 PM_3 导通。

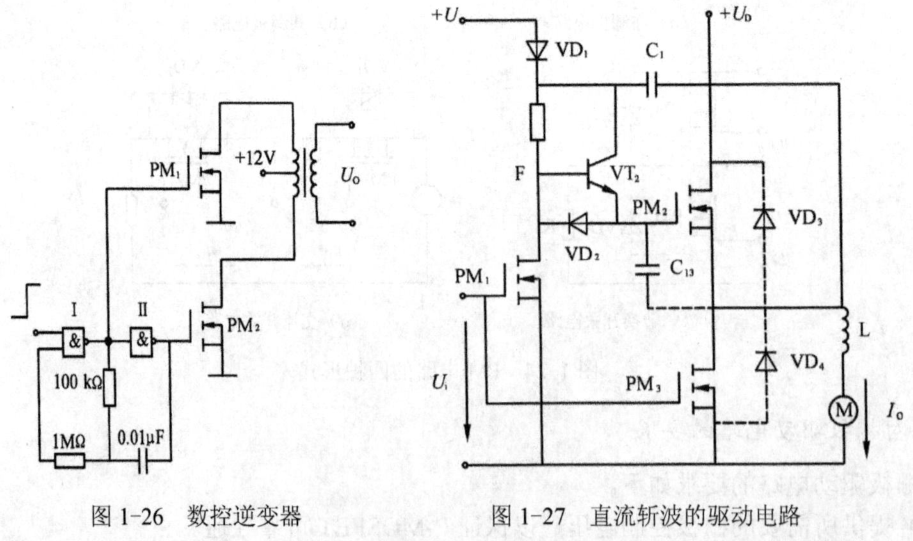

图 1-26　数控逆变器　　　　图 1-27　直流斩波的驱动电路

由图 1-27 可见，由 PM_2、PM_3 组成的驱动电路实际上是推挽式和自举式电路的结合。当

输入电压 U_i=0 时，PM_1、PM_3 截止，电容 C_1 沿 VT_2 和 C_{13}（P-MOSFET 栅极输入电容）放电，驱动 PM_2 导通；当 U_i>0 时，PM_1 导通，U_F≈0，VT_2 截止，电容 C_{13} 上的电荷沿 VD_2、PM_1 放电，VD_2 的导通保证了 VT_2 可靠截止。PM_2 关断后，负载电流通过 VD_4 续流，直到 I_o=0，PM_3 受正向电压而导通。

3．P-MOSFET 的应用

P-MOSFET 在电力变流技术中主要有以下应用：

（1）在开关稳压调压电源方面，使用 P-MOSFET 器件作为主开关功率器件可大幅度提高工作频率，工作频率一般为 200～400kHz。频率提高可使开关电源的体积减小，重量减轻，成本降低，效率提高。目前，P-MOSFET 器件已在数十千瓦的开关电源中使用，正逐步取代 GTR。

（2）将 P-MOSFET 作为功率变换器件。由于 P-MOSFET 器件可直接用集成电路的逻辑信号驱动，而且开关速度快，工作频率高，大大改善了变换器的功能，因而在计算机接口电路中获得了广泛的应用。

（3）将 P-MOSFEIT 作为高频的主功率振荡、放大器件，在高频加热、超声波等设备中使用，具有高效、高频、简单可靠等优点。

1.2.4　绝缘栅双极型晶体管

绝缘栅双极型晶体管（Insulated Gate Bipolar Transistor，IGBT）将 MOSFET 和 GTR 的优点集于一身，既具有输入阻抗高、速度快、热稳定性好和驱动电路简单的特点，又具有通态压降低、耐压高和承受电流大等优点，因此发展迅速，备受青睐，有取代 MOSFET 和 GTR 的趋势。由于它的等效结构具有晶体管模式，因此被称为绝缘栅双极型晶体管。IGBT 于 1982 年开始研制，1986 年投产，是发展最快、使用最广泛的一种混合型器件。目前 IGBT 产品已系列化，最大电流容量达 1800A，最高电压等级达 4500V，工作频率达 50kHz。IGBT 综合了 MOSFET、GTR 和 GTO 的优点，其导通电阻是同一耐压规格的功率 MOSFET 的 1/10，在电动机控制、中频电源、各种开关电源以及其他高速低损耗的中小功率领域中得到了广泛的应用。

1．IGBT 的工作原理

IGBT 的结构是在 P-MOSFET 结构的基础上做了相应的改善，相当于一个由 P-MOSFET 驱动的厚基区 GTR，其简化等效电路如图 1-28 所示，电气图形符号如图 1-29 所示。IGBT 有三个电极，分别是集电极 C、发射极 E 和栅极 G。在应用电路中，IGBT 的 C 接电源正极，E 接电源负极，它的导通和关断由栅极电压来控制。栅极施以正向电压时，P-MOSFET 内形成沟道，为 PNP 型的晶体管提供基极电流，从而使 IGBT 导通。此时，从 P 区注入到 N 区的空穴（少数载流子）对 N 区进行电导调制，减小 N 区的电阻，使高耐压的 IGBT 也具有低的通态压降。在栅极上施以负电压时，P-OSFET 内的沟道消失，PNP 晶体管的基极电流被切断，IGBT 关断。由此可知，IGBT 的导通原理与 P-MOSFET 相同。

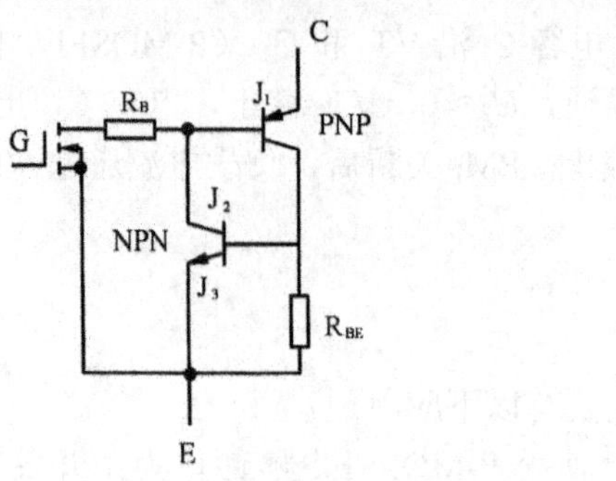

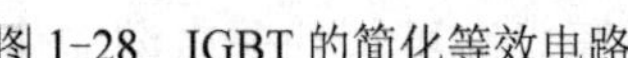

图 1-28 IGBT 的简化等效电路

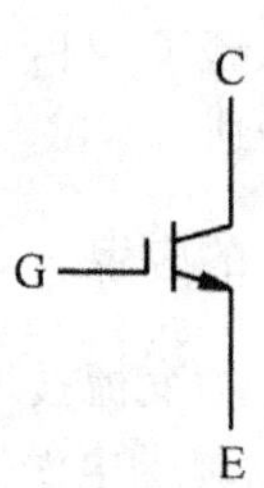

图 1-29 IGBT 的电气图形符号

2. IGBT 的特性

IGBT 的伏安特性（又称静态输出特性）如图 1-30（a）所示，它反映了在一定的栅极-发射极电压 U_{GE} 下器件的输出端电压 U_{CE} 与集电极电流 I_C 的关系。U_{GE} 越高，I_C 越大。与普通晶体管的伏安特性一样，IGBT 的伏安特性分为截止区、有源放大区、饱和区和击穿区。值得注意的是，IGBT 的反向电压承受能力很差，从曲线可知，其反向阻断电压 U_{BM} 只有几十伏，因此限制了它在需要承受高反压场合的应用。

如图 1-30（b）所示为 IGBT 的转移特性曲线。当 $U_{GE}>U_{GE(TH)}$（开启电压，一般为 3～6V）时，IGBT 开通，其输出电流 I_C 与驱动电压 U_{GE} 基本呈线性关系。当 $U_{GE}<U_{GE(TH)}$时，IGBT 关断。

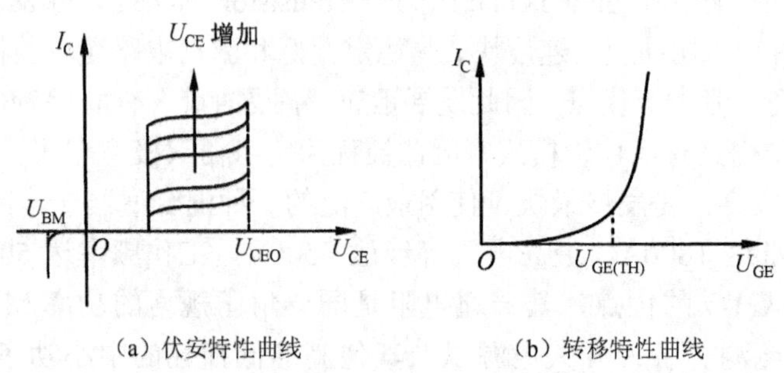

图 1-30 IGBT 的伏安特性和转移特性曲线

3. IGBT 的栅极驱动电路及其保护

1）栅极驱动电路

由于 IGBT 的输入特性几乎和 P-MOSFET 相同，因此 P-MOSFET 的驱动电路同样适用于 IGBT。

（1）采用脉冲变压器隔离的栅极驱动电路。

如图 1-31 所示为采用脉冲变压器隔离的栅极驱动电路。其工作原理是：控制脉冲 U_i 经晶体管 VT 放大后送到脉冲变压器，由脉冲变压器耦合，并经 VD_{W1}、VD_{W2} 稳压限幅后驱动 IGBT。脉冲变压器的一次侧绕组并联了续流二极管 VD_1，以防止 VT 中可能出现的过电压。R_1 限制栅极驱动电流的大小，R_1 两端并联了加速二极管 VD_2，以提高导通速度。

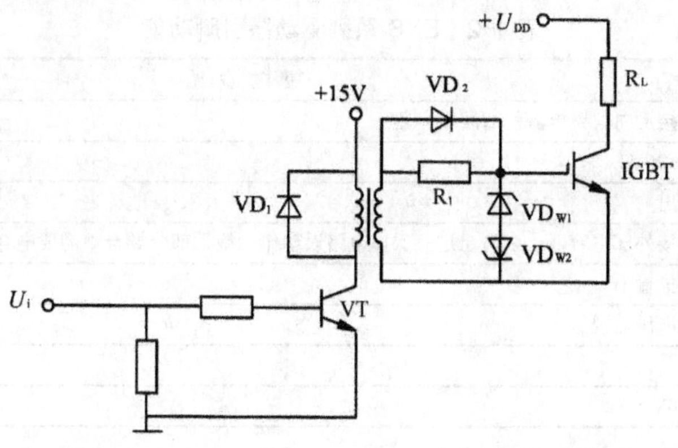

图 1-31　采用脉冲变压器隔离的栅极驱动电路

（2）推挽输出栅极驱动电路。

如图 1-32 所示为一种采用光耦合隔离的由 VT_1、VT_2 组成的推挽输出栅极驱动电路。当控制脉冲使光耦合关断时，光耦合输出低电平，使 VT_1 截止，VT_2 导通，IGBT 在 VD_{W1} 的反偏作用下关断；当控制脉冲使光耦合导通时，光耦合输出高电平，VT_1 导通，VT_2 截止，经 U_{CC}、VT_1、R_G 产生正向电压使 IGBT 开通。

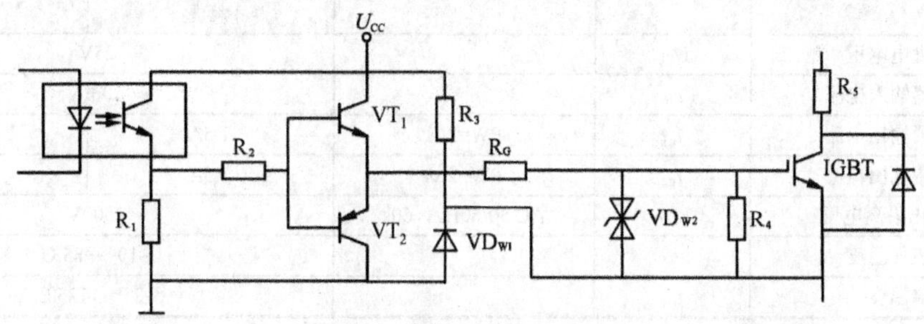

图 1-32　推挽输出栅极驱动电路

（3）专用集成驱动电路。

EXB 系列 IGBT 专用集成驱动模块是日本富士公司生产的，其性能好、可靠性高、体积小，得到了广泛的应用。EXB850、EXB851 是标准型，EXB840、EXB841 是高速型，它们的内部框图如图 1-33 所示，各引脚功能参见表 1-2 和表 1-3 是其额定参数。

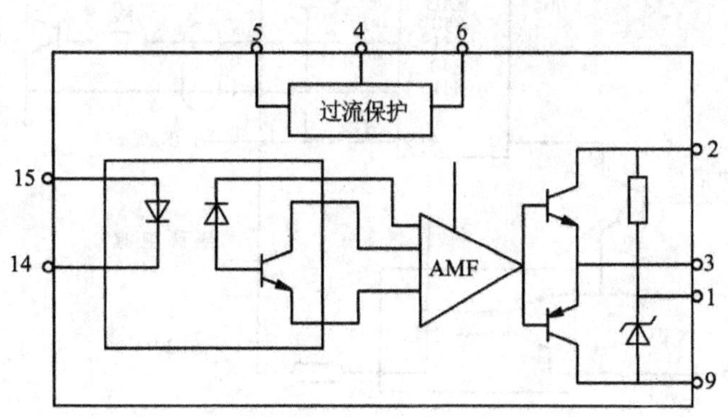

图 1-33　EXB8××驱动模块内部框图

表 1-2　EXB 系列驱动器引脚功能

引　脚	功能说明
1	用于连接反向偏置电源的滤波电容器
2	电源（+20V）
3	驱动输出
4	用于连接外部电容器，以防止过流保护电路误动作（绝大部分场合不需要电容器）
5	过流保护输出
6	集电极电压监视
7、8	不接
9	电源（0V）
10、11	不接
14	驱动信号输入（−）
15	驱动信号输入（+）

表 1-3　额定参数

项　目	符　号	条　件	额定值	
			EXB850 EXB840 （中容量）	EXB851 EXB841 （大容量）
电源供电电压	U_{CC}		25V	
光耦合器输入电流	I_{im}		10mA	
正向偏置输出电流	I_{g1}	PW=2μs	1.5A	4.0A
反向偏置输出电流	I_{g2}	PW=2μs	1.5A	4.0A
输入/输出隔离电压	U_{ISO}	AC 50/60Hz、60s	2500V	
工作表面温度	t_C		−10～+85℃	
存储温度	t_{stg}		−25～+125℃	

如图 1-34 所示为集成驱动器的应用电路，它能驱动 150A/600V、75A/1200V、400A/600V

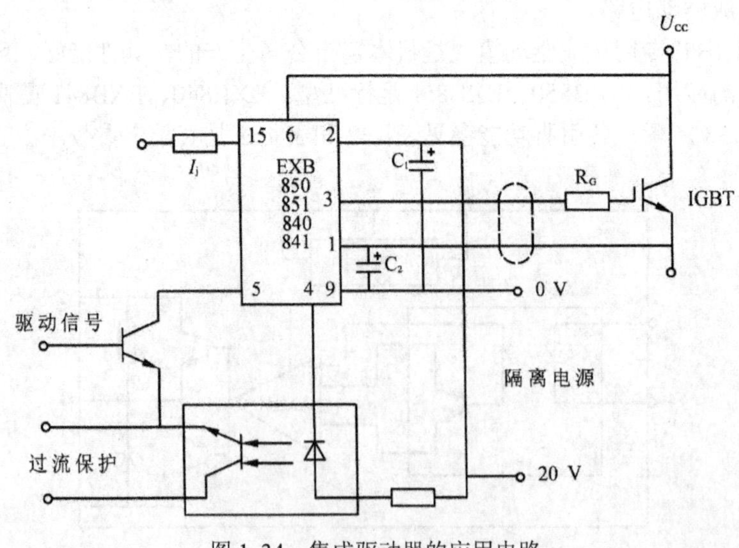

图 1-34　集成驱动器的应用电路

和 300A/l200V 的 IGBT 模块。EXB850 和 EXB851 的驱动延迟信号小于等于 4μs，因此适用于频率高达 10kHz 的开关操作；EXB840 和 EXB841 的驱动信号延迟小于等于 1μs，适用于高达 40kHz 的开关操作。使用中 IGBT 的栅极都接有栅极电阻 R_G，表 1-4 和表 1-5 分别列出了 EXB850 和 EXB840 驱动电路中 IGBT 的栅极串联电阻 R_G 的推荐阻值和电流损耗。

表 1-4　推荐的栅极电阻和电流损耗（EXB850）

IGBT 额定值	600V	10A	15A	30A	50A	75A	100A	150A	200A	300A	400A	—
	1200V	—	8A	15A	25A	—	50A	75A	100A	150A	200A	300A
R_G		250Ω	150Ω	82Ω	50Ω	33Ω	25Ω	15Ω	12Ω	8.2Ω	5Ω	3.3Ω
I_{CC}	5kHz	24mA			24mA			26mA	27mA	29mA	30mA	34mA
	10kHz				25mA			29mA	31mA	34mA	37mA	44mA
	15kHz	25mA			27mA			32mA	34mA	39mA	44mA	54mA

表 1-5　推荐的栅极电阻和电流损耗（EXB840）

IGBT 额定值	600V	10A	15A	30A	50A	75A	100A	150A	200A	300A	400A	—
	1200V	—	8A	15A	25A	—	50A	75A	100A	150A	200A	300A
R_G		250Ω	150Ω	82Ω	50Ω	33Ω	25Ω	15Ω	12Ω	8.2Ω	5Ω	3.3Ω
I_{CC}	5kHz	17mA			17mA			19mA	20mA	22mA	23mA	27mA
	10kHz				18mA			22mA	24mA	27mA	30mA	37mA
	15kHz	18mA			20mA			25mA	27mA	32mA	37mA	47mA

2）IGBT 的保护

IGBT 与 P-MOSFET 一样具有较高的输入阻抗，容易造成静电击穿，故在存放和测试时应采取防静电措施。

IGBT 作为一种大功率电力电子器件，常用于大电流、高电压的场合，因此对其采取保护措施以防器件损坏就显得非常重要。

（1）过电路保护。

IGBT 应用于电力电子系统中，对于正常过载（如电动机启动、滤波电容的合闸冲击以及负载的突变等），系统能自动调节和控制，不会损坏 IGBT。对于不正常的短路故障，要实行过流保护，通常的做法是：切断栅极驱动信号。只要检测出过流信号，就在 2μs 内迅速撤除栅极信号。

当检测到过流故障信号时，立即将栅极电压降到某一电平，同时启动定时器，在定时器到达设置值之前，若故障消失，则栅极电压恢复正常工作值；若定时器到达设定值时故障仍未消除，则使栅极电压降低到零。这种保护方案要求保护电路在 1～2μs 内响应。

（2）过电压保护。

利用缓冲电路能对 IGBT 实行过电压抑制并限制过大的电压变化率 du/dt。但由于 IGBT 的安全工作区宽，因而改变栅极串联电阻的大小可减弱 IGBT 对缓冲电路的要求。然而，由于 IGBT 控制峰值电流的能力比 P-MOSFET 强，因而在有些应用中可不用缓冲电路。

（3）过热保护。

利用温度传感器检测 IGBT 的壳温，当超过允许温度时，主电路跳闸以实现过热保护。

4. IGBT 的功率模块

一个 IGBT 基本单元是由 IGBT 芯片和快速二极管集成而成的，封装于同一管壳内，组成单管模块。如图 1-35 所示为单管模块的内部电路结构和输出特性。

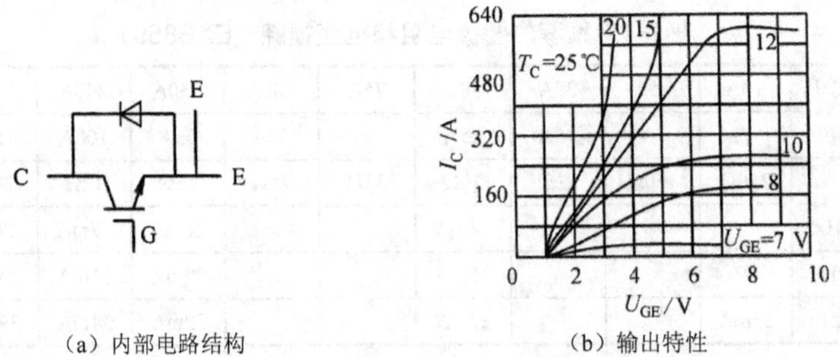

（a）内部电路结构　（b）输出特性

图 1-35　单管模块的内部电路结构和输出特性

两个基本单元组成双管模块，六个基本单元组成六管模块，如图 1-36 和图 1-37 所示，分别是它们的内部电路结构和输出特性。

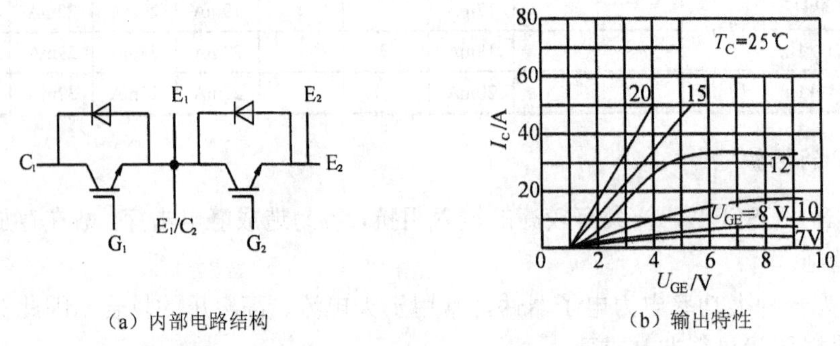

（a）内部电路结构　（b）输出特性

图 1-36　双管模块的内部电路结构和输出特性

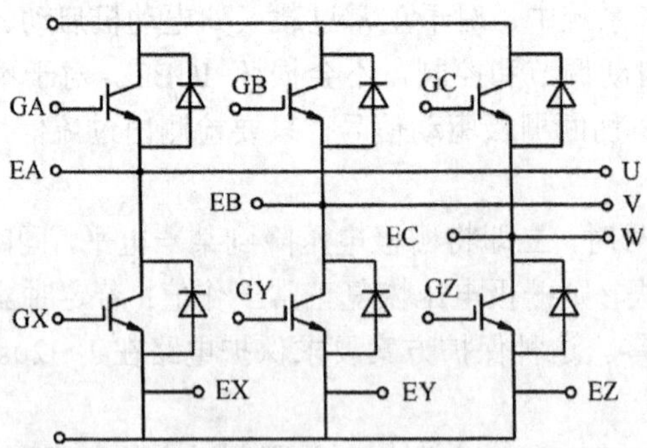

图 1-37　六管模块的内部电路结构

表 1-6 和表 1-7 列出了东芝公司生产的 $MG25N_2S1$ 型 25A/1000V 的 IGBT 模块的额定值和电气特性。

表 1-6　东芝 $MG25N_2S1$ 型 25A/l000V 的 IGBT 模块的额定值（T_C=25℃）

项　　目		符　　号	额 定 值
集电极-发射极电压		U_{CES}	1000V
门极-发射极电压		U_{GES}	±20V
集电极电流	DC	I_C	25A
	I_{ms}	I_{CP}	50A
集电极损耗		P_C	200W
结温		T_J	125℃
储存温度		t_{us}	-40～125℃
绝缘耐压		U_{ISOL}	2500V（AC，1min）
紧固力矩（端子安装）			20～30kg・cm

表 1-7　东芝 $MG25N_2S1$ 型 25A/1000V 的 IGBT 模块的电气特性（T_C=25℃）

项　　目		符　　号	测试条件	最小	标准	最大	单位
门极漏电流		I_{GBS}	U_{GE}=±20V，U_{GE}=0V	—	—	±500	μA
集电极电流		I_{CBS}	U_{CE}=1000V，U_{GE}=0V	—	—	1	mA
集电极-发射极电流		U_{CES}	I_C=10mA，U_{GE}=0V	1000	—	—	V
门极-发射极电压		$U_{GE(OFF)}$	U_{GE}=5V，I_C=25mA	3	—	6	V
集电极-发射极饱和压降		U_{CES}	I_C=25A，U_{GE}=15V	—	3	5	V
输入电容		C_{ie}	U_{GE}=10V，U_{GE}=0V，f=1MHz	—	3000	—	pF
开关时间	上升时间	t_r	U_{GE}=±15V R_G=51Ω U_{GC}=600V 负载电阻 24Ω	—	0.3	1	μs
	开通时间	t_{on}		—	0.4	—	μs
	下降时间	t_f		—	0.6	—	μs
	关断时间	t_{off}		—	1	—	μs
反向恢复时间		t_{rr}	I_P=25A，U_{GE}=-10V，di/dt=100A/μs	—	0.2	0.5	μs
热量	晶体管部分	$R_{th(J-G)}$	—	—	—	0.625	℃/W
	二极管部分	$R_{ch(J-G)}$	—	—	—	1	℃/W

近年来，各种功能完善的 IGBT 智能功率模块（简称 IPM）层出不穷，它把驱动电路、保护电路和功率开关封装在一起组成模块，具有结构紧凑、安装方便、性能可靠等优点。如图 1-38 所示，是一种 IGBT 智能功率模块的内部电路框图，从该图中可知其保护电路直接控制驱动电路，一旦出现故障能迅速关断 IGBT，保护功率模块。

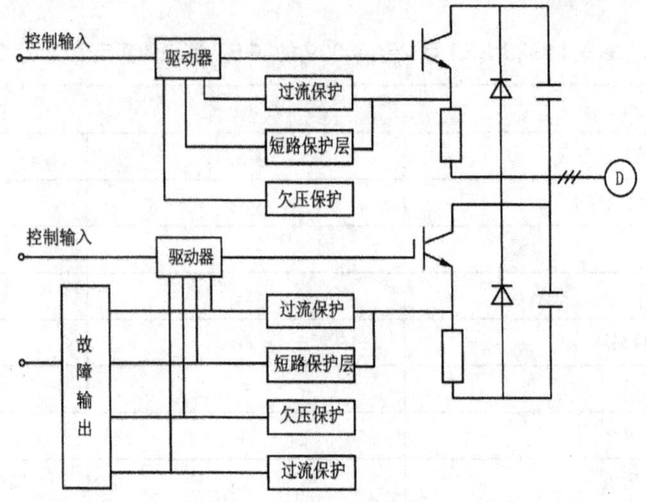

图 1-38　IGBT 智能功率模块的内部电路框图

1.2.5　静电感应晶体管（SIT）

静电感应晶体管（Static Induction Transistor，SIT），从 20 世纪 70 年代开始研制，发展到现在已成为系列化的电力电子器件。它是一种多子导电的单极型器件，具有输出功率大、输入阻抗高、开关特性好、热稳定性好以及抗辐射能力强等优点。现已商品化的 SIT 可工作在几百千赫，电流达 300A，电压达 2000V，已广泛用于高频感应加热设备（如 200kHz、200kW 的高频感应加热电源）中。SIT 还适用于高音质音频放大器、大功率中频广播发射机、电视发射机以及空间技术等领域。

1. SIT 的工作原理

SIT 为三层结构，如图 1-39（a）所示，其三个电极分别为栅极 G、漏极 D 和源极 S，其电气图形符号如图 1-39（b）所示。SIT 分 N 沟道（N-SIT）和 P 沟道（P-SIT）两种，箭头向外的为 N-SIT，箭头向内的为 P-SIT。

SIT 为常开器件，以 N-SIT 为例，当栅极-源极电压 U_{GS} 大于或等于零，漏极-源极电压 U_{DS} 为正向电压时，两栅极之间的导电沟道使漏极-源极之间导通。当加上负栅极-源极电压 U_{GS} 时，栅源间 PN 结产生耗尽层。随着负偏压 U_{GS} 的增加，其耗尽层加宽，漏极-源极间导电沟道变窄。当 $U_{GS}=U_P$（夹断电压）时，导电沟道被耗尽层夹断，SIT 关断。

2. SIT 的特性

如图 1-40 所示为 N 沟道 SIT 的静态伏安特性曲线。当漏极-源极电压 U_{DS} 一定时，对应于漏极电流 I_{DS} 为零的栅源电压称为夹断电压 U_P。在不同 U_{DS} 下有不同的 U_P，漏极-源极电压 U_{DS} 越大，U_P 的绝对值越大。SIT 的漏极电流 U_{DS} 不但受栅极电压 U_{GS} 控制，同时还受漏极电压 U_{DS} 控制，当栅极-源极电压 U_{GS} 一定时，随着漏极-源极电压 U_{DS} 的增加，漏极电流 I_{DS} 也线性增加，其大小由 SIT 的通态电阻决定。因此，SIT 不仅是一个开关元件，而且是一个性能良好的放大元件。

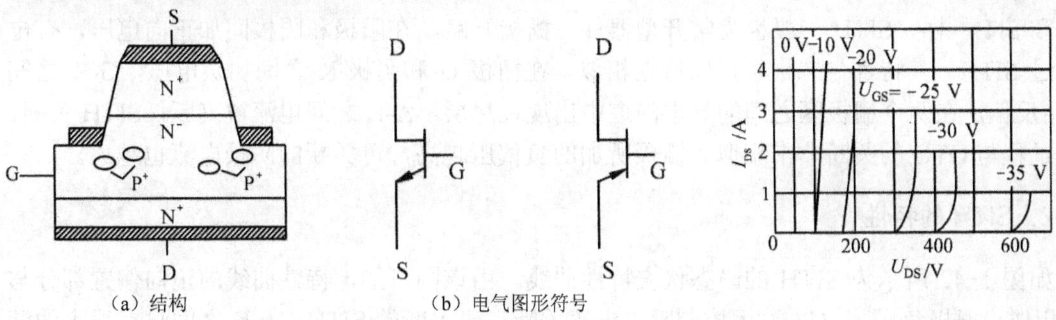

（a）结构　（b）电气图形符号

图 1-39　SIT 的结构及其电气图形符号　　图 1-40　N 沟道 SIT 静态伏安特性曲线

SIT 的导电沟道短而宽，适用于高电压、大电流的场合。它的漏极电流具有负温度系数，可避免因温度升高而引起的恶性循环。

SIT 的漏极电流通路上不存在 PN 结，一般不会发生热不稳定和二次击穿现象，其安全工作区范围较宽。它的开关速度相当快，适用高频场合。例如，2SK183U（60A/1500V）的导通和关断时间分别为 t_{on}=250ns，t_{off}=300ns；TS300U（180A/1500V）为 t_{on}=359 ns，t_{off}=350 ns。

SIT 的栅极驱动电路比较简单。一般来说，关断 SIT 需要加数十伏的负栅极偏压（$-U_{GS}$），使 SIT 导通可以加 5～6V 的正栅极偏压（$+U_{GS}$），以降低器件的通态压降。

1.2.6　静电感应晶闸管

静电感应晶闸管（Static Induction Thyristor，SITH）属于双极型开关器件，自 1972 年开始研制并生产，发展至今已初步趋于成熟，有些已经商品化。与 GTO 相比，SITH 有许多优点，如通态电阻小、通态压降低、开关速度快、损耗小、di/dt 及 du/dt 耐量高等，现有产品容量已达 1000A/2500V、2200A/450V、400A/4500V，工作频率可达 100kHz 以上。它在直流调速系统、高频加热电源和开关电源等领域已发挥着重要作用，但制造工艺夏杂、成本高是阻碍其发展的重要因素。

1. SITH 的工作原理

在 SIT 结构的基础上再增加一个 P^+层即形成了 SITH 的结构，如图 1-41（a）所示。在 P^+层引出阳极 A，原 SIT 的源极变为阴极 K，其控制极仍为栅极 G，如图 1-41（b）所示为 SITH 的电气图形符号。

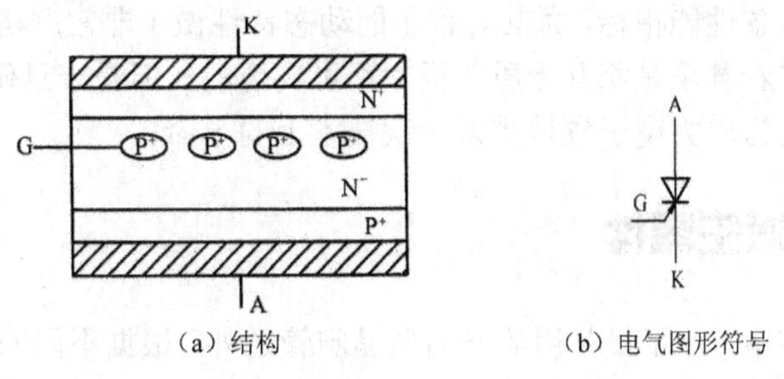

（a）结构　（b）电气图形符号

图 1-41　SITH 的结构及其电气图形符号

和 SIT 一样，SITH 一般也为常开型器件。栅极开路，在阳极和阴极间加正向电压，有电流流过 SITH，其特性与二极管正向特性相似。在栅极 G 和阴极 K 之间加负电压，G-K 之间 PN 结反偏，在两个栅极区之间的导电沟道中出现耗尽层，A-K 之间电流被夹断，SITH 关断。这一过程与 GTO 的关断非常相似。栅极所加的负偏压越高，可关断的阴极电流也越大。

2．SITH 的特性

如图 1-42 所示为 SITH 的静态伏安特性曲线。由该图可知，特性曲线的正向偏置部分与 SIT 相似。栅极负压（$-U_{GK}$）可控制阳极电流关断。已关断的 SITH，A-K 之间只有很小的漏电流存在。SITH 为场控少子器件，其动态特性比 GTO 优越。SITH 的电导调制作用使它比 SIT 的通态电阻小、通态压降低、通态电流大，但因器件内有大量的存储电荷，所以它的关断时间比 SIT 要慢，工作频率要低。

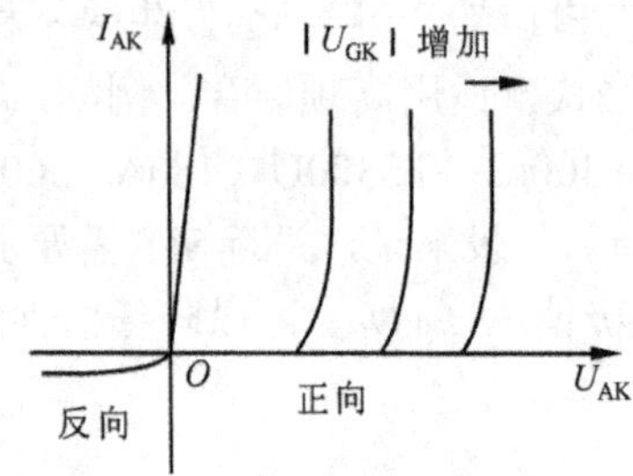

图 1-42　SITH 的静态伏安特性曲线

近年来，还研制出了以下一些新型电力电子器件。

1）IGCT 集成门极换流晶闸管

IGCT 集成门极换流晶闸管是从 GTO 发展而来的，兼有 IGBT 和 GTO 的优点，特性很接近 GTO，但开关频率却高于 GTO，关断时间是 GTO 的 1/10。它的容量可达 5000A/6500V。

2）IEGT 电子注入增强型栅极晶体管

IEGT 电子注入增强型栅极晶体管是以 IGBT 为基础发展而来的，它融合了 IGBT 和 GTO 的优点，容量可达 l000A/4500V。

3）MCT

MCT 为 MOS 场控晶闸管，是美国 GE 公司发起研制的，目前仍处在研制阶段。GE 公司制定了这种管子的六条性能指标，尤其对管子的动态特性做了非常严格的规定，有些参数指标就目前的加工工艺来看甚至是相互矛盾，根本不可实现的。但是一旦研制成功，MCT 的应用前景将不可估量，会为电力电子领域带来一次技术上的革命。

1.3　晶闸管的派生器件

在晶闸管的家族中，除了最常用的普通型晶闸管之外，根据不同的实际需要，衍生出了一系列的派生器件，主要有快速晶闸管（FST）、双向晶闸管（TRIAC）、逆导晶闸管（RCT）和光控晶闸管（LTT）等，下面分别对它们进行简要介绍。

1.3.1　快速晶闸管

允许开关频率在 400Hz 以上工作的晶闸管称为快速晶闸管（Fast Switching Thyris-tor，FST），开关频率在 10kHz 以上的称为高频晶闸管。它们的外形、电气图形符号、基本结构、伏安特性都与普通晶闸管相同。

根据不同的使用要求，快速晶闸管有以导通快为主的和以关断快为主的，也有两者兼顾的，它们的使用与普通晶闸管基本相同，但必须注意以下问题。

（1）快速晶闸管为了提高开关速度，其硅片厚度做得比普通晶闸管薄，因此能承受的正、反向断态重复峰值电压较低，一般在 2000V 以下。

（2）快速晶闸管 du/dt 的耐量较差，使用时必须注意产品铭牌上规定的额定开关频率下的 du/dt。当开关频率升高时，du/dt 耐量会下降。

1.3.2　双向晶闸管

双向晶闸管（TriodeAC Switch，TRIAC）在结构和特性上可以看做是一对反向并联的普通晶闸管，它的内部结构、等效电路、电气图形符号和伏安特性如图 1-43 所示。

双向晶闸管有两个主电极 T_1、T_2 和一个门极 G，并在第一象限和第三象限有对称的伏安特性。T_1 相对于 T_2 既可以是正电压，也可以是负电压，这就使得门极 G 相对于 T_1 端无论是正电压还是负电压，都能触发双向晶闸管。图 1-43（d）中表明了四种门极触发方式，即 I_+、I_-、III_+、III_-，同时也注明了各种触发方式下主电极 T_1 和 T_2 的相对电压极性，以及门极 G 相对于 T_1 的触发电压极性。必须注意的是，触发方式不同其触发灵敏度不同，一般说来，触发灵敏度排序为 $\text{I}_+ > \text{III}_- > \text{I}_- > \text{III}_+$。通常使用 I_+和III_-两种触发方式。

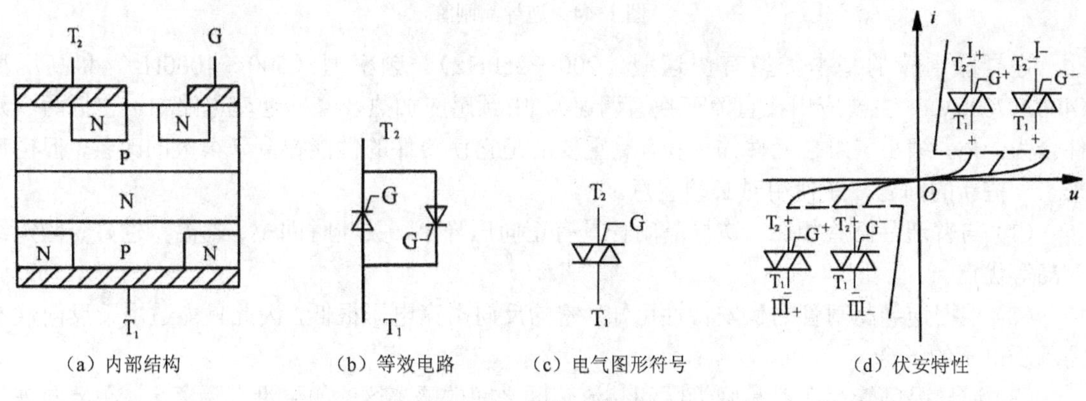

图 1-43　双向晶闸管

双向晶闸管具有被触发后能双向导通的性质，因此在交流开关、交流调压（如电灯调光及加热器控制）方面获得了广泛的应用。

双向晶闸管在使用时必须注意以下问题：

（1）不能反复承受较大的电压变化率，因而很难用于感性负载。

（2）门极触发灵敏度较低。

（3）关断时间较长，因而只能在低频场合应用。这是因为双向晶闸管在交流电路中使用

时，T_1、T_2 间承受正、反两个半波的电流和电压，当在一个方向导通结束时，管内载流子还来不及恢复到截止状态的位置，若迅速承受反方向的电压，这些载流子产生的电流有可能作为器件反向工作的触发电流而误触发，使双向晶闸管失去控制能力而造成换流失败。

（4）与普通晶闸管不同，双向晶闸管的额定电流用正弦电流有效值而不是用平均值标定。例如，一个额定电流为 200A 的双向晶闸管，其峰值电流为 $200\sqrt{2}$ =283A，峰值为 283A 的正弦半波电流的平均值为 283/π=90A。也就是说，一个额定电流为 200A 的双向晶闸管相当于两个额定电流为 90A 的普通晶闸管的反并联。

1.3.3 逆导晶闸管

在逆变或直流电路中经常需要将晶闸管和二极管反向并联使用，逆导晶闸管（Reverse Conducting Thyristor，RCT）就是根据这一要求将晶闸管和二极管集成在同一硅片上制造的，它的内部结构、等效电路、电气图形符号和伏安特性如图 1-44 所示。和普通晶闸管一样，逆导晶闸管也有三个电极，它们分别是阳极 A、阴极 K 和门极 G。

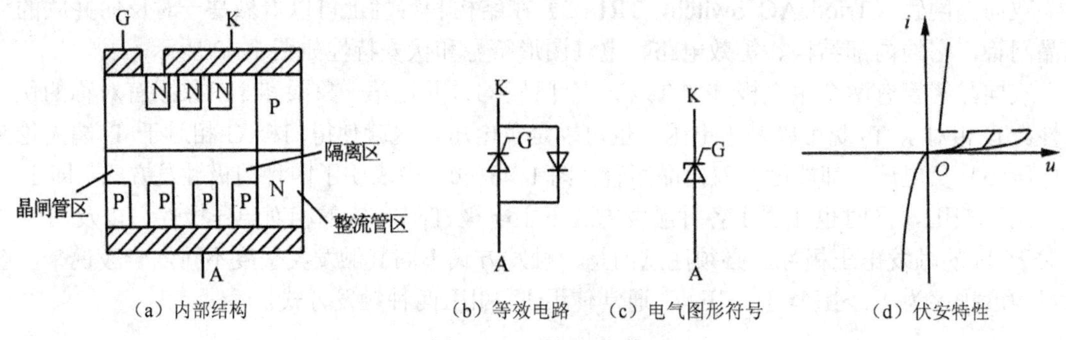

（a）内部结构　（b）等效电路　（c）电气图形符号　（d）伏安特性

图 1-44　逆导晶闸管

逆导晶闸管的基本类型有快速型（200～350Hz）、频率型（500～1000Hz）和高压型（400A/7000V），主要应用在直流变换（调速）、中频感应加热及某些逆变电路中。它把两个元件合为一体，缩小了组合元件的体积，更重要的是它使器件的性能得到了很大的改善，但也带来了一些新的问题，在使用时必须注意。

（1）与普通晶闸管相比，逆导晶闸管具有正向压降小、关断时间短、高温特性好、额定结温高等优点。

（2）根据逆导晶闸管的伏安特性可知，它的反向击穿电压很低，因此只能适用于反向性不需承受电压的场合。

（3）逆导晶闸管存在着晶闸管区和整流管区之间的隔离区。如果没有隔离区，在反向恢复期间整流管区的载流子就会到达晶闸管区，并在晶闸管承受正向阳极电压时，误触发晶闸管，造成换流失败。虽然设置了隔离区，但整流管区的载流子在换向时，仍有可能通过隔离区作用到晶闸管区，使换流失败。因此逆导晶闸管的换流能力（器件反向导通后恢复正向阻断特性的能力）是一个重要参数，使用时必须注意。

（4）逆导晶闸管的额定电流分别以晶闸管额定电流和整流管额定电流表示（如 300A/300A、300A/150A 等）。一般来说，晶闸管额定电流值列于分子，整流管额定电流值列于分母。

1.3.4 光控晶闸管

光控晶闸管（Light Triggered Thyristor，LTT）是一种光控器件，它与普通晶闸管的不同之处在于其门极区集成了一个光电二极管。在光的照射下，光电二极管漏电流增加，此电流成为门极触发电流，使晶闸管开通。

如图 1-45（a）和图 1-45（b）所示，分别为光控晶闸管的电气图形符号和伏安特性曲线。

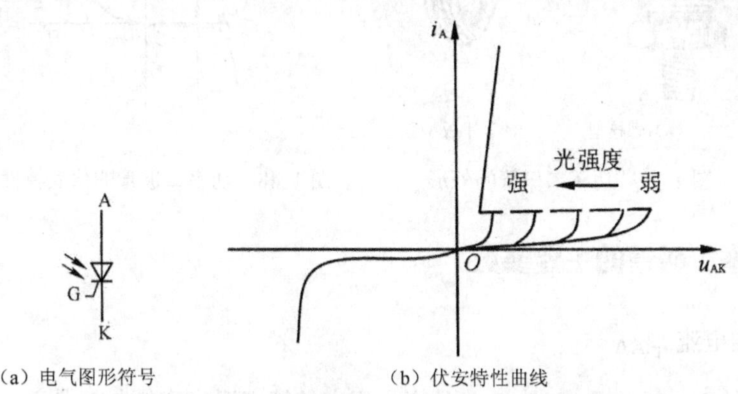

（a）电气图形符号　（b）伏安特性曲线

图 1-45　光控晶闸管电气图形符号和伏安特性曲线

小功率光控晶闸管只有阴、阳两个电极，大功率光控晶闸管的门极带有光缆，光缆上有发光二极管或半导体激光器作为触发光源。由于主电路与触发电路之间有光电隔离，因此绝缘性能好，可避免电磁干扰。目前光控晶闸管在高压直流输电和高压核聚变装置中得到广泛的应用。

1.4 功率二极管

功率二极管属于不可控器件，由电源主回路控制其通断状态。由于其结构和工作原理简单，工作可靠，因而目前凡在将交流电变为直流电且不需要调压的场合仍广泛使用功率二极管，如交-直-交变频的整流、大功率直流电源等，特别是快恢复二极管和肖特基二极管，仍在中、高频整流和逆变以及低压高频整流场合被广泛应用。

1.4.1 功率二极管的工作原理

功率二极管是以 PN 结为基础的，实际上就是由一个面积较大的 PN 结和两端引线封装组成的。功率二极管的结构和电气图形符号如图 1-46 所示。

A　P　N　K　　　A　K

（a）结构　（b）电气图形符号

图 1-46　功率二极管的结构和电气图形符号

功率二极管主要有螺栓型和平板型两种封装形式，如图 1-47 所示。

功率二极管和电子电路中的二极管工作原理一样，即若二极管处于正向电压作用下，则 PN 结导通，正向管压降很小；反之，若二极管处于反向电压作用下，则 PN 结截止，仅有极小的可

忽略的漏电流流过二极管。经实验测量可得功率二极管的伏安特性曲线，如图 1-48 所示。

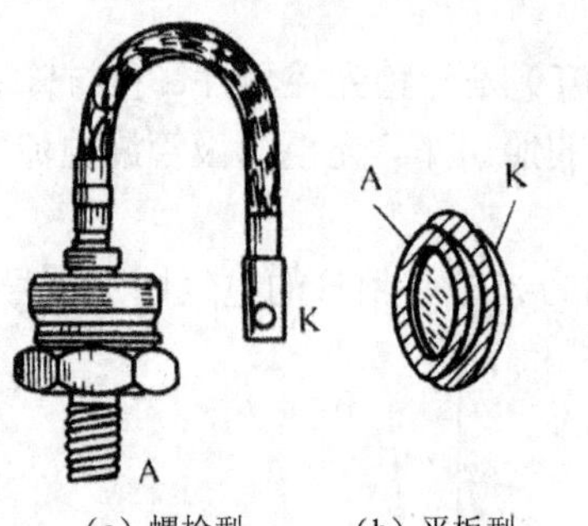

（a）螺栓型　（b）平板型

图 1-47　功率二极管的外形

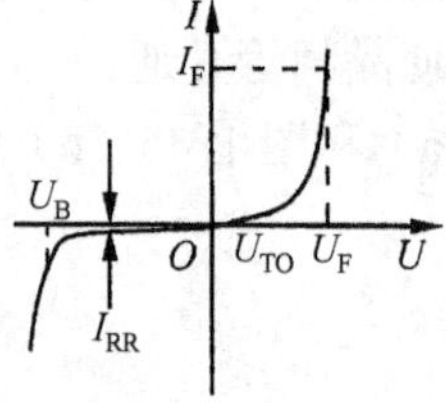

图 1-48　功率二极管的伏安特性曲线

1.4.2　功率二极管的主要参数

1．正向平均电流 $I_{F(AV)}$

功率二极管的正向平均电流 $I_{F(AV)}$，是指在规定的管壳温度和散热条件下允许通过的最大工频正弦半波电流的平均值，元件标称的额定电流就是这个电流。实际应用中，功率二极管所流过的最大有效电流为 I，则其额定电流一般选择为

$$I_{F(AV)} \geqslant (1.5 \sim 2)\frac{I}{1.57} \tag{1-5}$$

式中的系数 1.5～2 是安全系数。

2．正向压降 U_F

正向压降 U_F 是指在规定温度下，流过某一稳定正向电流时所对应的正向压降。

3．反向重复峰值电压 U_{RRM}

反向重复峰值电压是功率二极管能重复施加的反向最高峰值电压，通常是其雪崩击穿电压 U_B 的 2/3。一般在选用功率二极管时，以其在电路中可能承受的反向峰值电压的两倍来选择反向重复峰值电压。

4．反向恢复时间 t_{rr}

反向恢复时间是指功率二极管从所施加的反向偏置电流降至零起，到恢复反向阻断能力为止的时间。

1.4.3　功率二极管的主要类型

1．整流二极管

整流二极管多用于开关频率不高的场合，一般其开关频率在 1kHz 以下。整流二极管的

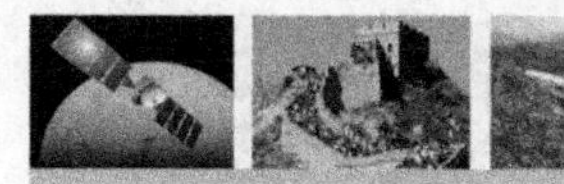

特点是正向额定电流和反向额定电压可以达到很高，分别为几千安和几千伏，但反向恢复时间较长。

2．快速恢复二极管

快速恢复二极管的特点是恢复时间短，尤其是反向恢复时间很短，一般在 5μs 以内，可用于要求很小反向恢复时间的电路中，如用于与可控开关配合的高频电路中。

3．肖特基二极管

肖特基二极管是以金属和半导体接触形成的势垒为基础的二极管，其反向恢复时间更短，一般为 10～40ns。肖特基二极管在正向恢复过程中不会有明显的电压过冲，在反向耐压较低的情况下正向压降也很小，明显低于快速恢复二极管，因此，其开关损耗和正向导通损耗都很小。肖特基二极管的不足是：当所承受的反向耐压提高时，其正向压降有较大幅度提高。它适用于要求较低输出电压和较低正向管压降的换流器电路中。

实训 1　晶闸管的简易测试及导通、关断条件测试

一、目的

（1）掌握晶闸管的简易测试方法。
（2）验证晶闸管的导通条件及关断方法。

二、电路

实验电路如图 1-49 所示。

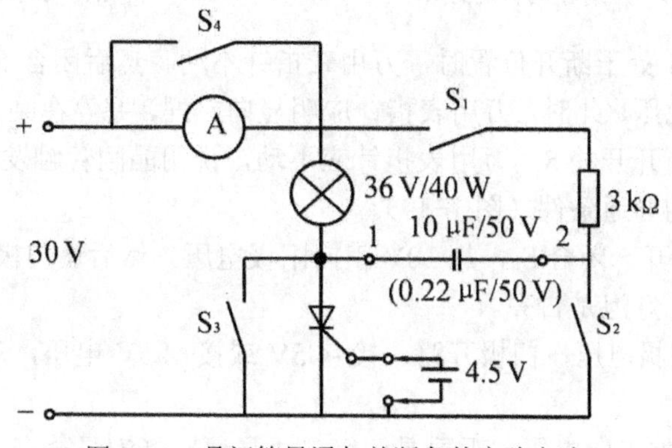

图 1-49　晶闸管导通与关断条件实验电路

三、设备

（1）自制晶闸管导通与关断实验板　　1 块
（2）0～30V 直流稳压电源　　1 台
（3）万用表　　1 块
（4）1.5V×3 干电池　　1 组

（5）好、坏晶闸管　　　　　　　　　　　　　各 1 只

四、内容及步骤

（1）鉴别晶闸管好坏。

具体操作顺序如图 1-50 所示。将万用表置于 R×1 挡，用表笔测量 G、K 之间的正反向电阻，阻值应为几欧至几十欧。一般黑表笔接 G，红表笔接 K 时，阻值较小。由于晶闸管芯片一般采用短路发射极结构（即相当于在门极与阴极间并联了一个小电阻），所以正反向阻值差别不大，即使测出正反向阻值相等也是正常的。接着将万用表调至 R×10k 挡，测量 G、A 与 K、A 之间的阻值，无论黑、红表笔怎样调换测量，阻值均应为无穷大。否则，说明晶闸管已经损坏。

（2）检测晶闸管的触发能力。

检测电路如图 1-51 所示。外接一个 4.5V 电池组，将电压提高到 6～7.5V（万用表内装电池不同）。将万用表置于 0.25～1A 挡，为保护表头，可串入一只 $R=U/I_{挡}=4.5\Omega$的电阻（其中，$I_{挡}$为所选万用表量程的电流值）。

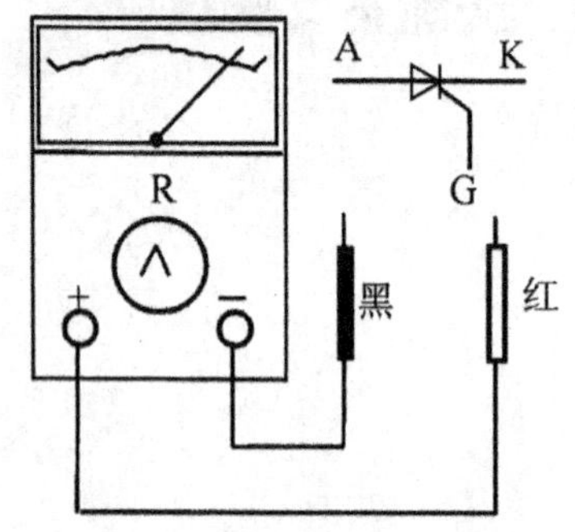

图 1-50　判别晶闸管的好坏

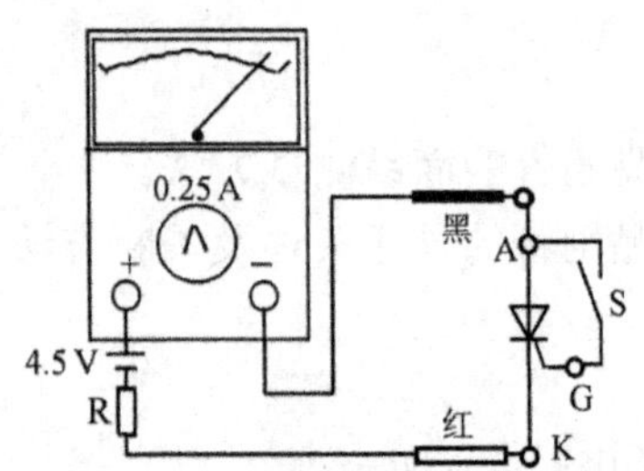

图 1-51　检测晶闸管触发能力电路

电路接好后，在 S 处于断开位置时，万用表指针不动。然后闭合 S（S 可用导线代替），使门极加上正向触发电压，此时，万用表指针应明显向右摆，并停在某一电流值位置，表明晶闸管已经导通。接着断开开关 S，万用表指针应不动，说明晶闸管触发性能良好。

（3）检测晶闸管的导通条件（图 1-49）。

① 先将 S_1～S_3 断开，闭合 S_4，加 30V 正向阳极电压。然后让门极开路或接–4.5V 电压，观看晶闸管是否导通，灯泡是否亮。

② 加 30V 反向阳极电压，门极开路、接–4.5V 或接+4.5V 电压，观察晶闸管是否导通，灯泡是否亮。

③ 阳极、门极都加正向电压，观看晶闸管是否导通，灯泡是否亮。

④ 灯亮后去掉门极电压，看灯泡是否亮；再加–4.5V 反向门极电压，观察灯泡是否继续亮，为什么？

（4）晶闸管关断条件实验（图 1-49）。

① 接通+30V 电源，再接通 4.5V 正向门极电压使晶闸管导通，灯泡亮，然后断开门极电压。

② 去掉 30V 阳极电压，观察灯泡是否亮。

③ 接通 30V 正向阳极电压及正向门极电压使灯点燃，而后闭合 S_1。断开门极电压，然后闭合 S_2，观察灯泡是否熄灭。

④ 在 1、2 端换接上 0.22μF/50V 的电容再重复步骤③的实验，观察灯泡是否熄灭，为什么？

⑤ 再把晶闸管导通，断开门极电压，然后闭合 S_3，再立即断开 S_3，观察灯泡是否熄灭，为什么？

⑥ 断开 S_4，再使晶闸管导通，断开门极电压。逐渐减小阳极电压，当电流表指针由某值突降到零时，该值就是被测晶闸管的维持电流。此时若再升高阳极电源电压，灯泡也不再发亮，说明晶闸管已经关断。

五、实训报告要求

（1）总结导通条件及关断方法，回答实验中提出的问题。

（2）总结简易判断晶闸管好坏的方法。

习题与思考题 1

1-1　晶闸管导通的条件是什么？导通后流过晶闸管的电流怎样确定？负载电压是什么？

1-2　维持晶闸管导通的条件是什么？怎样才能使晶闸管由导通变为关断？

1-3　如何用万用表判别晶闸管元件的好坏？

1-4　什么叫 GTR 的一次击穿和二次击穿？

1-5　怎样确定 GTR 的安全工作区 SOA？

1-6　与 GTR 相比，功率 MOS 管有何优、缺点？

1-7　试简述功率场效应管 IGBT 在应用中的注意事项。

1-8　表 1-8 给出了 1200V 和不同等级电流容量 IGBT 管的栅极电阻推荐值。试说明为什么随着电流容量的增大，栅极电阻值相应减小。

表 1-8　1200V 和不同等级电流容量 IGBT 管的栅极电阻推荐值

电流容量/A	25	50	75	100	150	200	300
栅极电阻/Ω	50	25	15	12	8.2	5	3.3

1-9　试述静电感应晶体管 SIT 的性能特点。

1-10　全控型器件的缓冲电路的主要作用是什么？试分析 RCD 缓冲电路中各元件的作用。

1-11　试说明 IGBT、GTR、GTO 和电力 MOSFET 各自的优、缺点。

第2章 晶闸管可控整流电路

教学导航

教	知识重点	1. 单相半波可控整流电路分析及参数计算 2. 单相全波和单相全控桥式可控整流电路分析及参数计算 3. 三相半波可控整流电路分析及参数计算 4. 三相全控桥整流电路分析及参数计算 5. 变压器漏电抗对整流电路的影响 6. 各种整流电路实践操作
	知识难点	1. 各种整流电路工作原理分析 2. 各种整流电路参数计算 3. 各种整流电路实践操作
	推荐教学方式	先去实训室对各个整流电路进行连线，用实验测试法让学生对各个整流电路的工作原理、输出波形、输入输出参数之间的关系有一个清楚的认知，然后利用多媒体演示结合讲授法让学生掌握每个整流电路的工作原理、波形图、参数计算
	建议学时	14 学时
学	推荐学习方法	以实践操作和分析法、计算法为主，结合反复练习
	必须掌握的理论知识	各种整流电路的工作原理及参数计算
	必须掌握的技能	会连接各种整流电路 学会使用万用表测试输入、输出参数 学会使用示波器测试整流电路输入、输出波形

可控整流技术是晶闸管最基本的应用之一，在工业生产上应用极广，如调压调速直流电源、电解及电镀用的直流电源等。把交流电转换成大小可调的单一方向直流电的过程称为可控整流。

单相可控整流电路因其具有电路简单、投资少和制造、调试、维修方便等优点，一般 4kW 以下容量的可控整流装置应用较多。单相可控整流电路线路简单，价格便宜，调整、维修都比较容易，但其输出的直流电压脉动大，脉动频率低。又因为它接在三相电网的一相上，当容量较大时易造成三相电网不平衡。因而只用在较小容量的场合。一般来说，当负载功率超过 4kW，要求直流电压脉动较小时，可以采用三相可控整流电路。

三相可控整流电路的类型很多，有三相半波、三相全控桥、三相半控桥等电路。三相半波可控整流电路是最基本的电路，其他电路可看做是三相半波可控整流电路以不同方式串联或并联组合而成的电路。正确地掌握电路分析方法、波形画法以及各种电量计算方法是研究可控整流电路的基础，也是本章介绍的主要内容。

2.1　单相半波可控整流电路

如图 2-1 所示为晶闸管可控整流装置的原理框图，主要由同步变压器、整流变压器、晶闸管、触发电路、负载等几部分组成。整流装置的输入端一般接在交流电网上，输出端的负载可以是电阻性负载（如电炉、电热器、电焊机和白炽灯等）、大电感性负载（如直流电动机的励磁绕组滑差电动机的电枢线圈等）以及反电动势负载（如直流电动机的电枢反电动势、充电状态下的蓄电池等）。以上负载往往要求整流电路能输出可在一定范围内变化的直流电压。为此，只要改变触发电路所提供的触发脉冲送出的时间，就能改变晶闸管在交流电压 u_2 一周期内导通的时间，从而调节负载上得到的直流电压平均值的大小。

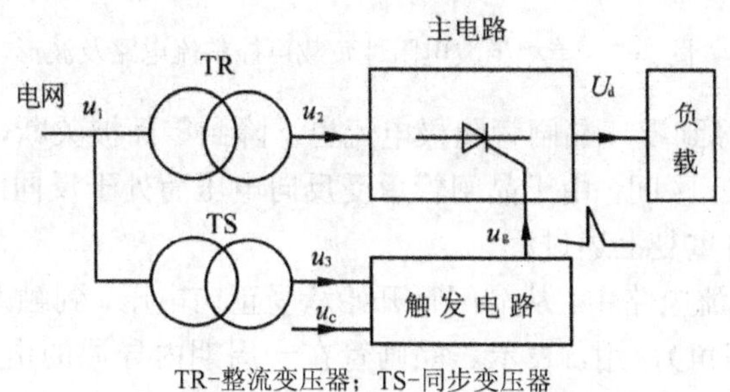

TR-整流变压器；TS-同步变压器

图 2-1　晶闸管可控整流装置的原理框图

2.1.1　电阻性负载

电炉、白炽灯等均属于电阻性负载。电阻性负载的特点是：负载两端电压波形和流过负载的电流波形相似，其电流、电压均允许突变。

如图 2-2（a）所示为单相半波电阻性负载可控整流电路，由晶闸管 VT、负载电阻 R_d 及单相整流变压器 TR 组成。TR 用来变换电压，将一次侧电网电压 u_1 变成与负载所需电压相适应的二次侧电压 u_2，u_2 为二次侧正弦电压瞬时值；u_d、i_d 分别为整流输出电压瞬时值和负载电流瞬时值；u_{VT}、i_{VT} 为晶闸管两端电压瞬时值和流过的电流瞬时值；i_1、i_2 分别为流过整流变

压器一次侧绕组和二次侧绕组电流的瞬时值。

交流电压 u_2 通过 R_d 施加到晶闸管的阳极和阴极两端，在 0～π区间的 ωt_1 之前，晶闸管虽然承受正向电压，但因触发电路尚未向门极送出触发脉冲，所以晶闸管仍保持阻断状态，无直流电压输出，晶闸管 VT 承受全部 u_2 电压。

在 ωt_1 时刻，触发电路向门极送出触发脉冲 u_g，晶闸管被触发导通。若管压降忽略不计，则负载电阻 R_d 两端的电压波形 u_d 就是变压器二次侧绕组电压 u_2 的波形，流过负载的电流 i_d 波形与 u_d 相似。由于二次侧绕组、晶闸管及负载电阻是串联的，故 i_d 波形也就是 i_{VT} 及 i_2 的波形，如图 2-2（b）所示。

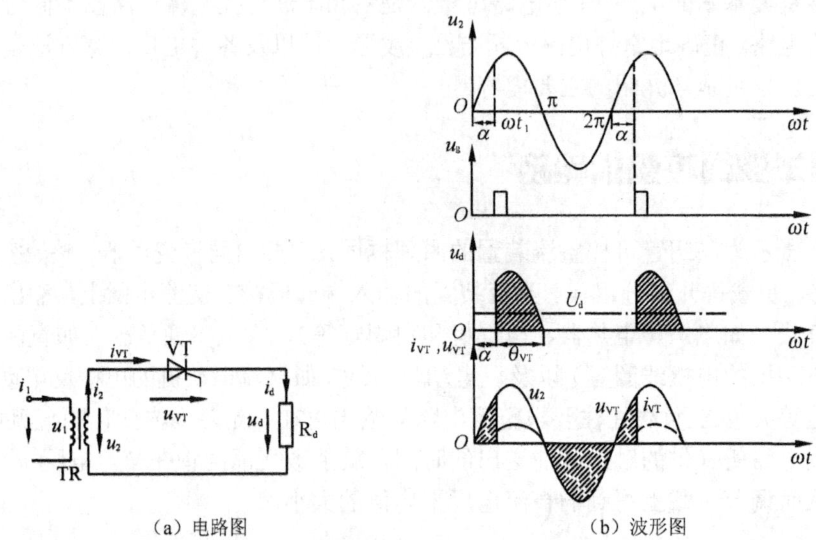

（a）电路图　　　　（b）波形图

图 2-2　单相半波电阻性负载可控整流电路及波形

在 $\omega t = \pi$ 时，u_2 下降到零，晶闸管阳极电流也下降到零而被关断，电路无输出。

在 u_2 负半周即π～2π区间，由于晶闸管承受反向电压而处于反向阻断状态，负载两端电压 U_d 为零。下一个周期将重复上述过程。

在单相半波可控整流电路中，从晶闸管开始承受正向电压，到触发脉冲出现之间的电角度称为控制角（也称移相角），用 α 表示。晶闸管在一周期内导通的电角度称为导通角，用 θ_{VT} 表示，如图 2-2（b）所示。

在单相半波可控整流电路阻性负载中 α 的移相范围为 0～π，对应的 θ_{VT} 的导通范围为π～0，两者关系为 $\alpha + \theta_{VT} = \pi$。从图 2-2（b）波形可知，改变控制角 α 的大小，输出整流电压 u_d 波形和输出直流电压平均值 U_d 大小也随之改变，α 减小，U_d 就增加；反之，U_d 减小。

1）u_d 波形的平均值 U_d 的计算

根据平均值定义，u_d 波形的平均值 U_d 为

$$U_d = \frac{1}{2\pi}\int_{\alpha}^{\pi}\sqrt{2}U_2\sin\omega t \mathrm{d}(\omega t) = 0.45U_2\frac{1+\cos\alpha}{2} \tag{2-1}$$

$$\frac{U_d}{U_2} = 0.45\frac{1+\cos\alpha}{2} \tag{2-2}$$

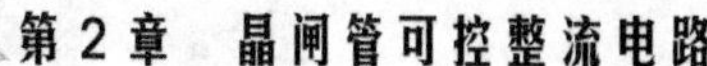

由式（2-1）可知，输出直流电压平均值 U_d 与整流变压器二次侧交流电压有效值 U_2 和控制角α有关，当 U_2 给定后，仅与α有关。当$\alpha=0$ 时，则 $U_d=0.45U_2$，为最大输出直流平均电压；当$\alpha=\pi$时，则 $U_d=0$。只要控制触发脉冲送出的时刻，U_d 就可以在 $0\sim0.45U_2$ 之间连续可调。

工程上为了计算简便，有时不用式（2-1）进行计算，而是按式（2-2）先作出表格和曲线，供查阅计算，参见表 2-1 和图 2-3。

流过负载电流的平均值为

$$I_d=\frac{U_d}{R_d} \tag{2-3}$$

表 2-1　$U_d/U_2, I_{VT}/I_d, I_2/I_d, I_1/I_d, \cos\varphi$ 与控制角α的关系

α	0°	30°	60°	90°	120°	150°	180°
U_d/U_2	0.45	0.42	0.338	0.225	0.113	0.03	0
I_{VT}/I_d	1.57	1.66	1.88	2.22	2.78	3.98	—
I_2/I_d	1.57	1.66	1.88	2.22	2.78	3.98	—
I_1/I_d	0.21	0.32	0.59	0.98	2.59	3.85	—
$\cos\varphi$	0.707	0.698	0.635	0.508	0.302	0.120	—

注：设变压器变比为 1。

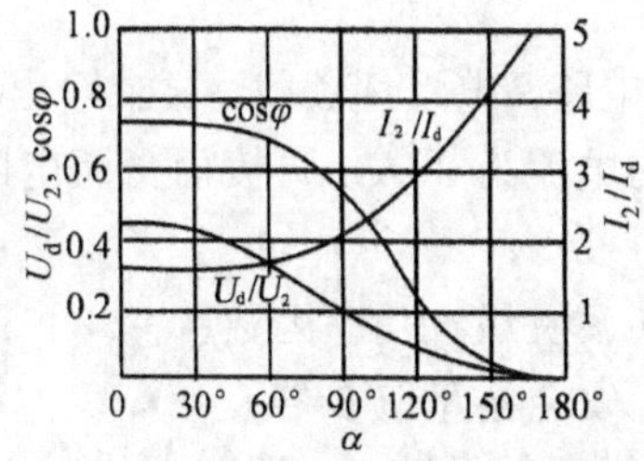

图 2-3　单相半波可控整流电压、电流及功率因数与控制角的关系

2）负载上电压有效值 U 与电流有效值 I 的计算

在计算选择变压器容量、晶闸管额定电流、熔断器以及负载电阻的有功功率时，均须按有效值计算。根据有效值的定义，U 应是 U_d 波形的均方根值，即

$$U=\sqrt{\frac{1}{2\pi}\int_{\alpha}^{\pi}(\sqrt{2}U_2\sin\omega t)^2\mathrm{d}(\omega t)}=U_2\sqrt{\frac{\pi-\alpha}{2\pi}+\frac{\sin 2\alpha}{4\pi}} \tag{2-4}$$

电流有效值为

$$I=\frac{U}{R_d} \tag{2-5}$$

3）晶闸管电流有效值 I_{VT} 及其两端可能承受的最大正/反向电压 U_{VTm} 的计算

在单相半波可控整流电路中，因晶闸管与负载串联，所以负载电流的有效值也就是流过晶闸管电流的有效值，其关系为

$$I_{VT}=I=\frac{U}{R_d} \tag{2-6}$$

由图 2-2（b）中 u_{VT} 波形可知，晶闸管可能承受的最大正/反向电压为

$$U_{VTm}=\sqrt{2}U_2 \tag{2-7}$$

由式（2-3）与式（2-6）可得

$$\frac{I_{VT}}{I_d}=\frac{I}{I_d}=\frac{I_2}{I_d}=\frac{\sqrt{\pi\sin 2\alpha+2\pi(\pi-\alpha)}}{\sqrt{2}(1+\cos\alpha)} \tag{2-8}$$

根据式（2-8）也可先作出表格与曲线，参见表 2-1 和图 2-3，这样便于工程查算。例如，知道了 I_d，就可按设定的控制角α查表或查曲线，求得 I_{VT} 与 I 等数值。

4）功率因数 $\cos\varphi$的计算

$$\cos\varphi=\frac{P}{S}=\frac{UI}{U_2 I}=\sqrt{\frac{\pi-\alpha}{2\pi}+\frac{\sin 2\alpha}{4\pi}} \tag{2-9}$$

从式（2-9）看出，$\cos\varphi$是α的函数。当α=0 时，$\cos\varphi$最大为 0.707，可见单相半波可控整流电路尽管是电阻性负载，但由于存在谐波电流，变压器最大利用率也仅有 70%。α越大，$\cos\varphi$越小，设备利用率就越低。

$\cos\varphi$与α的关系也可用表格与曲线表示，参见表 2-1 和图 2-3。

以上单相半波可控整流电路电阻性负载各个计算式的推导方法同样适用于其他单相可控整流电路。

例 2.1 单相半波可控整流电路，电阻性负载。要求输出的直流平均电压为 50～92V 之间连续可调，最大输出直流平均电流为 30A，直接由交流电网 220V 供电，试求：

（1）控制角α的可调范围；

（2）负载电阻的最大有功功率及最大功率因数；

（3）选择晶闸管型号规格（安全裕量取 2 倍）。

解：（1）由式（2-1）或由图 2-3 的 U_d/U_2 曲线求得：

当 U_d=50V 时
$$\cos\alpha=\frac{2\times 50}{0.45\times 220}-1\approx 0$$

所以
$$\alpha=90°$$

或由 U_d/U_2 曲线查出，当 $U_d/U_2=50/220\approx 0.227$ 时，$\alpha\approx 90°$。

当 U_d=92V 时

$$\cos\alpha=\frac{2\times 92}{0.45\times 220}-1\approx 0.86$$

所以
$$\alpha=30°$$

或由 U_d/U_2 曲线查出，当 U_d/U_2=92 / 220=0.418 时，$\alpha\approx 30°$。

（2）α=30° 时，输出直流电压平均值最大为 92V，这时负载消耗的有功功率也最大，由式（2-8）或查表 2-1 可求

$$I=1.66\times I_d=1.66\times 30\text{A}\approx 50\text{A}$$

$$\cos\varphi\approx 0.698$$

$$P=I^2R_d=(50^2\times 92/30)\text{W}\approx 7667\text{W}$$

（3）选择晶闸管，因α=30° 时，流过晶闸管的电流有效值最大为 50A。所以

$$I_{VT(AV)} = 2 \times \frac{I_{VTm}}{1.57} = 2 \times \frac{50}{1.57} \approx 64A$$

取 100A。

晶闸管的额定电压为

$$U_{VTn} = 2U_{VTm} = 2\sqrt{2} \times 220V \approx 622V$$

取 700V。

故选择 KP100—7 型号的晶闸管。

2.1.2　电感性负载及续流二极管

电动机的励磁线圈、滑差电动机电磁离合器的励磁线圈以及输出电路中串接平波电抗器的负载等都属于电感性负载。电感性负载不同于电阻性负载，为了便于分析，通常将其等效为电阻与电感串联，如图 2-4（a）所示。

电感线圈是储能元件，当电流 i_d 流过线圈时，该线圈就储存磁场能量，i_d 越大，线圈储存的磁场能量也越大。随着 i_d 逐渐减小，电感线圈就要将所储存的磁场能量释放出来。电感本身是不消耗能量的。当流过 L_d 中的电流变化时，要产生自感电动势，其大小为 $e_L = -L_d di/dt$，它将阻碍电流的变化。当 i 增大时，e_L 阻碍电流增大，产生的 e_L 极性为上正下负；当 i 减小时，e_L 阻碍电流减小，极性为上负下正。

在 $0 \leqslant \omega t < \omega t_1$ 区间，u_2 虽然为正，但晶闸管无触发脉冲不导通，负载上的电压 U_d 电流 i_d 均为零。晶闸管承受着电源电压 u_2，其波形如图 2-4（b）所示。

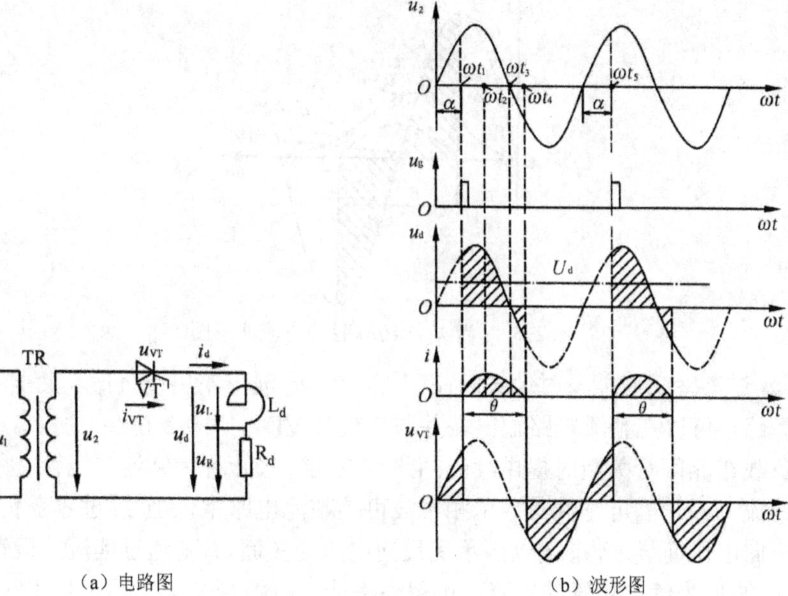

（a）电路图　　　　（b）波形图

图 2-4　单相半波电感性负载电路及波形图

当$\omega t=\omega t_1=\alpha$时，晶闸管被触发导通，电源电压$u_2$突然加在负载上，由于电感性负载电流不能突变，电路需经一段过渡过程，此时电路电压瞬时值方程为

$$u_2 = L_d \frac{di_d}{dt} + i_d R_d = u_L + u_R$$

在$\omega t_1 < \omega t \leqslant \omega t_2$区间，晶闸管被触发导通后，由于$L_d$作用，电流$i_d$只能从零逐渐增大。到$\omega t_2$时，$i_d$已上升到最大值，$di_d/dt=0$。这期间电源$U_2$不仅要向负载$R_d$供给有功功率，而且还要向电感线圈$L_d$供给磁场能量的无功功率。

在$\omega t_2 < \omega t \leqslant \omega t_3$区间，由于$U_2$继续在减小，$i_d$也逐渐减小，在电感线圈$L_d$作用下，$i_d$的减小总是要滞后于$U_2$的减小。这期间$L_d$两端产生的电动势$e_L$反向，如图 2-4（b）所示。负载$R_d$所消耗的能量，除由电源电压$U_2$供给外，还有一部分是由电感线圈$L_d$所释放的能量供给。

在$\omega t_3 < \omega t < \omega t_4$区间，$U_2$过零开始变负，对晶闸管是反向电压，但是由于$i_d$的减小，在$L_d$两端所产生的电动势$e_L$极性对晶闸管是正向电压，故只要$e_L$略大于$u_2$，晶闸管仍然承受着正向电压而继续导通，直到$i_d$减到零，才被关断，如图 2-4（b）所示。在这区间L_d不断释放出磁场能量，除部分继续向负载R_d提供消耗能量外，其余就回馈给交流电网u_2。

当$\omega t=\omega t_4$时，$i_d=0$，即L_d的磁场能量已释放完毕，晶闸管被关断。从ωt_5开始，重复上述过程。

由图 2-4（b）可见，由于电感的存在，使负载电压u_d波形出现部分负值，其结果使负载整流电压平均值U_d减小。电感越大，u_d波形的负值部分占的比例越大，使U_d减小越多。当电感L_d很大时（一般$X_L \geqslant 10R_d$时，就认为是大电感），对于不同控制角α，晶闸管的导通角（$\theta \approx 2\pi-2\alpha$，电流$i_d$波形如图 2-5 所示。这时负载上得到的电压$u_d$波形正、负面积接近相等，整流电压平均值$U_d$几乎为零。由此可见，单相半波可控整流电路用于大电感负载时，不管如何调节控制角α，u_d值总是很小，平均电流$I_d=U_d/R_d$也很小，如不采取措施，电路无法满足输出一定直流平均电压的要求。

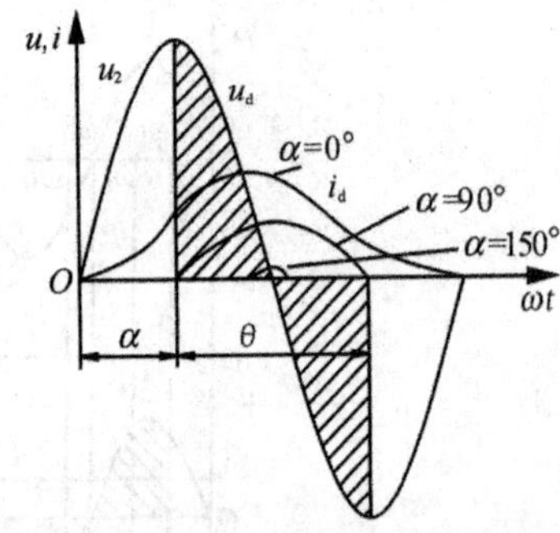

图 2-5　当$X_L \geqslant 10R_d$时的电流波形图

为了使u_2过零变负时能及时地关断晶闸管，使u_d波形不出现负值，又能给电感线圈L_d提供续流的旁路，可以在整流电路输出端并联二极管 VD，如图 2-6（a）所示。由于该二极管是为电感性负载在晶闸管关断时提供续流回路，故此二极管称为续流二极管。

在接有续流二极管的电感性负载单相半波可控整流电路中，当u_2过零变负时，此时续流二极管承受正向电压而导通，晶闸管因承受反向电压而关断，i_d就通过续流二极管而继续流动。续流期间的u_d波形为续二极管的压降，可忽略不计。u_d波形与电阻性负载相同。但对大电感而言，流过负载的电流i_d不但连续而且基本上是波动很小的直线，电感越大，i_d波形越接近于

一条水平线，其平均电流为 $I_{\mathrm{d}}=U_{\mathrm{d}}/R_{\mathrm{d}}$，如图 2-6（b）所示。

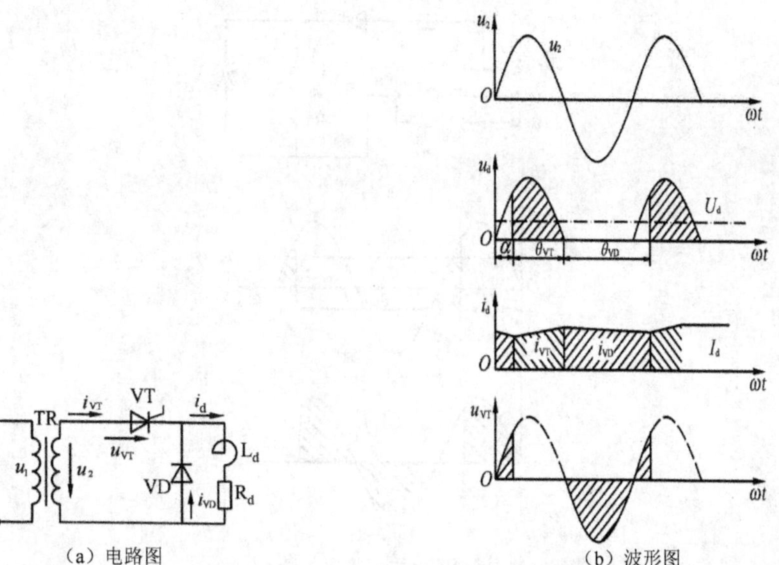

（a）电路图　　（b）波形图

图 2-6　当 $X_{\mathrm{L}}\geqslant 10R_{\mathrm{d}}$ 时的电路及波形图

电流 I_{d} 由晶闸管和续流二极管分担，在晶闸管导通期间，从晶闸管流过；晶闸管关断，续流二极管导通，就从续流二极管流过。可见流过晶闸管电流 i_{VT} 与续流二极管电流 i_{VD} 的波形均为方波，方波电流的平均值和有效值分别为

$$I_{\mathrm{dVT}}=\frac{1}{2\pi}\int_{\alpha}^{\pi}I_{\mathrm{d}}\mathrm{d}(\omega t)=\frac{\pi-\alpha}{2\pi}I_{\mathrm{d}} \tag{2-10}$$

$$I_{\mathrm{VT}}=\sqrt{\frac{1}{2\pi}\int_{\alpha}^{\pi}I_{\mathrm{d}}^{2}\mathrm{d}(\omega t)}=\sqrt{\frac{\pi-\alpha}{2\pi}}I_{\mathrm{d}} \tag{2-11}$$

$$I_{\mathrm{dVD}}=\frac{1}{2\pi}\int_{\pi}^{2\pi+\alpha}i_{\mathrm{VD}}\mathrm{d}(\omega t)=\frac{\pi+\alpha}{2\pi}I_{\mathrm{d}} \tag{2-12}$$

$$I_{\mathrm{VD}}=\sqrt{\frac{1}{2\pi}\int_{\pi}^{2\pi+\alpha}I_{\mathrm{d}}^{2}(\omega t)}=\sqrt{\frac{\pi+\alpha}{2\pi}}I_{\mathrm{d}} \tag{2-13}$$

式中，$I_{\mathrm{d}}=U_{\mathrm{d}}/R_{\mathrm{d}}$，而

$$U_{\mathrm{d}}=0.45U_{2}\frac{1+\cos\alpha}{2}$$

晶闸管和续流二极管能承受的最大正、反向电压为 $\sqrt{2}U_{2}$，移相范围与阻性负载相同，为 0～π。

由于电感性负载电流不能突变，当晶闸管触发导通后，阳极电流上升较缓慢，故要求触发脉冲宽度要宽些（约 20°），以免阳极电流尚未升到晶闸管掣住电流时，触发脉冲已消失，晶闸管无法导通。

例 2.2　图 2-7 是中、小型发电机采用的单相半波自激稳压可控整流电路。当发电机满负载运行时，相电压为 220V，要求的励磁电压为 40V。已知：励磁线圈的电阻为 2Ω，电感量为 0.1H。试求：晶闸管及续流二极管的电流平均值和有效值各是多少？晶闸管与续流二极管可能承受的最大电压各是多少？请选择晶闸管与续流二极管的型号。

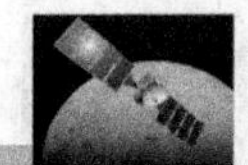

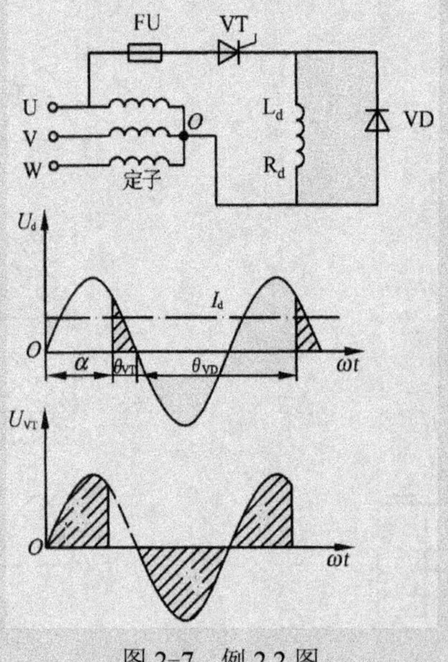

图 2-7　例 2.2 图

解：先求控制角α。

因为

$$U_d = 0.45U_2 \frac{1+\cos\alpha}{2}$$

$$\cos\alpha = \frac{2}{0.45} \times \frac{40}{220} - 1 = -0.192$$

所以

$$\alpha \approx 101°$$

则

$$\theta_{VT} = \pi - \alpha = 180° - 101° = 79°$$

$$\theta_{VT} = \pi + \alpha = 180° + 101° = 281°$$

由于$\omega L_d = 2\pi f L_d = (2\times 3.14\times 50\times 0.1)\Omega = 31.4\Omega > 10R_d = 20\Omega$，所以为大电感负载，各电量分别计算如下。

$$I_d = U_d / R_d = 40/2 = 20\text{A}$$

$$I_{dVT} = \frac{180° - \alpha}{360°} \times I_d = \frac{180° - 101°}{360°} \times 20 = 4.4\text{A}$$

$$I_{VT} = \sqrt{\frac{180° - \alpha}{360°}} \times I_d = \sqrt{\frac{180° - 101°}{360°}} \times 20 = 9.4\text{A}$$

$$I_{dVD} = \frac{180° + \alpha}{360°} \times I_d = \frac{180° + 101°}{360°} \times 20 = 15.6\text{A}$$

$$U_{VTm} = \sqrt{2}U_2 = \sqrt{2} \times 220 = 311\text{V}$$

$$U_{VDm} = \sqrt{2}U_2 = \sqrt{2} \times 220 = 311\text{V}$$

根据以上计算选择晶闸管及续流二极管型号考虑如下。

$$U_{VTn} = (2\sim3)U_{VTm} = (2\sim3)\times 311 = (622\sim933)\text{V}$$

取 700V。

$$I_{VT(AV)} = (1.5\sim2)\frac{I_{VT}}{1.57} = (1.5\sim2)\frac{9.4}{1.57} = (9\sim12)\text{A}$$

取 20A。

故选择晶闸管型号为 KP20−7。

2.1.3　反电动势负载

蓄电池、直流电动机的电枢等均属反电动势负载。这类负载特点是含有直流电动势 E，它的极性对电路中晶闸管而言是反向电压，故称反电动势负载，如图 2−8（a）所示。

在 $0\leqslant \omega t < \omega t_1$ 区间，u_2 虽然是正向，但由于反电动势 E 大于电源电压 U_2，晶闸管仍受反向电压而处在反向阻断状态。负载两端电压 U_d 等于本身反电动势 E，负载电流 I_d 为零。晶闸管两端电压 $U_{VT} = u_2 - E$，波形如图 2−8（b）所示。

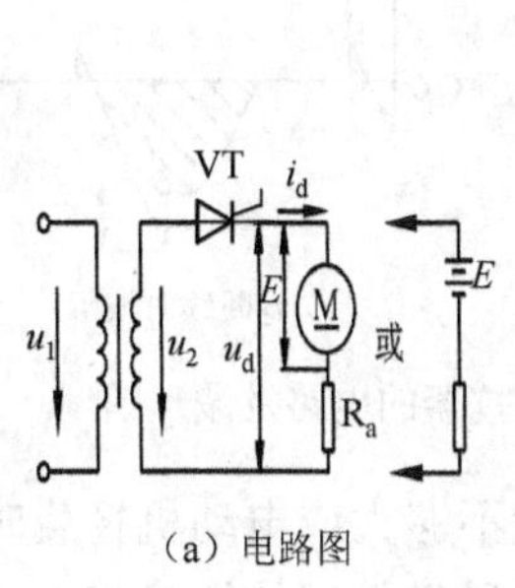

（a）电路图

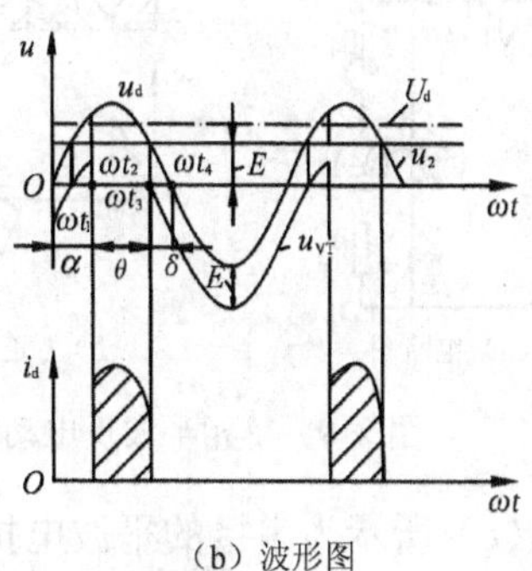

（b）波形图

图 2−8　单相半波反电动势负载电路及波形图

在 $\omega t_1 \leqslant \omega t < \omega t_2$ 区间，u_2 正向电压已大于反电动势 E，晶闸管开始承受正向电压，但尚未被触发，故仍处在正向阻断状态，U_d 仍等于 E，I_d 为零。$u_{VT} = u_2 - E$ 的正向电压波形如图 2−8（b）所示。

当 $\omega t = \omega t_2 = \alpha$时，晶闸管被触发导通，电源电压 u_2 突然加在负载两端，所以 u_d 波形为 u_2，流过负载的电流 $I_d = (u_2 - E)/R$。由于元件本身导通，$u_{VT} = 0$。

在 $\omega t_2 < \omega t < \omega t_3$ 区间，由于 $u_2 > E$，晶闸管导通，负载电流 I_d 仍按 $I_d = (u_2 - E)/R_a$ 规律变化。由于反电动势内阻很小，所以 i_d 呈脉冲波形，且脉动大。u_d 仍为 u_2 波形，如图 2−8（b）所示。

当 $\omega t = \omega t_3$ 时，由于 $u_2 = E$，I_d 降到零，晶闸管被关断。

在 $\omega t_3 < \omega t \leqslant \omega t_4$ 区间，虽然 u_2 还是正向，但其数值比反电动势 E 小，晶闸管承受反电压被阻断。当 u_2 由零变负时，晶闸管承受着更大的反向电压，其最大反向电压为 $u_2 + E$。应该注意，这区间晶闸管已关断，输出电压 u_d 不是零而是等于 E，其负载电流 i_d 为零。以上波形如图 2−8（b）所示。

综上所述，反电动势负载特点是：电流呈脉冲波形，脉动大。如要提供一定值的平均电流，其波形幅值必然很大，有效值也大，这就要增加可控整流装置和直流电动机的容量。另外，换向电流大，容易产生火花，电动机振动剧烈，尤其是断续电流会使电动机机械特性变差。为了克服这些缺点，常在负载回路中人为地串联一个平波电抗器 L_d，用来减小电流的脉

动和延长晶闸管导通的时间。

反电动势负载串接平波电抗器后，整流电路的工作情况与大电感性负载相似。电路与波形如图 2-9 所示。只要所串入的平波电抗器的电感量足够大，使整流输出电压 U_d 中所包含的交流分量全部降落在电抗器上，则负载两端的电压基本平整，输出电流波形也就平直，这就大大改善了整流装置和电动机的工作条件。电路中各电量的计算与电感性负载基本相同，仅是 I_d 值应按式（2-14）求得。

$$I_d = \frac{U_d - E}{R_a} \tag{2-14}$$

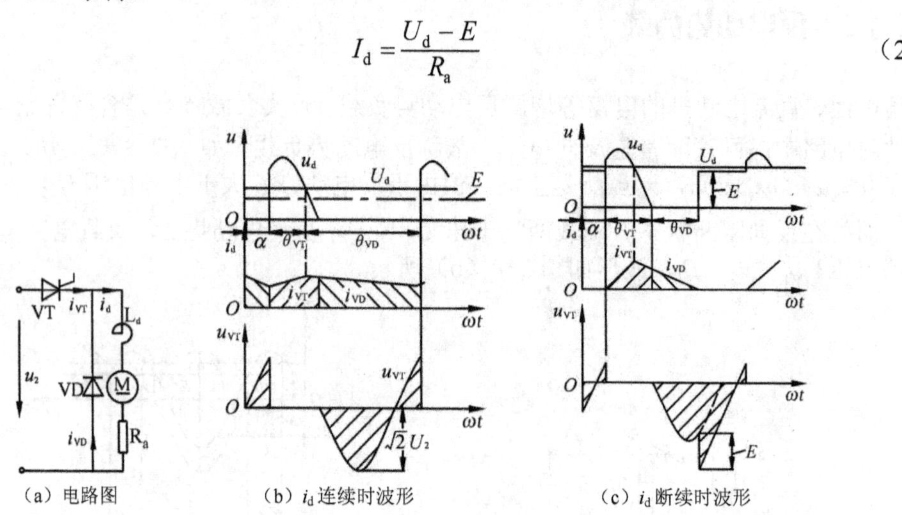

（a）电路图　　（b）i_d 连续时波形　　（c）i_d 断续时波形

图 2-9　单相半波反电动势负载串接平波电抗器的电路及波形图

如图 2-9（c）所示为串接的平波电抗器 L_d 的电感量不够大或电动机轻载时的波形。i_d 波形仍出现断续，断续期间 $u_d = E$，波形出现台阶，但电流脉动情况比不串接 L_d 时有很大改善。对小容量的直流电动机，因为电源影响较小，且电动机电枢本身的电感量较大，故有时也可以不串接平波电抗器。

2.2　单相全波和单相全控桥式可控整流电路

单相半波可控整流电路虽然具有线路简单、投资小及调试方便等优点，但因整流输出直流电压脉动大、设备利用率低等缺点，所以一般仅适用于对整流指标要求不高、小容量的可控整流装置。存在上述缺点的原因是：交流电源 u_2 在一个周期中，最多只能半个周期向负载供电。为了使交流电源的另一半周期也能向负载输出同方向的直流电压，既能减小输出电压 u_d 和波形的脉动，又能提高输出直流电压平均值，则需采用单相全波可控整流电路与单相全控桥式可控整流电路。

2.2.1　单相全波可控整流电路

1. 电阻性负载

如图 2-10（a）所示，从电路形式看，它相当于由两个电源电压相位错开 180° 的两组单相半波可控整流电路并联而成，所以又称单相双半波可控整流电路。

电路中晶闸管 VT_1 与 VT_2 轮流地工作：在电源电压 u_2 正半周 α 时刻，触发电路虽然同时向两管的门极送出触发脉冲，但由于 VT_2 承受反向电压不导通，而 VT_1 承受正向电压导通。负载电流方向如图 2-10（a）所示。电源电压 u_2 过零变负时，VT_1 关断。在电源电压负半周同样 α 时刻，VT_2 导通。这样，负载两端可控整流电压 u_d 波形是两个单相半波可控整流电压波形，如图 2-10（b）所示。

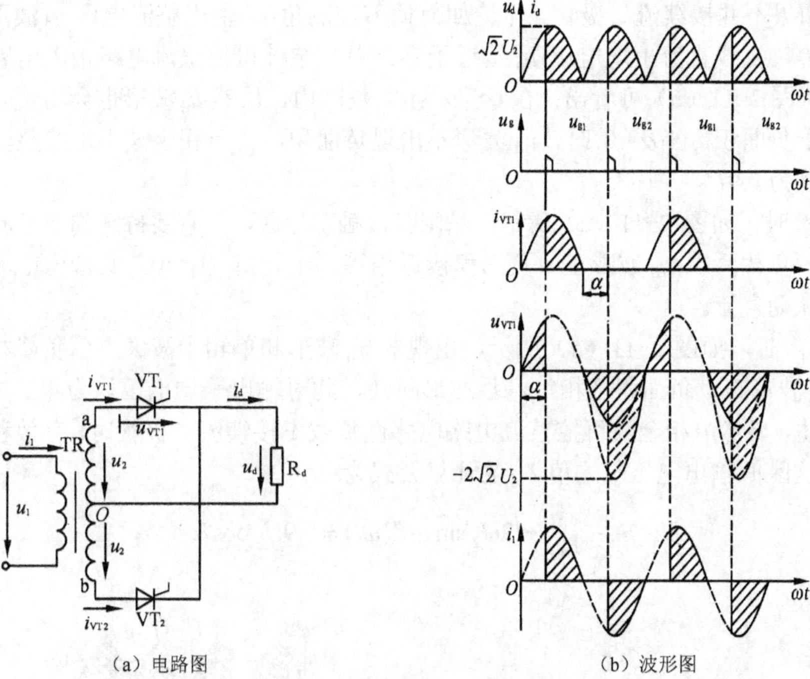

（a）电路图　　　（b）波形图

图 2-10　单相全波可控整流电阻性负载电路及波形图

在 u_2 正半周 VT_1 未导通前，晶闸管承受的电压 VT_1 为 u_2 正向波形。当 $\alpha=90°$ 时，晶闸管承受的最大正向电压为 $\sqrt{2}U_2$。在 u_2 过零变负时，VT_1 被关断而 VT_2 还未导通，这时 VT_1 只承受 U_2 反向电压。一旦 VT_2 被触发导通，VT_1 就承受全部 U_{ab} 的反向电压，其波形如图 2-10（b）所示。当 $\alpha=90°$ 时，晶闸管承受最大反向电压为 $2\sqrt{2}U_2$。

由于单相全波可控整流输出电压 U_d 波形是单相半波可控整流输出电压相同波形的两倍，所以输出电压平均值为单相半波的两倍，输出电压有效值是单相半波的 $\sqrt{2}$ 倍，功率因数为原来的 $\sqrt{2}$ 倍，其计算公式如下：

$$U_d = 2\times 0.45U_2\frac{1+\cos\alpha}{2} = 0.9\frac{1+\cos\alpha}{2}U_2 \tag{2-15}$$

$$U = \sqrt{2}U_2\sqrt{\frac{1}{4\pi}\sin 2\alpha+\frac{\pi-\alpha}{2\pi}} = U_2\sqrt{\frac{1}{2\pi}\sin 2\alpha+\frac{\pi-\alpha}{\pi}} \tag{2-16}$$

$$\cos\varphi = \sqrt{\frac{1}{2\pi}\sin 2\alpha+\frac{\pi-\alpha}{\pi}} \tag{2-17}$$

晶闸管电流有效值及可能承受到的最大正、反向电压分别为

$$I = \frac{1}{\sqrt{2}} = \frac{U}{\sqrt{2}R_d} = \frac{U_2}{R_d}\sqrt{\frac{1}{4\pi}\sin 2\alpha+\frac{\pi-\alpha}{2\pi}}$$

$$U_{VTm}=+\sqrt{2}U_2\sim-2\sqrt{2}U_2$$

电路要求的移相范围 0～π，与单相半波相同。而触发脉冲间隔为π，不同于单相半波。

2. 电感性负载

图 2-11 为单相全波可控整流电感性负载电路及波形图，当单相半波可控整流电路带大电感负载时，如果不并接续流二极管，无论如何调节控制角α，输出整流电压 u_d 波形的正、负面积都几乎相等，复载直流平均电压 u_d 接近于零。单相全波可控整流电路带大电感负载情况则截然不同，从图 2-11（b）可看出：在 $0\leqslant\alpha<90°$ 范围内，虽然 u_d 波形也会出现负面积，但正面积总是大于负面积，当$\alpha=0$ 时，u_d 波形不出现负面积，为单相全波不可控整流输出电压波形，其平均值为 $0.9U_2$。

当$\alpha=90°$ 时，如图 2-11（c）所示，晶闸管被触发导通，一直要持续到下半周接近于 90° 时才被关断，负载两端 u_d 波形正、负面积接近相等，平均值 $U_d\approx0$，其输出电流波形是一条幅度很小的脉动直流。

在$\alpha>90°$ 时，如图 2-11（d）所示，出现的 u_d 波形和单相半波大电感负载相似，无论如何调节α，u_d 波形正、负面积都相等，且波形断续，此时输出平均电压均为零。

综上所述，显然单相全波可控整流电路电感性负载不接续流二极管时，有效移相范围只能是 0～π/2，这区间输出电压平均值 U_d 的计算公式为

$$U_d=\frac{1}{2\pi}\int_{\alpha}^{\pi+\alpha}\sqrt{2}U_2\sin\omega t\mathrm{d}(\omega t)=0.9U_2\cos\alpha \tag{2-18}$$

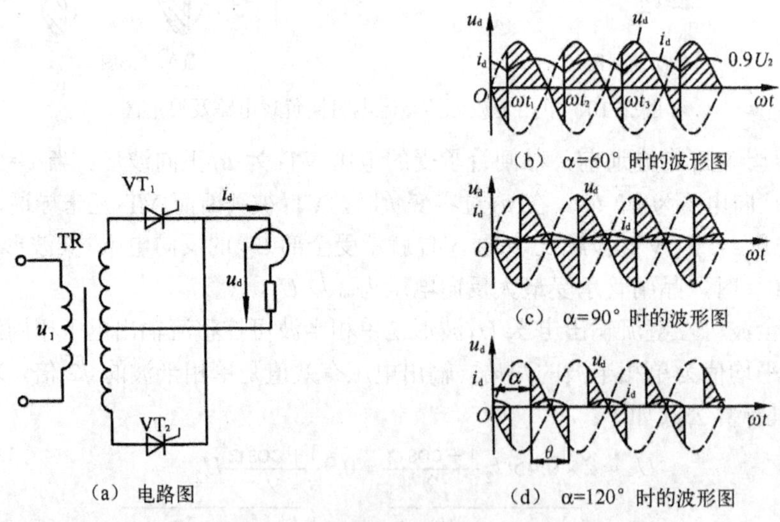

（a）电路图
（b）α=60° 时的波形图
（c）α=90° 时的波形图
（d）α=120° 时的波形图

图 2-11 单相全波可控整流电感性负载电路及波形图

全波整流电路在带电感性负载时，晶闸管元件可能承受的最大正、反向电压均为 $2\sqrt{2}U_2$，这与带电阻性负载不同。

为了扩大移相范围，不让 u_d 波形出现负值以及使输出电流更平稳，可在电路负载两端并接续流二极管 VD，如图 2-12（a）所示。

接续流二极管后，α的移相范围可扩大到 $0\sim\pi$。α在这个区间内变化，只要电感量足够大，输出电流 I_d 就可保持平稳。在电源电压 u_2 过零变负时，续流二极管承受正向电压而导通，此时晶闸管因承受反向电压被关断。这样 u_d 波形与电阻性负载相同，如图 2-12（b）所示。I_d 电流是由晶闸管 VT_1、VT_2 及续流二极管 VD 三者相继轮流导通而形成的。晶闸管两端电压波形与电阻性负载相同。所以，单相全波大电感负载接续流二极管的输出平均电压及平均电流的计算公式与电阻性负载的情形相同。

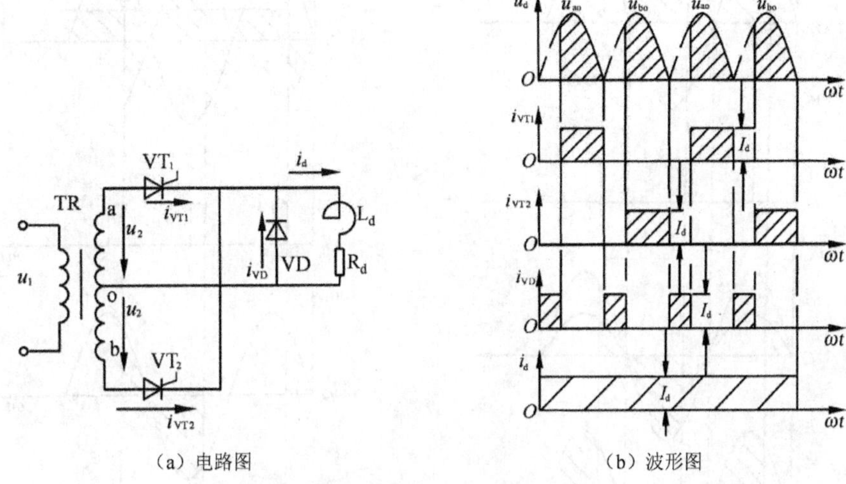

（a）电路图　　（b）波形图

图 2-12　单相全波司控整流电感性负载、接续流二极管的电路及波形图

单相全波可控整流电路具有输出电压脉动小、平均电压大以及整流变压器没有直流磁化等优点。但该电路一定要配备有中心抽头的整流变压器，且变压器二次侧绕组抽头的上下绕组利用率仍然很低，最多只能工作半个周期，变压器设置容量仍未充分利用，并且晶闸管承受电压最高达 $2\sqrt{2}U_2$，元件价格较高。为了克服以上缺点，可采用单相全控桥式可控整流电路。

2.2.2 单相全控桥式整流电路

单相全控桥式整流电路的不同性质负载的电路及波形图分别如图 2-13(a)和图 2-13(b)所示。电路仅用四只晶闸管，分别接在四个桥臂上。电路分析与计算同单相全波可控整流电路。桥臂上晶闸管 VT_1 与 VT_3，VT_2 与 VT_4 分别等效于单相全波中的晶闸管 VT_1 与 VT_2（图 2-10）。所不同的是，单相全控桥式触发电路必须有四个二次侧绕组的脉冲变压器，分别向 $VT_1\sim VT_4$ 的门极发送触发脉冲。其次晶闸管承受的电压波形也不同，如电阻性负载，当电源电压 u_2 正半周，VT_1 与 VT_3 未导通时，因两管相串联，如果两管的阳极伏安特性相似，则 VT_1 与 VT_3 就各承受 u_2 电压的一半。当 VT_1 与 VT_3 导通时，其两端电压为零。同理，在电源电压 u_2 负半周，VT_2 与 VT_4 又未导通时，VT_1 与 VT_3 端各承受一半 u_2 的反向电压，一旦 VT_2 与 VT_4 导通，VT_1 与 VT_3 就要承受 u_2 的全部反向电压，如图 2-13（a）中 u_{VT1}。

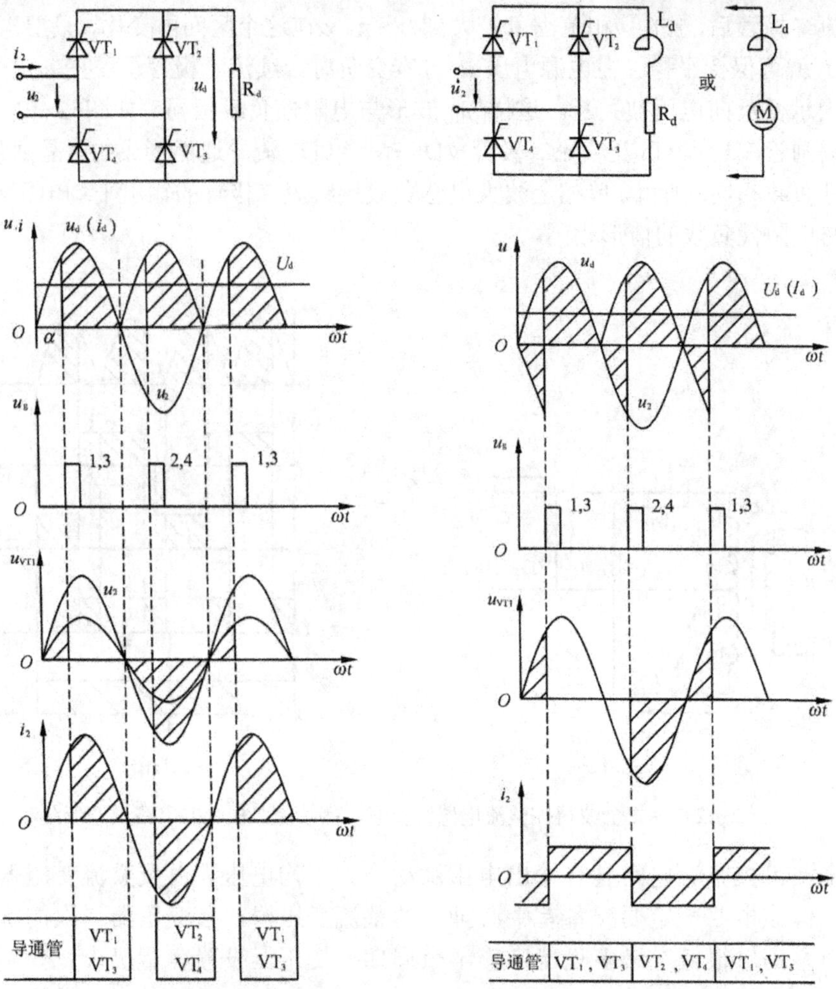

（a）电阻性负载

（b）电感性负载

图 2-13 单相全控桥式整流电路及波形图

2.3 三相半波可控整流电路

单相可控整流电路线路简单，价格低廉，制造、调整、维修都比较容易，但其输出的直流电压脉动大，脉动频率低。又因为它接在三相电网的一相上，当容量较大时易造成三相电网不平衡。因而只用在容量较小的地方。一般负载功率超过 4kW，要求直流电压脉动较小时，可以采用三相可控整流电路。

三相可控整流电路的类型很多，有三相半波、三相全控桥、三相半控桥等。三相半波可控整流电路是最基本的电路，其他电路可看做是三相半波以不同方式串联或并联组合而成的。

2.3.1 三相半波不可控整流电路

在三相半波整流电路中，电源由三相整流变压器供电或直接由三相四线制交流电网供电。

如图 2-14（a）所示，变压器的二次侧绕组接成星形，将三个整流二极管 VD_1、VD_3、VD_5 的阴极连接在一起，这种接法称为共阴极接法。设二次侧绕组 U 相电压的初相位为零，相电压有效值为 U_2，则对称三相电压的瞬时值表达式为

$$u_U = \sqrt{2}U_2 \sin \omega t$$

$$u_V = \sqrt{2}U_2 \sin\left(\omega t - \frac{2\pi}{3}\right)$$

$$u_W = \sqrt{2}U_2 \sin\left(\omega t + \frac{2\pi}{3}\right)$$

对于二极管来说，阳极电位最高的二极管导通。由图 2-14（b）三相电压波形可知，在 $\omega t_1 \sim \omega t_3$ 期间，U 相电压最高，则 U 相所接的二极管 VD_1 导通，整流输出电压 $u_d = u_U$，使 VD_3、VD_5 承受反向电压而截止；同理，在 $\omega t_3 \sim \omega t_5$ 期间，V 相电压最高，VD_3 导通，输出电压 $u_d = u_V$；在 $\omega t_5 \sim \omega t_7$ 期间，W 相电压最高，VD_5 导通，输出电压 $u_d = u_W$。如图 2-14（c）所示，整流输出电压 u_d 的波形即是三相电源相电压的正向包络线。同时看到电源相电压正半波形相邻交点 1、3、5 点即是 VD_1、VD_3、VD_5 三个二极管轮流导通的始末点，即每到电压正向波形交点就自动换相，所以三相相电压正半波形的交点 1、3、5 称为自然换相点。

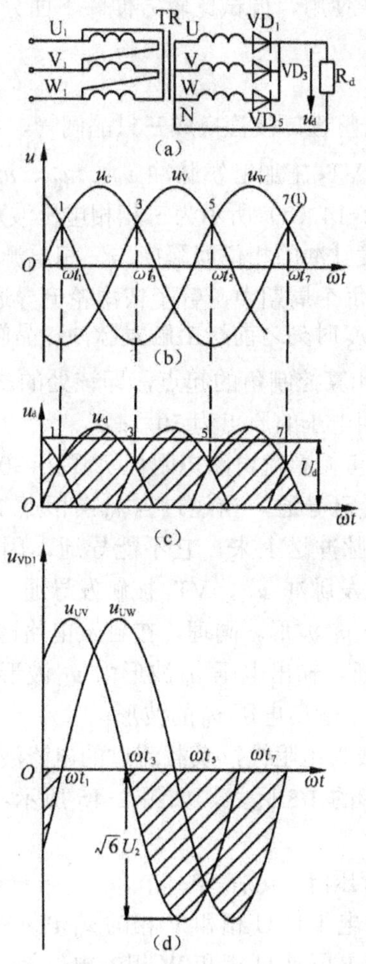

图 2-14　三相半波不可控整流电路及波形图

如图 2-14（d）所示为二极管 VD_1 两端承受电压的波形 u_{VD1}，在 $\omega t_1 \sim \omega t_3$ 期间，VD_1 导通，$u_{VD1}=0$；在 $\omega t_3 \sim \omega t_5$ 期间，VD_3 导通，VD_1 承受 u_{UV} 反向电压而截止，$u_{VD1}=u_{UV}$；在 $\omega t_5 \sim \omega t_7$ 期间，VD_5 导通，VD_1 承受 u_{UW} 反向电压而截止，$u_{VD1}=u_{UW}$。VD_1 两端承受电压的波形为电源线电压的波形，最大值为电源线电压的反向电压的峰值

$$u_{VD1m}=\sqrt{6}U_2$$

根据图 2-14（c）可计算输出直流平均电压 u_d 为

$$u_d=\frac{3}{2\pi}\int_{\frac{\pi}{6}}^{\frac{5\pi}{6}}\sqrt{2}U_2\sin\omega t\mathrm{d}(\omega t)=\frac{3\sqrt{6}}{2\pi}U_2=1.17U_2 \tag{2-19}$$

2.3.2　三相半波可控整流电路

在三相半波可控整流电路中，晶闸管和整流二极管不同，晶闸管的导通条件是：晶闸管阳极承受正向电压同时门极加正的触发信号。把图 2-14（a）所示电路中三只整流二极管换成三只晶闸管，变成三相半波可控整流电路，变压器的二次侧绕组接成星形，就有了零线，这种共阴极接法对触发电路有公共线，使用、调试比较方便。下面分析三种不同性质的负载。

1．电阻性负载

如图 2-14（a）所示，三只整流二极管换成三只晶闸管，如果在 ωt_1、ωt_3、ωt_5 时刻，分别向这三只晶闸管 VT_1、VT_3、VT_5 施加触发脉冲 u_{g1}、u_{g3}、u_{g5}，则整流电路输出电压波形与整流二极管时完全一样，如图 2-14（c）所示为三相相电压波形正向包络线。

从图中可以看出，三相触发脉冲的相位间隔应与三相电源的相位差一致，即均为 120°。每个晶闸管导通角为 120°。在每个周期中，管子依次轮流导通，此时整流电路的输出平均电压为最大。如果在 ωt_1、ωt_3、ωt_5 时刻之前送上触发脉冲，晶闸管因承受反向电压而不能触发导通，因此把自然换相点作为计算控制角的起点，即该处的 $\alpha=0°$。若分析不同控制角的波形，则触发脉冲的位置距对应相电压的原点为 30°+α。

如图 2-15 所示是三相半波可控整流电路电阻性负载 $\alpha=30°$ 时的波形。设图 2-14（a）所示电路已在工作，W 相的 VT_5 已导通，当经过自然换相点 1 时，虽然 U 相所接的 VT_1 已承受正向电压，但还没有触发脉冲送上来，它不能导通，因此 VT_5 继续导通，直到过点 1 即 $\alpha=30°$ 时，触发电路送上触发脉冲 u_{g1}，VT_1 被触发导通，才使 VT_5 受反向电压而关断，输出电压 u_d 波形由 u_W 波形换成 u_U 波形。同理，在触发电路送上触发脉冲 u_{g3} 时，VT_3 触发导通，使 VT_1 承受反向电压而关断，输出电压 u_d 波形由 u_U 波形换成 u_V 波形，各相就这样依次轮流导通，便得到如图 2-15 所示输出电压 u_d 的波形。

整流电路的输出端由于负载为电阻性，负载流过的电流波形 i_d 与电压波形相似，而流过 VT_1 的电流波形 i_{VT1} 仅是 i_d 波形的 1/3 区间，如图 2-15 所示。U 相所接的 VT_1 阳极承受的电压波形 u_{VT1} 可以分成三个部分：

（1）VT_1 本身导通，忽略管压降，$u_{VT1}=0$；

（2）VT_3 导通，VT_1 承受的电压是 U 相和 V 相的 u_d 电位差，$u_{VT1}=u_{UV}$

（3）VT_5 导通，VT_1 承受的电压是 U 相和 W 相的电位差，$u_{VT1}=u_{UW}$。

从图 2-15 可以看出每相所接的晶闸管各导通角均为 120°，负载电流处于连续状态，一旦控制角α大于 30°，则负载电流断续。如图 2-16 所示，α= 60°，设电路已工作，W 相的 VT_5 已导通，输出电压 u_d 波形为 u_W 波形。当 W 相相电压过零变负时，VT_5 立即关断，此时 U 相的 VT_1 虽然承受正向电压，但它的触发脉冲还没有来，因此不能导通，三个晶闸管都不导通，输出电压 u_d 为零。直到 U 相的触发脉冲 u_{VT1} 出现，VT_1 导通，输出电压 u_d 波形为 u_U 波形。其他两相也如此，便得到如图 2-16 所示输出电压 u_d 波形。VT_1 阳极承受的电压波形 u_{VT1} 除上述三部分与前相同外，还有一段是三只晶闸管都不导通，此时 u_{VT1} 波形即为本相相电压 u_U 波形，如图 2-16 所示。

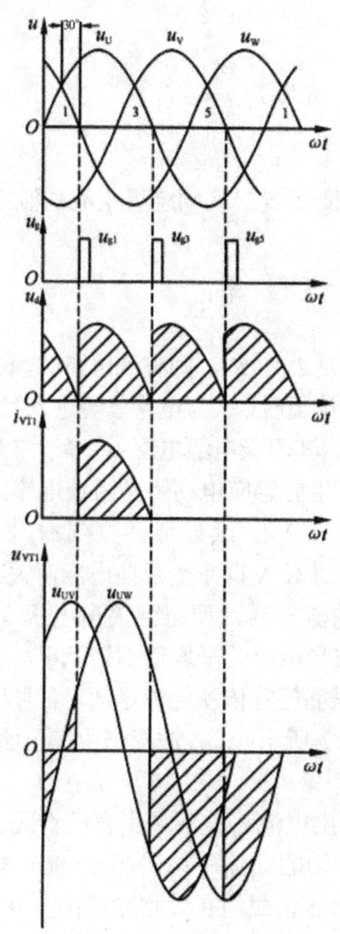

图 2-15　三相半波可控整流电路电阻性负载α= 30° 时的波形

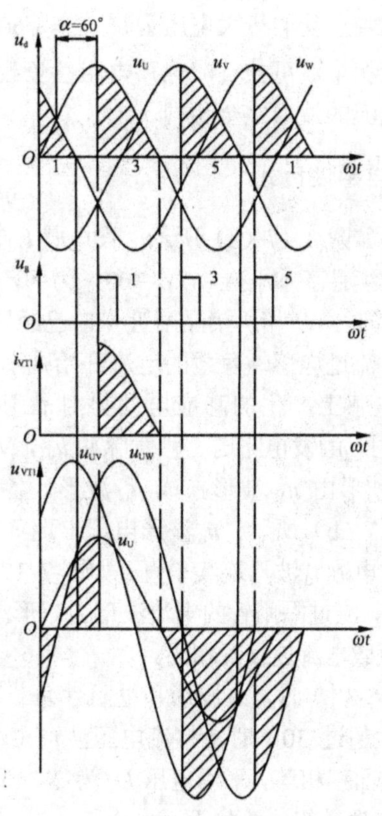

图 2-16　三相半波可控整流电路电阻性负载α= 60° 的波形图

由上述分析可得出如下结论：

（1）当控制角α为零时输出电压最大，随着控制角增大，整流输出电压减小，到α= 150° 时，输出电压为零。所以此电路的移相范围是 0°～150°。

（2）当α≤30° 时，电压、电流波形连续，各相晶闸管导通角均为 120°；当α>30° 时，电压、电流波形断续，各相晶闸管导通角为 150°$-\alpha$。

由此，整流电路输出的平均电压 U_d 的计算分两段：

① 当$0° \leqslant \alpha \leqslant 30°$时

$$U_d = \frac{3}{2\pi}\int_{\frac{\pi}{6}+\alpha}^{\frac{5\pi}{6}+\alpha} \sqrt{2}U_2 \sin \omega t \mathrm{d}(\omega t) = 1.17U_2 \cos\alpha \tag{2-20}$$

② 当$30° < \alpha \leqslant 150°$时

$$U_d = \frac{3}{2\pi}\int_{\frac{\pi}{6}+\alpha}^{\frac{\pi}{6}+\alpha} \sqrt{2}U_2 \sin \omega t \mathrm{d}(\omega t) = 0.675U_2\left[1+\cos\left(\frac{\pi}{6}+\alpha\right)\right] \tag{2-21}$$

负载平均电流

$$I_d = \frac{U_d}{R_d}$$

晶闸管是轮流导通的，所以流过每个晶闸管的平均电流为$I_{dVT} = \frac{1}{3}I_d$

晶闸管承受的最大电压为$U_{VTm} = \sqrt{6}U_2$

对三相半波可控整流电路电阻性负载而言，通过整流变压器二次侧绕组电流的波形与流过晶闸管电流的波形完全相同。

2．电感性负载

电路如图2-17（a）所示，设电感L_d的值足够大，满足L_d□ R_d，则整流电路的输出电流I_d的波形连续且基本平直。以$\alpha=60°$为例，在分析电路工作情况时，认为电路已经进入稳态运行。在$\omega t=0°$时，W相所接晶闸管VT_5已经导通，直到ωt_1时，其阳极电源电压u_W等于零并开始变负，这时流过电感性负载的电流开始减小，因在电感上产生的感应电动势是阻止电流减小的，从而使电感上产生的感应电动势对晶闸管来说仍然为正，VT_5续导通。直到ωt_2时刻，即$\alpha=60°$时，触发电路送上触发脉冲u_{g1}，VT_1被触发导通，才使VT_5承受反向电压而关断，输出电压u_d波形由u_W波形换成u_U波形。各相就这样依次轮流导通，便得到输出电压u_d波形，如图2-17（b）所示，u_d波形电压出现负值，但只要u_d波形电压的平均值不等于零，电路可正常工作，电流i_d波形连续平直，如图2-17（b）所示。三只晶闸管依次轮流导通，各导通控制角为120°，流过晶闸管的电流波形为矩形波，如图2-17（b）所示：u_{VT1}波形仍由三段曲线组成，和电阻负载电流连续时相同。

当$\alpha \leqslant 30°$时，u_d波形和电阻性负载时一样，不过输出电流i_d波形是平直的直线。随着控制角增大超过30°时，整流电压波形出现负值，导致平均电压u_d下降。当$\alpha=90°$时，u_d波形正、负面积相等，平均电压U_d为零，所以三相半波电感性负载的有效移相范围是0°～90°。电路各物理量的计算如下

$$U_d = \frac{3}{2\pi}\int_{\frac{\pi}{6}+\alpha}^{\frac{5\pi}{6}+\alpha} \sqrt{2}U_2 \sin \omega t \mathrm{d}(\omega t) = 1.17U_2 \cos\alpha$$

$$I_d = \frac{U_d}{R_d}$$

因为电流波形连续平直，负载电流有效值I即是负载电流平均值I_d。则有

$$I_{dVT} = \frac{1}{3}I_d, I_{VT} = \frac{1}{\sqrt{3}}I_d, U_{VTm} = \sqrt{6}U_2$$

为了避免波形出现负值，可在大电感负载两端并联续流二极管 VD，以提高输出平均电压值，改善负载电流的平稳性，同时扩大移相范围。

接续流二极管后，α=60° 时的电路和波形如图 2-18 所示。因续流二极管能在电源电压过零变负时导通续流，使得 u_d 波形不出现负值，输出电压 u_d 波形同电阻性负载时一样。三只晶闸管和续流二极管轮流导通。VT_1 电压波形有上述相同部分之外，还有一段是三只晶闸管都不导通，仅续流二极管导通，此时 u_{VT1} 波形承受本相相电压 u_U 波形。通过分析波形，同样可见，当α≤30° 时，u_U 波形和电阻性负载时一样，因波形无负压出现，续流二极管 VD 不起作用，各参量的计算与不接续流二极管时相同；当α>30° 时，电压波形间断，到α=150° 时，平均电压 U_d 为零，所以三相半波电感性负载接续流二极管的有效移相范围是 0°～150°。各相晶闸管导通角为 150° −α，续流二极管导通角为 3(α−30°)。

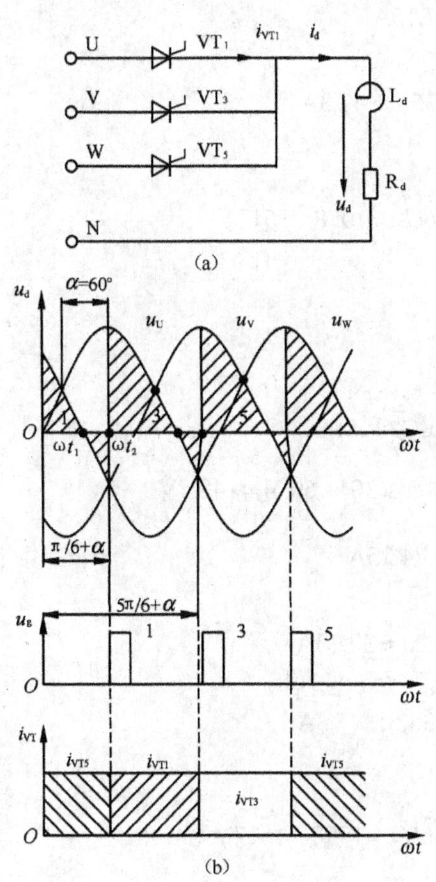

图 2-17　三相半波大电感负载不连续流管时的电路与波形图

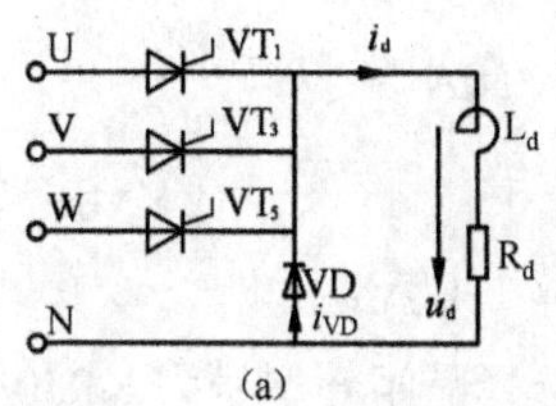

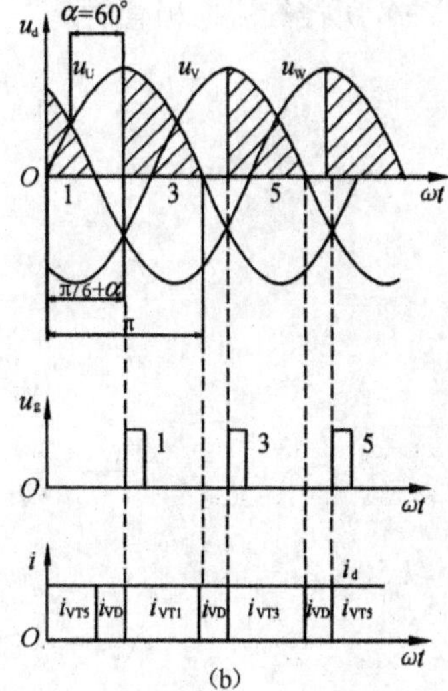

图 2-18　三相半波大电感负载接续流管时的电路与波形图

当α>30° 时，电路各物理量的计算公式如下：

$$U_d = \frac{3}{2\pi}\int_{\frac{\pi}{6}+\alpha}^{\pi}\sqrt{2}U_2\sin\omega t\,\mathrm{d}(\omega t) = 0.675U_2\left[1+\cos\left(\frac{6}{\pi}+\alpha\right)\right] \tag{2-22}$$

$$I_{dVT} = \frac{150^\circ-\alpha}{360^\circ}I_d,\ \ I_{VT} = \sqrt{\frac{150^\circ-\alpha}{360^\circ}}I_d,\ \ U_{VDm} = \sqrt{6}U_2$$

$$I_{dVD}=\frac{\alpha-30^\circ}{120^\circ}I_d，I_{VD}=\sqrt{\frac{\alpha-30^\circ}{120^\circ}}I_d，U_{VDm}=\sqrt{2}U_2$$

例 2.3 三相半波可控整流电路，大电感负载，$\alpha=60°$，已知电感内阻 $R=2\Omega$，电源电压 $U_2=220V$。试计算不接续流二极管与接续流二极管两种情况下的平均电压 U_d、平均电流 I_d 并选择晶闸管的型号。

解：（1）不接续流二极管时

$$U_d=1.17U_2\cos\alpha=1.17\times220\times\cos60^\circ=128.7V$$

$$I_d=U_d/R_d=\frac{128.7}{2}=64.35A$$

$$I_{VT}=\frac{1}{\sqrt{3}}I_d=37.15A$$

$$I_{VTn}=(1.5\sim2)\frac{I_{VT}}{1.57}=35.5\sim47.3A$$

取 50A。

$$U_{VTn}=(2\sim3)U_{VTm}=(2\sim3)\sqrt{6}U_2=1078\sim1617V$$

取 1200V。

所以选择晶闸管型号为 KP50—12。

（2）所接续流二极管时

$$U_d=0.675U_2[1+\cos(\frac{\pi}{6}+\alpha)]$$

$$=0.675\times220[1+\cos(30^\circ+60^\circ)]=148.5V$$

$$I_d=\frac{U_d}{R_d}=\frac{148.5}{2}=74.25A$$

$$I_{VT}=\sqrt{\frac{150^\circ-60^\circ}{360^\circ}}\times74.25\approx37.13A$$

$$I_{VTn}=(1.5\sim2)\frac{I_{VT}}{1.57}\approx35.5\sim47.3A$$

取 50A。

$$U_{VTn}=(2\sim3)U_{VTM}=(2\sim3)\sqrt{6}U_2=1078\sim1617V$$

取 1000V。

所以选择晶闸管型号为 KP50—12。

通过计算表明：接续流二极管后，平均电压 U_d 提高，晶闸管的导通角由 120° 降到 90°，流过晶闸管的电流有效值相等，输出平均电流 I_d 提高。

3．反电动势负载

在直流电力拖动系统中，多数为串电感的电动机负载。为了使电枢电流 i_d 波形连续平直，在

电枢回路中串入电感量足够大的平波电抗器 L_d，这就是含反电动势的大电感负载。电路的分析方法与波形，以及平均电压 U_d 的计算同大电感负载时一样，只是输出平均电流 I_d 的计算应该为

$$I_d = \frac{U_d - E}{R_a}$$

式中　E——电枢反电动势；

R_a——电枢电阻。

如图 2-19（a）所示，为了提高输出平均电压 U_d 的值，也可在输出端加续流二极管。在续流期间，负载电流通过二极管，相应减轻了晶闸管负担。但加了续流二极管后，不能用在伺逆拖动系统中，只能作为整流输出电路。

当串入的平波电抗器 L_d 电感量不足时，电感中储存的磁场能量不足以维持电流连续，此时，输出电压 u_d 波形出现由反电动势 E 形成的台阶，平均电压 U_d 值的计算不能再用大电感负载时的公式。如图 2-19（b）所示为不接续流二极管电流连续和断续、$\alpha=60°$ 时的波形，如图 2-19（c）所示为连接了续流二极管电流连续和断续、$\alpha=60°$ 时的波形。其工作原理请参照单相电路反电动势负载自行分析。

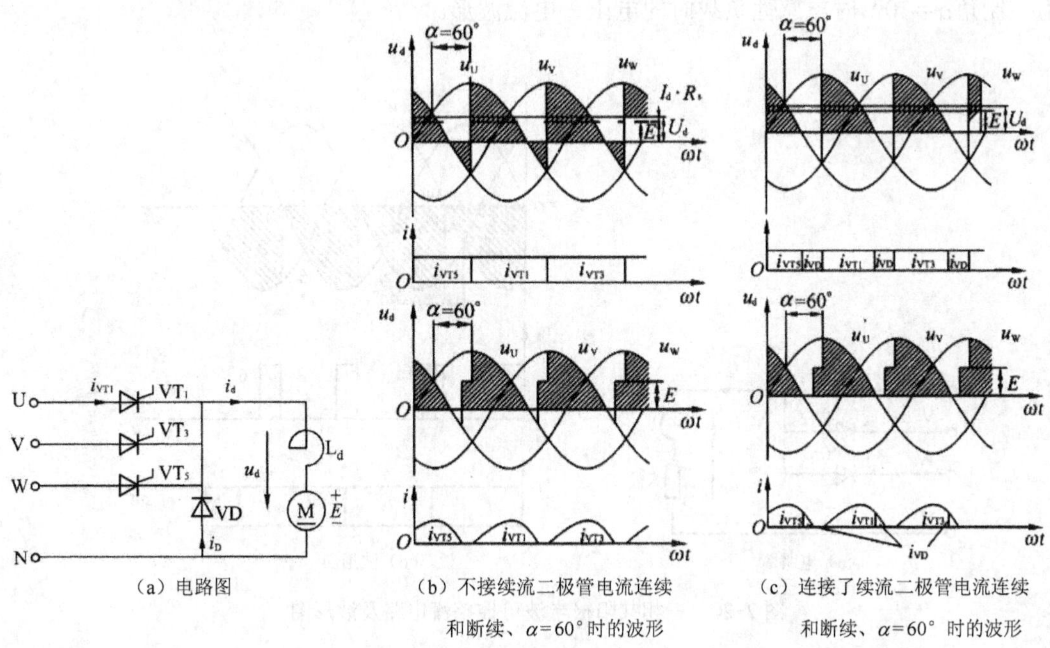

（a）电路图　　（b）不接续流二极管电流连续和断续、$\alpha=60°$ 时的波形　　（c）连接了续流二极管电流连续和断续、$\alpha=60°$ 时的波形

图 2-19　三相半波可控整流接反电动势负载时的电路与波形图

例 2.4　三相半波可控整流电路，含反电动势的大电感负载，$\alpha=60°$，已知电感内阻 $R_a=0.2\Omega$，电源电压 $U_2=220V$，平均电流 $I_d=40A$。试计算不接续流二极管与接续流二极管两种情况下的反电动势 E。

解：（1）不接续流二极管时

$$U_d = 1.17U2\cos\alpha = 1.17\times 220\times\cos 60° = 128.7\text{V}$$

$$I_d = \frac{U_d - E}{R_a}$$

所以 $$E = U_d - I_d R_a = 148.5 - 40 \times 0.2 = 140.5\text{V}$$

（2）接续流二极管时

$$U_d = 0.675U_2[1 + \cos(\frac{\pi}{6} + \alpha)]$$
$$= 0.675 \times 220[1 + \cos(30^\circ + 60^\circ)] = 148.5\text{V}$$

所以 $$E = U_d - I_d R_a = 148.5 - 40 \times 0.2 = 140.5\text{V}$$

2.3.3 共阳极整流电路

如图 2-20（a）所示，将三只晶闸管的阳极连接在一起，这种接法为共阳极接法。分析方法同共阴极接法电路。所不同的是：由于晶闸管方向改变，它在电源电压 u_2 负半波时承受正向电压，因此只能在 u_2 的负半波被触发导通，电流的实际方向也改变了。显然，共阳极接法的三只晶闸管的自然换相点为电源相电压负半波相邻交点 2、4、6 点，即控制角 $\alpha=0^\circ$ 时的点，若在此时送上脉冲，则整流电压 u_d 波形是电源相电压负半波的包络线。如图 2-20（b）所示为控制角 $\alpha=30^\circ$ 时电感性负载时的电压、电流波形。

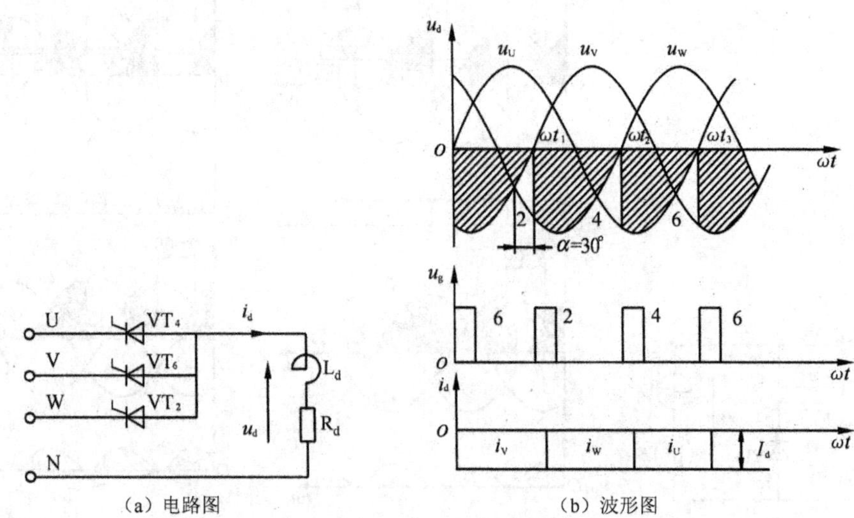

（a）电路图　　（b）波形图

图 2-20　三相共阳极半波可控整流电路及波形图

设电路已稳定工作，此时 VT_6 已导通，到交点 2，虽然 W 相相电压负值更大，VT_2 承受正向电压，但脉冲还没有来，VT_6 继续导通，输出电压 u_d 波形为 u_V 波形。到 ωt_1 时刻，u_{g2} 脉冲到来触发 VT_2，VT_2 导通，VT_6 因承受反压而关断，输出电压 u_d 波形为 u_W 波形，如此循环下去。电流 i_d 波形画在横轴下面，表示电流的实际方向与图中假定的方向相反。

输出平均电压 U_d 和平均电流 I_d 的计算公式如下：

$$U_d = \frac{3}{2\pi}\int_{\frac{\pi}{6}+\alpha}^{\frac{5\pi}{6}+\alpha} -\sqrt{2}U_2 \sin\omega t\text{d}(\omega t) = -1.17U_2\cos\alpha \tag{2-23}$$

$$I_d = \frac{U_d}{R_d}$$

共阳极三相半波可控整流电路的优点在于三只晶闸管的阳极连接在一起，可固定在一块散热器上，散热效果好，但缺点是阴极不在一起，没有公共线，调试和使用不方便。

2.3.4 共用变压器的共阴极、共阳极三相半波可控整流电路

三相半波可控整流电路与单相电路比较，输出电压脉动小、输出功率大、三相负载平衡。缺点是整流变压器二次侧绕组每周期只有 1/3 周期的时间有电流通过，且是单方向的，使得绕组利用率低，变压器铁芯被严重直流磁化，易饱和。

利用共阴极接法和共阳极接法的电流在整流变压器二次侧绕组流动方向相反这一特点，用同一台整流变压器同时对共阴极接法和共阳极接法的两个整流电路供电，则可克服单独对共阴极接法或共阳极接法供电存在的缺点，如图 2-21 所示为共阴极、共阳极三相半波可控整流电路及波形图。

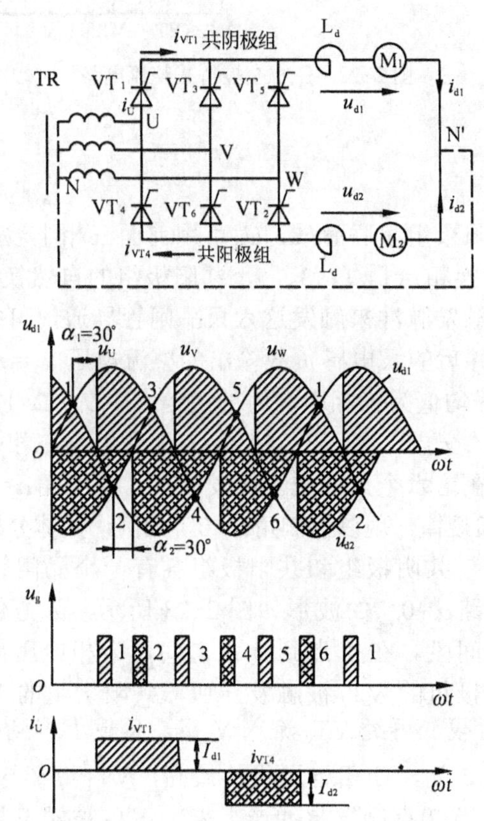

图 2-21　共阴极、共阳极三相半波可控整流电路及波形图

图 2-21 中，两组电路的控制角相等，均为 30°，当两组整流电路工作时，两组流过公共线的电流大小相等，方向相反，公共线无电流。同时整流变压器二次侧绕组中则有正、反两个方向的电流通过，显然，二次侧绕组通过的电流也是大小相等，方向相反，铁芯不存在直流磁化，从而提高了整流变压器绕组的利用率。

2.4 三相全控桥式整流电路

2.3.4 节介绍的共阴极、共阳极三相半波可控整流电路，当两者的参数完全相同，控制角也相同时，公共线无电流，若将公共线去掉、负载合并，则成为三相全控桥式整流电路，如图 2-22 所示。

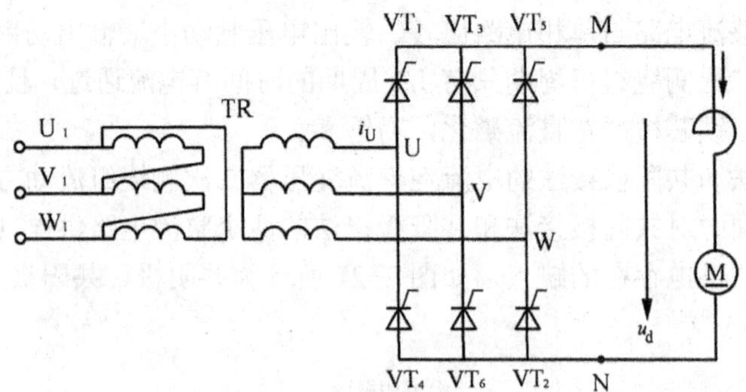

图 2-22　三相全控桥式整流电路

2.4.1 工作原理

电路由共阴极组和共阳极组串联而成，U_d 可用前面三相半波的分析方法来分析。参看图 2-21，共阴极组的自然换相点是 1、3、5，共阳极组的自然换相点是 2、4、6，在这六个点处，分别送上相应的触发脉冲来触发这六只晶闸管导通，可得到电源相电压的正、负半波的包络线，两负载合并后的大电感负载输出的整流电压 $u_d = u_{d1} - u_{d2}$ 即是三相线电压正半波的包络线，输出电压平均值为三相半波时的两倍，即 $U_d = 2\times1.17U_2 = 2.34U_2$，如图 2-23 所示。可见线电压正半波的交点 1、2、3、4、5、6 即是触发三相全控桥可控整流电路六只晶闸管控制角的起始点。在这六个点处送上触发脉冲，控制角 $\alpha = 0°$ 。

为了总结晶闸管的导通规律，现以控制角 $\alpha = 0°$ 为例，具体分析如下。

三相全控桥整流电路，共阴极组和共阳极组各有一个晶闸管导通，才能构成电流的通路。三相全控桥整流电路 $\alpha = 0°$ 的波形如图 2-23 所示，为方便分析，按六个自然换相点把一个周期等分为六区间段。在 1 点到 2 点之间，U 相电压最高，V 相电压最低，在触发脉冲的作用下，共阴极组的 VT_1 被触发导通，共阳极组的 VT_6 被触发导通。这期间电流由 U 相经 VT_1 流向负载，再经 VT_6 流入 V 相，负载上得到的电压 $u_d = u_U - u_V = u_{UV}$，为线电压。在 2 点到 3 点之间，U 相电压仍然最高，VT_1 继续导通，但 W 相电压最低，使得 VT_2 承受正向电压，当 2 点触发脉冲送上来时 VT_2 被触发导通，使 VT_6 承受反向电压而关断。这期间电流由 U 相经 VT_1 流向负载，再经 VT_2 流入 W 相，负载上得到的电压为 $u_d = u_U - u_W = u_{UW}$。依次类推，得到如图 2-23 所示的波形，其输出电压为三相电源的线电压。

上述晶闸管按 $VT_1 \rightarrow VT_2 \rightarrow VT_3 \rightarrow VT_4 \rightarrow VT_5 \rightarrow VT_6 \rightarrow VT_1$ 的导通顺序轮流导通，每只晶闸管一个周期内导通 120°，每隔 60° 由上一只晶闸管换到下一只晶闸管导通。

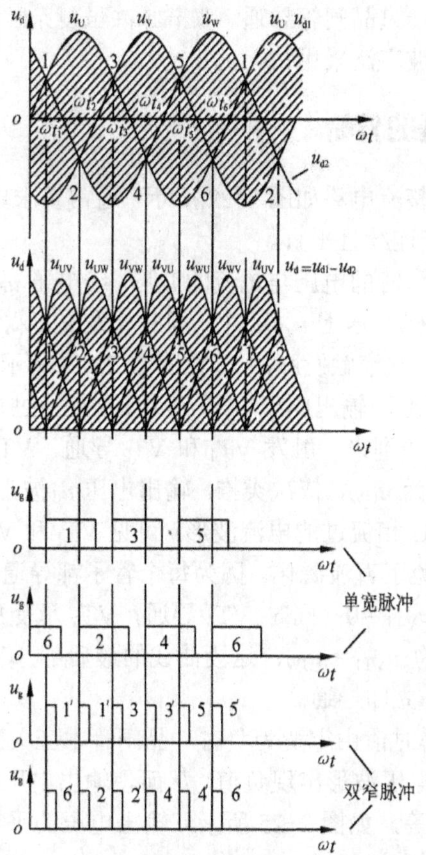

图 2-23　三相全控桥整溜电路α=0° 时的波形图

2.4.2　对触发脉冲的要求

为了保证电路合闸后能工作，或在电流断续后再次工作，电路必须有两只晶闸管同时导通。对将要导通的晶闸管施加触发脉冲，有以下两种方法可供选择。

1）单宽脉冲触发

如图 2-23 所示，每一个触发脉冲宽度在 80°～100° 之间，当α=0° 时，在共阴极组的自然换相点（1、3、5 点）分别对晶闸管 VT_1、VT_2、VT_5 施加触发脉冲 u_{g1}、u_{g3}、u_{g5}；在共阳极组的自然换相点（2、4、6 点）分别对晶闸管 VT_2、VT_4、VT_6 施加触发脉冲 u_{g2}、u_{g4}、u_{g6}。每隔 60° 由上一只晶闸管换到下一只晶闸管导通时，在后一触发脉冲出现时刻，前一触发脉冲还没有消失，这样就可保证在任意换相时刻都能触发两只晶闸管导通。

2）双窄脉冲触发

如图 2-23 所示，每一个触发脉冲宽度约 20°。触发电路在给某一晶闸管输送触发脉冲的同时，也给前一相晶闸管补发一个脉冲——辅脉冲（即辅助脉冲）。图 2-23 中，α=0° 时在 1 点送上触发晶闸管 VT_1 的 u_{g1} 脉冲，同时补发触发晶闸管 VT_1 的 u_{g6} 脉冲。显然，双窄脉冲的作用同单宽脉冲的作用是一样的。两者都是每隔 60° 按 1～6 的顺序输送触发脉冲，还可在触

发一只晶闸管的同时触发另一只晶闸管导通。双窄脉冲虽复杂，但脉冲变压器铁芯体积小、触发装置的输出功率小，所以被广泛采用。

2.4.3 对大电感负载的分析

三相全控桥电感性负载整流电路如图 2-22 所示，通常要求电感 L_d 足够大，使输出整流平均电压 U_d 不为零，电流波形连续且平直。

如图 2-24 所示为α=60° 时的电压与电流的波形。线电压 u_d 波形上的自然换相点 1～6 即是控制角的起始点。距 1 点 60° 送上 u_{g1} 脉冲，同时补发 u_{g6} 脉冲；距 2 点 60° 送上脉冲，同时补发 u_{g1} 脉冲；以此类推，双窄触发脉冲 u_g 如图 2-23 中所示。在自然换相点 2，u_{g1} 和 u_{g1} 脉冲同时触发 VT_1 与 VT_6 导通，输出电压 u_d 波形为 u_{UV}，经过 60° 换相，到自然换相点 3，u_{UW} 为零，此时 u_{g1} 和 u_{g2} 脉冲到来，触发 VT_1 和 VT_2 导通，VT_2 的导通又使 VT_6 承受反向电压而关断，输出电压 u_d 波形为 u_{UW}，依次类推。输出电压 u_d 波形如图 2-24 上部的阴影部分所示。i_U 的波形为二次侧绕组 U 相流过的电流波形；可见 VT_1 和 VT_4 分别导通，电流 i_U 不为零，且大小相等，方向相反，避免了直流磁化。因为每个管子都导通 120°，故 u_{VT1} 波形仍由三段曲线组成：VT_1 本身导通，$u_{VT1}=0$；同时 VT_3 导通，VT_1 承受反向电压而关断，$u_{VT1}=u_{UV}$；VT_5 导通，VT_1 承受的电压为 $u_{VT1}=u_{UW}$，这段曲线的最后部分为正波形，即 VT_1 承受正向电压，一旦 u_{g1} 脉冲到来，VT_1 立即导通。

当α>60° 时，线电压瞬时值由零变为负时，晶闸管本应关断，但由于大电感的作用，维持着晶闸管继续导通，输出电压波形出现负值，从而使输出电压的平均值降低。当α=90° 时，输出电压波形正、负面积相等，如图 2-25 所示，输出电压的平均值为零。由此可见，三相全

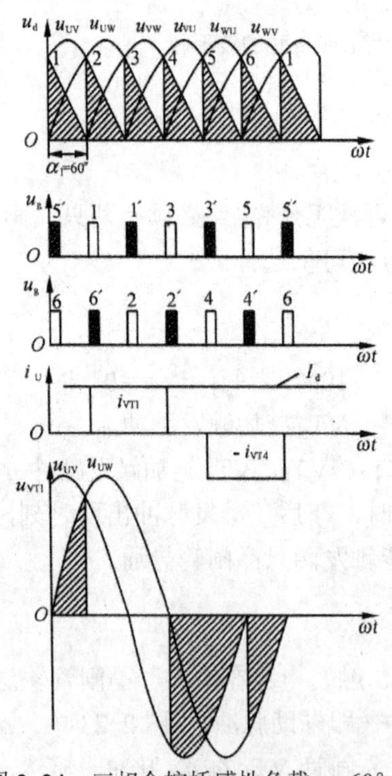

图 2-24 三相全控桥感性负载α=60° 时的电压与电流的波形图

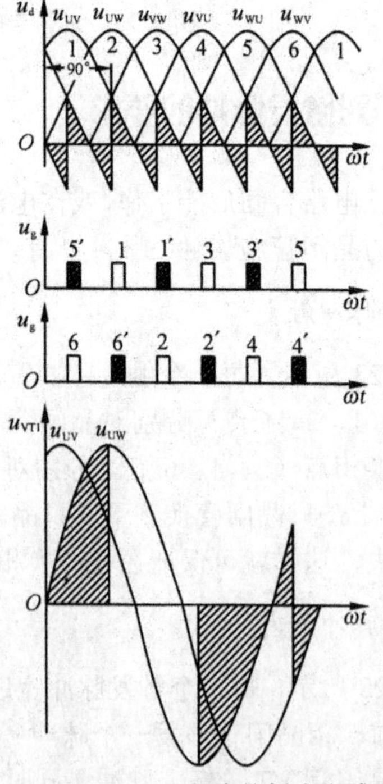

图 2-25 三相全控桥大电感负载α=90° 时输出电压波形图

控桥整流电路大电感负载的移相范围为 0°～90°。

在 0°～90° 移相范围内，三相全控桥大电感负载电流是连续的，每个晶闸管导通 120°。整流平均电压 U_d 和平均电流 I_d 的计算公式如下：

$$U_d=\frac{6}{2\pi}\int_{\frac{\pi}{3}+\alpha}^{\frac{2\pi}{3}+\alpha}\sqrt{6}U_2\sin\omega t\mathrm{d}(\omega t)=2.34U_2\cos\alpha \tag{2-24}$$

$$I_d=\frac{U_d}{R_d}$$

晶闸管上的电流平均值、电流有效值及承受的最大电压分别为

$$I_{dVT}=\frac{1}{3}I_d,\ I_{VT}=\frac{1}{\sqrt{3}}I_d,\ U_{VTm}=\sqrt{6}U_2$$

含反电动势的大电感负载电路的工作过程分析与前面的分析相似。如果不用于直流电动机可逆调速系统，也可在输出端并联续流二极管，以提高输出的平均电压、减轻晶闸管的负担，输出电压波形同电阻性负载相同，读者可自行分析。

三相全控桥整流电路的输出电压脉动小、脉动频率高，和三相半波电路相比，在电源电压相同、控制角一样时，输出电压提高两倍。又因为整流变压器二次侧绕组电流没有直流分量，不存在铁芯被直流磁化问题，故绕组和铁芯利用率高，所以被广泛应用于大功率直流电动机调速系统，以及对整流的各项指标要求较高的整流装置上。

2.5 变压器漏电抗对整流电路的影响

前面讨论计算整流电压时，都忽略了变压器的漏电抗，因此换流时要关断晶闸管，其电流能从 I_d 突然降到零，而刚导通的晶闸管电流能从零瞬时上升到 I_d，输出电流 i_d 的波形为一水平线。但是，实际上变压器存在漏电感，可将每相电感折算到变压器的二次侧绕组，用一个集中电感 L_v 表示。由于电感要阻止电流的变化，因而元件的换流不能瞬时完成。

2.5.1 换相期间的输出电压

以三相半波可控整流大电感负载为例，分析漏电抗对整流电路的影响，其等效电路如图 2-26（a）所示。

在换相（即换流）时，由于漏电抗阻止电流变化，因此电流不能突变，因而存在一个变化的过程。

例如，在图 2-26（b）中，ωt_1 时刻触发 VT_2 管，使电流从 U 相转换到 V 相，U 相电流 I_d 不能瞬时下降到零，而 V 相电流也不能从零突然上升到 I_d，换相需要一段时间，直到 ωt_2 时刻才完成，如图 2-26（c）所示，这个过程称换相过程。换相过程所对应的时间以电角度计算，称换相重叠角，用 γ 表示。在换相重叠角 γ 期间，U、V 两相晶闸管同时导电，相当于两相间短路。两相电位之差 u_U-u_V 称为短路电压，在两相漏电抗回路中产生一个假想的短路电流 i_k，如图 2-26（a）中虚线所示（实际上晶闸管都是单向导电的，相当于在原有电流上叠加一个 i_k），U 相电流 $i_d=i_d-i_k$，随着 i_k 的增大而逐渐减小；而 $i_V=i_k$ 是逐渐增大的。当 i_V 增大到 i_d 也就是 i_U 减小到零时，VT_1 关断，VT_2 电流达到稳定电流 i_d，完成

换相过程。

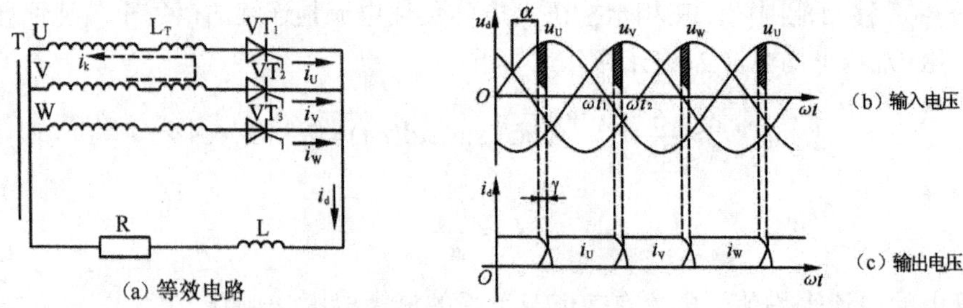

图 2-26　变压器漏电抗对可控整流电路电压、电流波形的影响

换相期间，短路电压为两个漏电抗电势所平衡，即

$$u_V - u_U = 2L_T \frac{di_k}{dt} \tag{2-25}$$

负载上电压为

$$u_d = u_V - L_T \frac{di_k}{dt} = u_V - \frac{1}{2}(u_V - u_U) = \frac{1}{2}(u_U + u_V) \tag{2-26}$$

式（2-25）和式（2-26）说明，在换相过程中，u_d 波形既不是 u_U 也不是 u_V，而是换流两相电压的平均值，如图 2-26（b）所示。与不考虑变压器漏电抗，即 $\gamma=0$ 时相比，整流输出电压波形减少了一块阴影面积，使输出平均电压 u_d 减小了。这块减少的面积是由负载电流 i_d 换相引起的，因此这块面积的平均值也就是 i_d 引起的压降，称为换相压降，其值为图中三块阴影面积在一个周期内的平均值。对于在一个周期中有 m 次换相的其他整流电路来说，其值为 m 块阴影面积在一个周期内的平均值。由式（2-26）知，在换相期间输出电压 $u_d = u_V - L_T(di_k/dt) = u_V - L_T(di_V/dt)$，而不计漏电抗影响的输出电压为 u_V，故由 L_T 引起的电压降低值为 $u_V - u_d = L_T(di_V/dt)$，所以一块阴影面积为

$$\Delta u_\gamma = \int_{\frac{\pi}{6}+\alpha+\gamma}^{\frac{5\pi}{6}+\alpha+\gamma} (u_V - u_d)d(\omega t) = \int_{\frac{\pi}{6}+\alpha+\gamma}^{\frac{5\pi}{6}+\alpha+\gamma} L_T \frac{di_V}{dt}(\omega t) = \omega L_T \int_0^{i_d} di_V = X_T i_d \tag{2-27}$$

因此一个周期内的换相压降为

$$u_r = \frac{m}{2\pi} X_T i_d$$

式中，m 为一个周期内的换相次数，三相半波电路 $m=3$，三相桥式电路 $m=6$；X_T 是漏电感为 L_T 的变压器每相折算到二次侧绕组的漏电抗。变压器的漏电抗 X_T 计算公式为

$$X_T = \frac{U_2}{I_2}\frac{u_K\%}{100}$$

式中，U_2 为相电压有效值；I_2 为相电流有效值；$u_K\%$为变压器短路比，取值在 5～12 之间。

换相压降可看成是在整流电路直流侧增加的一只阻值为 $mK_T/2\pi$的等效内阻上负载电流 i_d 所产生的压降，区别仅在于这项内阻并不消耗有功功率。

2.5.2　换相重叠角γ

为了便于计算，将图 2-26 中的坐标原点移到 U、V 相的自然换相点，并设

$$u_{\mathrm{U}}=\sqrt{2}U_{2\varphi}\cos\left(\omega t+\frac{\pi}{3}\right)$$

则

$$u_{\mathrm{V}}=\sqrt{2}U_{2\varphi}\cos\left(\omega t-\frac{\pi}{3}\right)$$

从电路工作原理可知，当电感 L_T 中电流从 0 变到 i_d 时，正好对应 ωt 从 α 变到 $\alpha+\gamma$，根据这些条件，再对式（2-25）进行数学运算可求得：

$$\cos\alpha-\cos(\alpha+\gamma)=\frac{i_{\mathrm{d}}X_{\mathrm{T}}}{\sqrt{2}U_{2\varphi}\sin\frac{\pi}{m}} \tag{2-28}$$

式（2-28）是一个普遍公式，对于三相半波电路，将 $m=3$ 代入式（2-28），可得：

$$\cos\alpha-\cos(\alpha+\gamma)=\frac{i_{\mathrm{d}}X_{\mathrm{T}}}{\sqrt{2}U_{2\varphi}\sin\frac{\pi}{3}}=\frac{2i_{\mathrm{d}}X_{\mathrm{T}}}{\sqrt{6}U_{2\varphi}}$$

对于三相桥式电路，因它等效于相电压为 $\sqrt{3}U_{2\varphi}$ 时的六相半波整流电路，电压为 $\sqrt{3}U_{2\varphi}$，将 $m=6$ 代入式（2-28）后，结果与三相半波电路相同。

对于单相全波电路，它相当于两相半波电路，只要将 $m=2$ 代入式（2-28）即可得：

$$\cos\alpha-\cos(\alpha+\gamma)=\frac{i_{\mathrm{d}}X_{\mathrm{T}}}{\sqrt{2}U_{2\varphi}\sin\frac{\pi}{2}}=\frac{i_{\mathrm{d}}X_{\mathrm{T}}}{\sqrt{2}U_{2\varphi}}$$

对于单相全控桥，由于变压器漏电抗 X_T 在一个周期内两次换流中都起作用，其电流从 i_d 到 $-i_d$，虽然此时 $m=2$，但换流角方程为

$$\cos\alpha-\cos(\alpha+\gamma)=\frac{2i_{\mathrm{d}}X_{\mathrm{T}}}{\sqrt{2}U_{2\varphi}}$$

由式（2-28）可知，只要已知 i_d、X_T、$U_{2\varphi}$与控制角α，就可计算出重叠角γ。当α一定时，i_d、X_T增大，则γ增大，这是因为重叠角的产生是由于换相期间变压器漏电感储存电能引起的，i_d、X_T越大，变压器储存的能量也越大。当 i_d、X_T 为常数且$\alpha\leqslant 90°$ 时，α越小则γ越大，α为 0 时，γ最大。

变压器的漏电抗与交流进线串联电抗的作用一样，能够限制短路电流且使电流变化比较缓和，对晶闸管上的电流变化率和电压变化率也有限制作用。但是由于漏电抗的存在，在换相期间，相当于两相间短路，使电源相电压波形出现缺口，用示波器观察相电压波形时，在换流点上会出现毛刺，严重时将造成电网电压波形畸变，影响电网本身与其他用电设备的正常运行。

2.5.3　可控整流电路的外特性

可控整流电路对直流负载来说是一个有内阻的电压可调的直流电源。考虑换相压降 u_r、整流变压器电阻 R_T（变压器二次侧绕组每相电阻与一次侧绕组折算到二次侧绕组的每相电阻之和）及晶闸管压降Δu 后，直流输出电压为

$$u_{\mathrm{d}}=u_{\mathrm{do}}\cos\alpha-n\Delta u-I_{\mathrm{d}}\left(R_{\mathrm{T}}+\frac{mX_{\mathrm{T}}}{2\pi}\right)=u_{\mathrm{do}}\cos\alpha-n\Delta u-I_{\mathrm{d}}R_{1} \tag{2-29}$$

式中，u_{do} 为$\alpha=0°$ 时整流电路输出的电压，$u_{do}=1.17U_{2\varphi}$，即空载电压；R_1 为整流电路内阻，$R_1=R_T+mX_T/2\pi$；Δu 是一个晶闸管的正向导通压降，单位为 V；三相半波时电流流经一个整流元件时 $n=1$，流经三相桥式电路时 $n=2$。考虑变压器漏电抗时的可控整流电路外特性曲

线如图 2-27 所示。

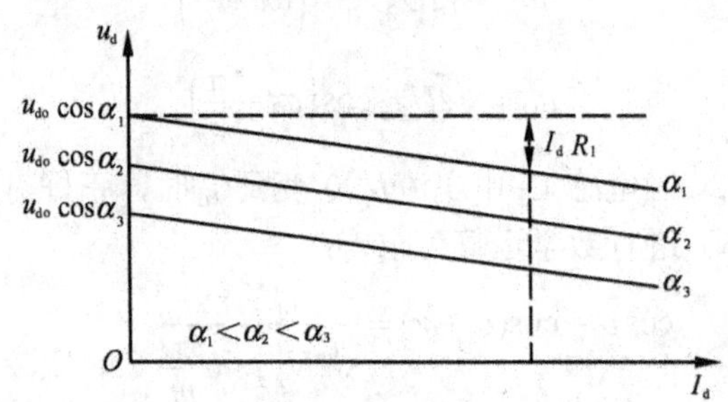

图 2-27 考虑变压器漏电抗时的可控整流电路外特性曲线

由图 2-27 可以看出，当控制角α一定时，随着整流电流 I_d的逐渐增大，即电路所带负载的增加，整流输出电压逐渐减小，这是由整流电路内阻所引起的。而当电路负载一定时，即整流输出电流不变，则随着控制角α的逐渐增大，输出整流电压也是逐渐减小的。

实训 2 单相半波可控整流电路的连接与测试

一、目的

（1）熟悉单结晶体管触发电路的工作原理、接线及电路中各元器件的作用。

（2）熟悉各元器件及简易测试方法，增强实践操作能力。

（3）观察单结晶体管触发电路各点的波形，掌握调试步骤和方法。

（4）对单相半波可控整流电路在电阻负载及电阻电感负载时的工作情况进行全面分析。

（5）了解续流二极管的作用。

（6）熟悉双踪示波器的使用方法。

二、电路

电路如图 2-28 所示。

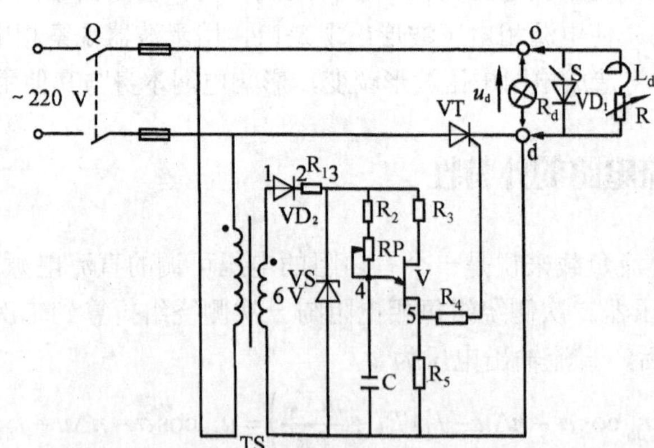

图 2-28 单结晶体管触发的单相半波可控整流电路

图中元器件型号规格：VT—KP10—8；VD_1—ZP10—8；VD_2—2CP14；VS—2CW21k；V—BT33F；R_1—620Ω/4W；R_2—2kΩ；R_3—240Ω；R_4—20Ω；R_5—51Ω；RP—100kΩ；C—0.1～0.22μF

三、设备

图 2-28 中各元件及焊接板	1 套
同步变压器 220V/60V	1 台
灯板	1 块
滑线变阻器	1 只
电抗器	1 只
双踪示波器	1 台
万用表	1 块
单结晶体管分压比测试板（自制公用）	1 块

四、内容及步骤

（1）元器件测试。

① 用万用表 R×100Ω电阻挡粗测二极管、稳压管是否良好，电位器是否连续可调，用适当电阻挡检查各电阻阻值是否合适。

② 参照附录测定同步变压器 TS 的极性。

③ 判断单结晶体管的好坏（常见单结晶体管的引脚排列如图 2-29 所示）。首先用万用表 R×10Ω电阻挡测试单结晶体管各极间电阻，再用单结晶体管分压比测试板来测定单结晶体管的η值，其测试电路如图 2-30 所示，并将所测数据记录于下表中。

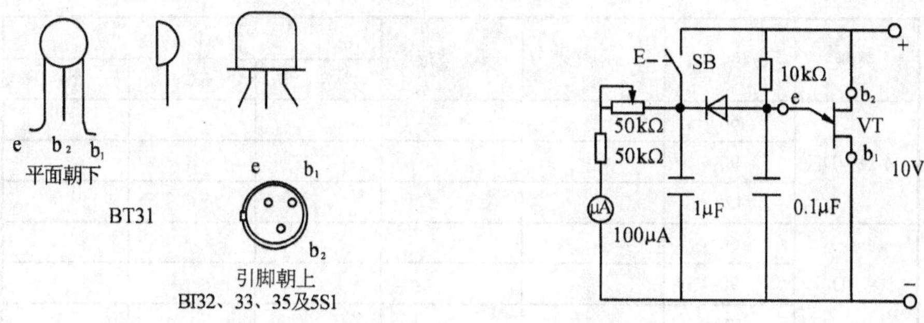

图 2-29　常见单结晶体管引脚排列　　　　图 2-30　单结晶体管分压比测量电路

测量项目	η	r_{eb1}	r_{b1e}	r_{eb2}	r_{b2e}	r_{b1b2}	r_{b2b1}	结论
测量值								

（2）按图 2-28 将电路焊接好，负载暂不连接。

（3）检查电路无误后，闭合 Q，触发电路接通电源，用示波器逐一观察触发电路中同步电压 u_1、整流输出电压 u_2、削波电压 u_3、锯齿波电压 u_4 以及单结晶体管输出电压 u_5 的波形。

改变移相电位器 RP 的阻值，观察 4 点锯齿波的变化及输出脉冲波形的移相范围，看能否满足要求。若不能满足要求，可通过调整 R_2、RP、C 的参数值来达到移相范围的要求。

（4）电路调好后，可用双踪示波器的两个探头分别观察波形间相位关系，验证是否与理论分析一致。

注意：使用双踪示波器时必须将两探头的地线端接在电路的同一点上，以防因两探头的地线造成被测量电路短路事故。

在有条件的情况下，可用四踪示波器同时观察四个波形相位间的关系，熟悉四踪示波器的使用。

（5）电阻负载。触发电路调试正常后，断开Q，接上电阻负载（灯泡）后，再闭合Q，使电路接通电源。用示波器观察负载电压 u_d、晶闸管两端电压 u_{VT} 的波形。调节移相电位器RP，观察 α=60°、90°、120° 时 u_d、u_{VT} 的波形，同时测量 U_d 及电源电压 U_2 的值，并将观察测量结果记录于下表中。

α/（°）	60°	90°	120°
u_d 波形			
u_{VT} 波形			
U_d/V			
U_2/V			

（6）电阻电感负载。

① 断开Q，换接上L和R，接好后，再闭合Q。

② 不接续流二极管，把R调到中间值观察 α=60°、90°、120° 时 u_d（实际是R两端电压 u_R）、i_d、u_{VT} 波形。把R调到最小及最大时，观察 i_d 波形，分析不同阻抗角对电流波形的影响。

③ 闭合S，接上续流二极管 VD_1，重复上述实验，观察续流二极管的作用。

④ 把上述观察到的波形记录于下表中。

类别	α/（°）	u_d 波形	u_{VT} 波形	i_d 波形		
				$R_中$	$R_{最小}$	$R_{最大}$
不接 VD_1	60					
	90					
	120					
接 VD_1	60					
	90					
	120					

五、实训报告要求

（1）整理实验中记录的波形，回答实验中提出的问题。

（2）画出两种负载当 α=90° 时，触发电路的各点波形和 u_d、i_d、u_{VT} 波形。

（3）作出电阻负载 $U_d/U_2=f(\alpha)$ 曲线，并与 $U_d=0.45U_2\dfrac{1+\cos\alpha}{2}$ 进行比较。

（4）总结分析实验中出现的现象。

实训3　单相全控桥式整流电路的连接与测试

一、目的

（1）了解KC04（或KJ004）集成触发器的工作原理。

（2）掌握各测试点的波形。

（3）重点熟悉电感负载与反电动势负载的工作情况。

二、电路

电路如图 2-31 所示。

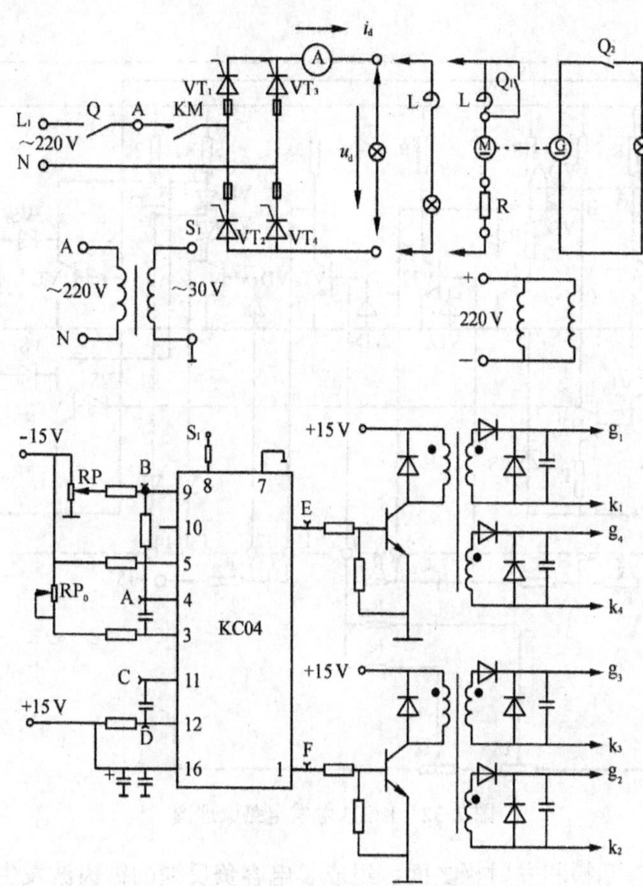

图 2-31　KC04 触发的单相全控桥式整流电路

三、设备

BL—I 型电力电子技术试验装置　　1 台

电抗器　　1 只

灯箱　　1 个

2Ω/10W 电阻　　1 只

双踪示波器　　1 台

万用表　　1 块

四、原理

该电路采用了 KC04 触发器集成电路，KC04 可输出两路相位差 180° 的脉冲，因此，可

方便地控制单相全控桥式整流电路。

如图 2-32 所示为 KC04 触发电路原理图，其中点画线框内为集成触发器内部电路，由同步、锯齿波形成、移相、脉冲形成、脉冲分选及功率放大几个环节组成。其中，VT_1～VT_4 组成同步环节。u_s 正半周，VT_1 导通；u_s 负半周，VT_2、VT_3 导通。因此在正、负半周期间，VT_4 基极处于低电位，使 VT_4 处于截止状态。只有在同步电压过零（$u_s<0.7V$）时，VT_1～VT_3 截止，VT_4 导通。

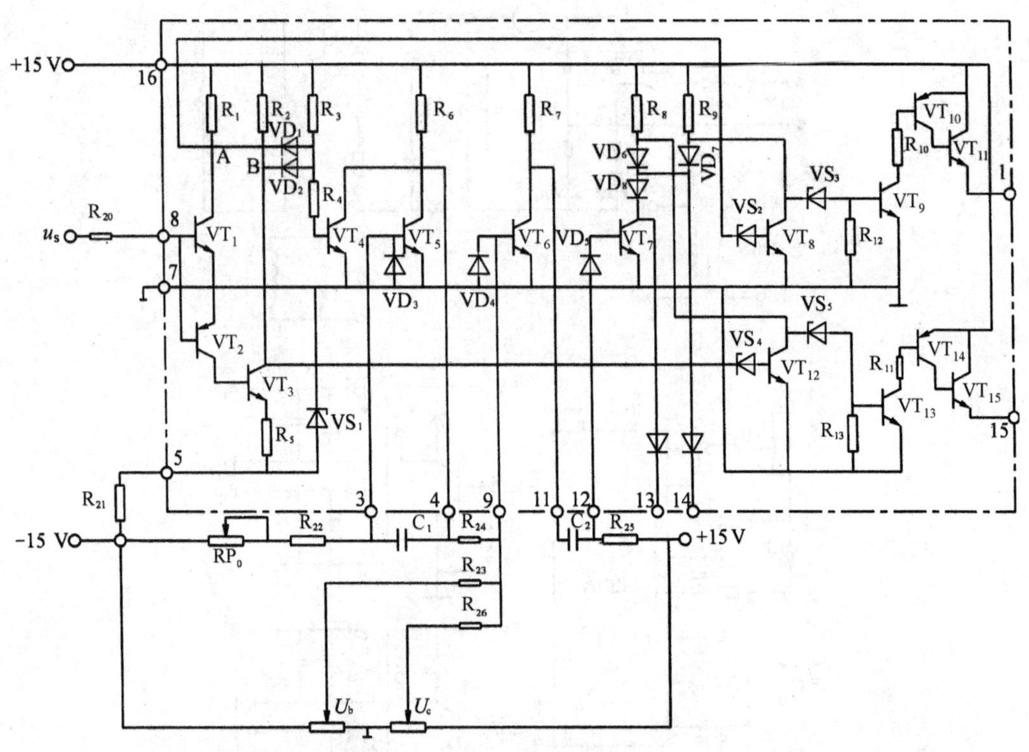

图 2-32　KC04 触发电路原理图

电容 C_1 接在 VT_5 基极和发射极之间，组成了电容负反馈的锯齿波发生器。VT_4 导通时，C_1 经 VT_4、VD_3 迅速放电，VT_4 截止时，电流经+15V→R_6→C_1→R_{22}→RP_0→（−15V）对 C_1 充电，在 4 端形成线性增长的锯齿波，在 u_s 一个周期内，VT_4 导通、截止两次，因此正、负半周均有相同锯齿波产生，如图 2-33 所示。

R_{23}、R_{24}、R_{26} 及 VT_6 组成了移相环节，在 u_{cs}（4 脚）、U_b 确定后，调节 U_c 就改变了脉冲的相位，从而使输出电压得到调节。

VT_6、C_2、VT_7 等组成了脉冲形成环节。VT_8、VT_{12} 为脉冲分选环节，使得在同步电压一个周期内有两个相位上相差 180° 的脉冲产生，即 u_s 正半周 1 端输出脉冲，负半周 15 端输出脉冲。VD_1、VD_2 及 VD_6～VD_8 为隔离二极管。

RP_0 可调节锯齿波斜率。在控制电压为零时，调节 RP_0 可使输出电压为零。

五、内容及步骤

（1）首先按图 2-31 所示电路将线接好，检查无误后，闭合 Q 接通触发电路电源，用示波

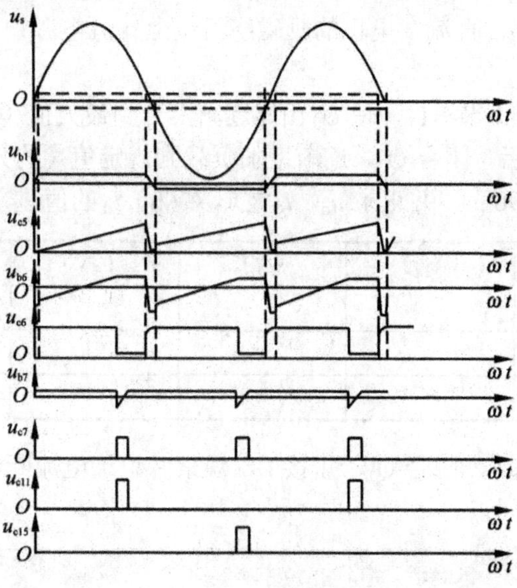

图 2-33　KC04 电路各点波形图

器测量 u_{g1}、u_{g2} 及 A、B、C、D、E、F 各点输出脉冲波形，并记录于下表。再用 X、Y 两个探头观察波形间的相位关系。

A	B	C	D	E	F	u_{g1}	u_{g2}

（2）主电路接上电阻负载，按启动按钮，接通主电路电源。把控制电位器调节到零位，用示波器观察负载两端的电压是否为零，若不为零，可调节 RP_0 使其为零。调节控制电位器 RP，观察负载波形的变化，记录α=0°、60°、90° 时 u_d 的波形，并将 U_2、U_d、I_d 数值记入下表中。

α/（°）	0	60	90
u_d 波形			
U_2、U_d、I_d 值	U_2= U_d=　I_d=	U_2= U_d=　I_d=	U_2= U_d=　I_d=

（3）按停止按钮，断开主电路电源，接上电感负载做阻感负载实验，按启动按钮，接通主电路电源。调节控制电位器，观察输出电压 u_d 波形的变化，记录α=0°、60°、90° 时 u_d、i_d 的波形，并将 U_2、U_d 的数值记入下表中。将α固定在 60°，改变电阻的大小，观察电流 i_d 波形的变化。

α/（°）	0	60	90
u_d 波形			
i_d 波形			
U_d/V	U_d=　U_2=	U_d=　U_2=	U_d=　U_2=

（4）断开主电路电源，换接上直流电动机负载做反电动势负载实验。

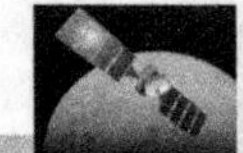

① 首先给直流电动机、直流发电机的励磁绕组接上直流电源，把控制电位器调到零位，Q_1、Q_2处于断开位置。

② 接通主电路电源，调节RP_0，使U_d由零逐渐上升到最大值（如1～90V），观察电动机的运转情况，待运转正常后，闭合Q_2，逐渐增加负载到规定值（约为额定值）。调节控制电位器RP_0使$\alpha=0°$、$60°$、$90°$，并记录u_d、i_d波形及U_d、I_d的值。

波形及数据	u_d波形	i_d波形	U_d/V	I_d/A
$\alpha=0°$				
$\alpha=60°$				
$\alpha=90°$				

③ 调节RP。使$\alpha=60°$，闭合Q_1，短接L，观察并记录电流断续时u_d、i_d波形，记录U_d值，并与②比较，总结不同点。

u_d波形	i_d波形	U_d/V

④ 机械特性。调节控制电压旋钮及负载，使U_d、I_d均达到规定值，记录此时的转速n和电流I_d值。然后逐渐减小负载到最小（以不出现振荡为准），中间记录几点，作出机械特性曲线。

条　件	负载最大	1	2	3	负载最小
n/（r□min^{-1}）					
I_d/A					

六、说明及应注意的问题

交流电源电压为220V，$U_{dmax}=0.9U_2=198V$，故实验时U_d电压不能达到电动机的额定值。

七、实训报告要求

（1）整理记录的触发电路波形，熟悉KC04集成触发器工作原理。

（2）整理电阻负载时记录的数据，验证$U_d=0.9U_2\dfrac{1+\cos\alpha}{2}$的关系。

（3）整理电阻、电感负载时记录的数据，验证电流连续时$U_d=0.9U_2\cos\alpha$的关系。

（4）整理反电动势负载时记录的波形，画出电流断续时的波形。比较电流断续与连续时，u_d、i_d波形的不同，并分析原因。

实训4　三相全控桥式整流电路的连接与测试

一、目的

（1）熟悉三相全控桥式整流电路的接线，观察电阻负载、电阻电感负载及反电动势负载输出电压、电流的波形。

（2）加深对触发器定相原理的理解，掌握调试晶闸管整流装置的步骤和方法。

二、电路

实验电路如图 2-34 所示。

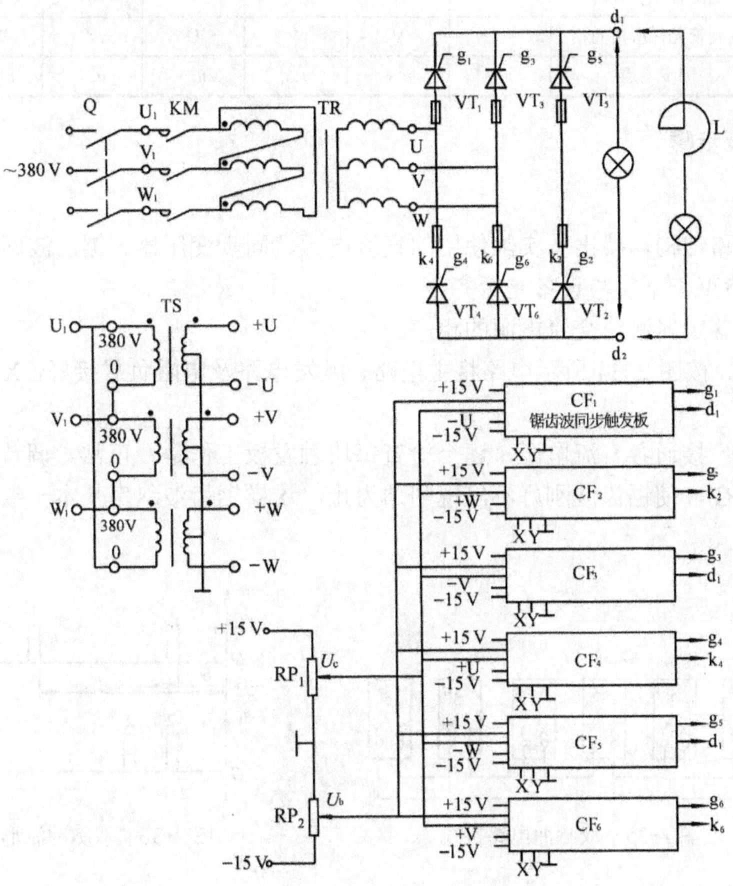

图 2-34　三相全控桥式整流电路

三、设备

BL—I 型电力电子技术实验装置　1 台
直流电动机发电机组　1 套
三相整流变压器　1 台
电抗器　1 只
灯箱　1 个
双踪示波器　1 台
万用表　1 块

四、原理

由锯齿波同步触发电路可知，在同步电压负半周时形成锯齿波，因此要求同步电压 U_s 与被触发晶闸管阳极电压，在相位上相差 180°，这样可以得出晶闸管元件触发电路的同步电压，

见下表。

组　别	共阴极组			共阳极组		
晶闸管元件号码	1	3	5	4	6	2
晶闸管元件所接的相	U	V	W	U	V	W
同步电压	u_{-U}	u_{-V}	u_{-W}	u_{-U}	u_{-V}	u_{-W}

五、内容及步骤

（1）准备。

① 熟悉电路结构，找出本实验使用的直流电源、同步变压器、锯齿波同步触发电路、晶闸管主电路，检查一下实验设备是否齐全。

② 用相序鉴定器测定交流电源的相序。

③ 断开 Q，按图 2-34 所示电路将主电路、触发电路及电阻负载接好，X、Y 端按图 2-35 连接起来。

④ 闭合 Q，接通各直流电源，逐个检查每块触发板工作是否正常。调节每个触发板锯齿波斜率电位器 RP，使锯齿波刚好不出现削顶为止，这样锯齿波斜率基本一致，双脉冲波形如图 2-36 所示。

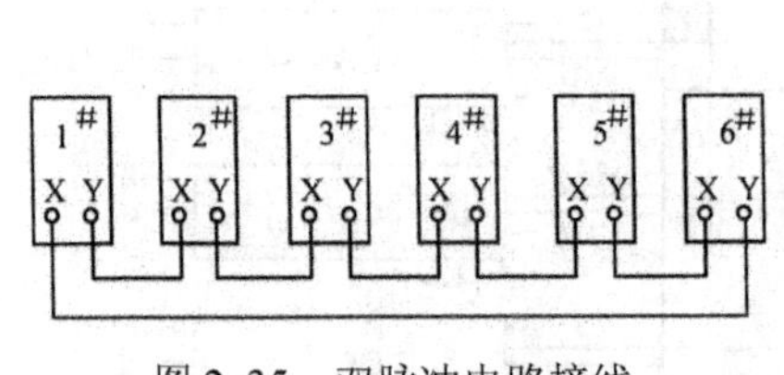

图 2-35　双脉冲电路接线

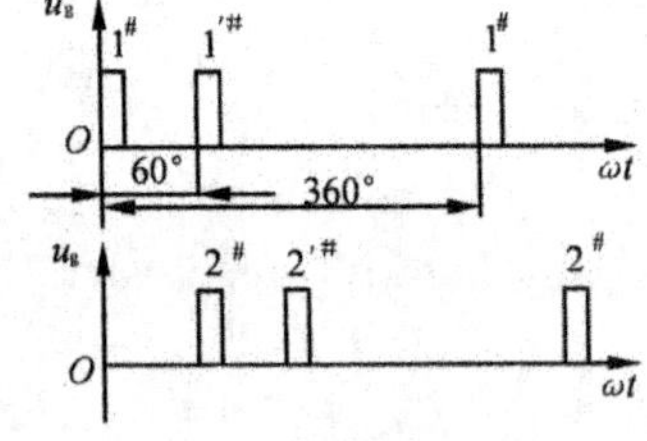

图 2-36　双脉冲波形

（2）电阻负载。

① 触发电路正常后，接上电阻负载，把控制电压旋钮调到零（即 U_c=0），U_b 偏置电压调到负最大值。仔细检查线路无误后，按启动按钮，主电路接通电源。调偏置电位器使六个波头均在示波器显示屏上明显显示为止。这时分别调节各斜率电位器使波形整齐，然后调偏置电位器旋钮使 U_d 刚好为零。

② 调控制旋钮，观察 u_d 波形，并将 α=30°、60°、90° 时输出电压 u_d、晶闸管 VT_1 两端电压 u_{VT1} 的波形及 U_d、U_c 的数值记录于下表中。

α/（°）	U_d/V	U_c/V	u_d 波形	u_{VT1} 波形
30				
60				
90				
不触发的晶闸管				
正常触发的晶闸管				

③ 去掉一只晶闸管的脉冲，观察输出电压 u_d 的波形及不触发的晶闸管两端的电压波形，比较不触发的晶闸管两端电压与正常触发的晶闸管两端电压有什么不同，记录分析这些波形。

④ 人为颠倒三相电源的相序（即 U_1、V_1、W_1），观察输出电压波形是否正常。在电源相序正常的前提下，单独对调主变压器二次侧绕组相序，观察 u_d 波形是否正常。

（3）电阻电感负载。

① 按停止按钮，切断主电路电源，在 d_1、d_2 端换接上电阻电感负载，然后按启动按钮，接通主电路电源，观察α=30°、60°、90°时输出电压 u_d、电流 i_d、电抗器两端电压 u_L 的波形，并记入下表中。

② 改变 R 的参数值，观察输出电流 i_d 的脉动情况，并记录 R 阻值最大与最小时 i_d 的波形。

α/（°）	u_d 波形	i_d 波形	u_L 波形	i_d（α=60°）波形	
				$R_{最大}$	$R_{最小}$
30					
60					
90					

（4）反电动势负载。

① 按停止按钮，切断电源，在 d_1、d_2 端换接上电动机负载（机组接线可参考实训 3 中图 2-31 进行）。

注意：直流电动机和直流发电机的励磁绕组应先接通额定直流电源，闭合 Q_1，暂不接电抗器 L，同时将控制电压 U_c 调到零。

② 按启动按钮，主电路接通电源，闭合 Q_2，并带上一定负载，调控制电压旋钮，使 U_d 由零逐渐上升到额定值，用示波器观察并记录不同控制角时输出电压 u_d、电流 i_d 及电动机电枢两端电压 u_m 的波形，记录 U_2 与 U_d 的数值。

③ 打开 Q_1，接入平波电抗器 L，重复上述实验，观察并记录不同控制角时 u_d、i_d 及 u_m 的波形，记录 U_2 与 U_d 的数值。

	α（°）	u_d 波形	i_d 波形	u_m 波形	U_d/V	U_2/V
不接L						
接L						

④ 直流电动机的机械特性。调节控制电位器旋钮及负载，使 U_d 及 I_d 均为额定值，记录此时的转速 n 与电流 I_d 值于下表中。然后逐渐减小负载到空载，中间记录几组 n 和 I_d 值于下表中，作出机械特性曲线。

负　载	额定负载	1	2	3	空　载
n/（r·min^{-1}）					
I_d/A					

六、实训报告要求

（1）整理实验中记录的波形。

（2）总结调试三相桥式整流电流的步骤和方法。

（3）画出电阻负载时的输入-输出特性 $U_d=f(U)$关系曲线。

（4）比较同一控制角串 L 的反电动势负载与电阻电感负载在电流连续时，u_d、i_d波形是否相同，并分析原因。

（5）比较同一控制角串 L 与不串 L 时，反电动势负载的电压、电流波形是否相同，并分析原因。

（6）作出直流电动机的机械特性曲线。

实训 5　三相半控桥式整流电路的连接与测试

一、目的

（1）熟悉三相半控桥式整流电路的接线。

（2）观察电阻负载及电阻电感负载输出电压和电流的波形。

（3）明确续流二极管的作用。

二、电路

电路如图 2-37 所示。

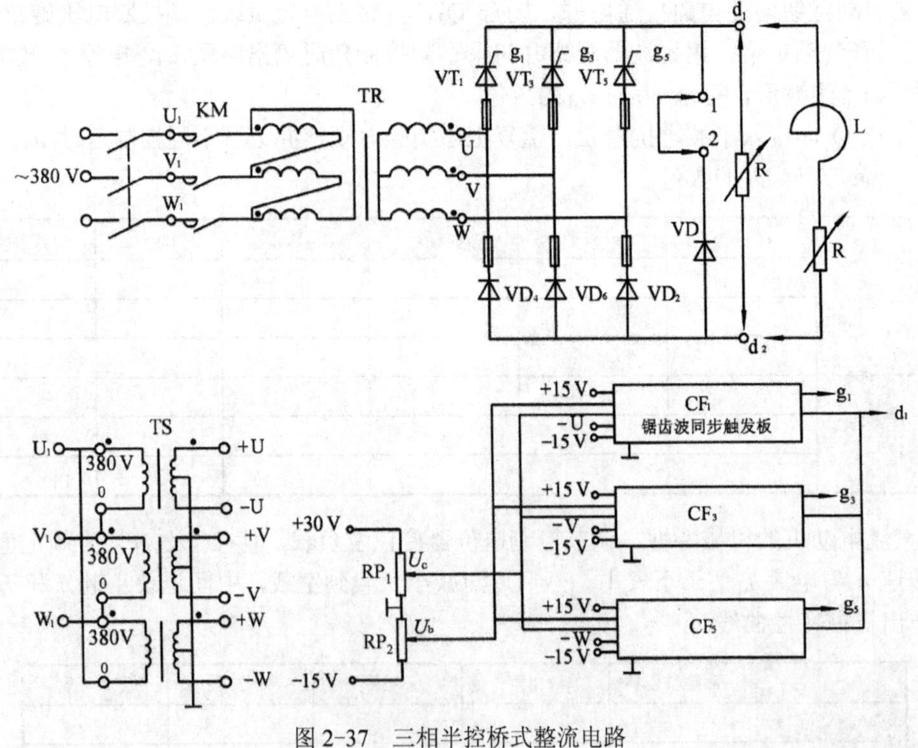

图 2-37　三相半控桥式整流电路

三、设备

BL—I 电力电子技术实验装置　　1 台
双踪示波器　　1 台
三相变压器　　1 台
电抗器　　1 只
灯箱　　1 个
万用表　　1 块

四、内容及步骤

（1）首先检查电源电压的相序、变压器的极性和绕组。

（2）确定各相触发电路的同步电压。根据锯齿波同步触发电路的定相原理可知，同步电压 u_s 应与被触发晶闸管的阳极电压在相位上相差 180°。因此，U 相晶闸管 VT_1 触发电路的同步电压采用 u_{-U} 可满足要求，这样可得三相触发电路的同步电压，见下表。

α/（°）	0		60		90	
u_d 波形						
U_d/V	U_d=	U_2=	U_d=	U_2=	U_d=	U_2=

（3）熟悉电力电子技术装置，并按照如图 2-37 所示把电路接好。

（4）闭合 Q，接通各电源。用示波器观察每块触发板 u_s、A～G 各点（见实训 6 图 3-27）及 u_g 的波形，检查触发板工作是否正常。触发板工作正常后，可用双踪示波器观察每块触发板的锯齿波斜率是否一致，若不一致可调节斜率电位器 RP（见实训 6 图 3-27），使三个触发板的锯齿波斜率相同。

（5）电阻负载。

① 将 U_c 电压旋钮调到零位，并在主电路 d_1、d_2 间接上电阻负载。

② 按启动按钮，使主电路接通电源。

③ 用示波器观察输出电压 u_d 的波形，同时调节 U_b 旋钮使 U_d=0，此时α应为 180°。

④ 调节 U_c，观察输出电压 u_d 的变化。记录α=120°、90°、60°、30° 时的输出电压 u_d、电流 i_d 及晶闸管 VT_1 两端的电压 u_{VT1} 波形。同时记录 U_d 和电源电压 U_2 的数值于下表中。

α/（°）	u_d（i_d）波形	u_{VT1} 波形	U_d/V	U_2/V
120				
90				
60				
30				

（6）电阻电感负载。

① 断开主电路电源，按照如图 2-38 所示接上 L、R 及续流二极管。

② 按启动按钮，使主电路接通电源。调节 U_c 用示波器观察并记录α=120°、90°、60°、30° 时 u_d、i_d 波形，记录 U_d、U_2 数值，并将波形和数值记录于下表中。

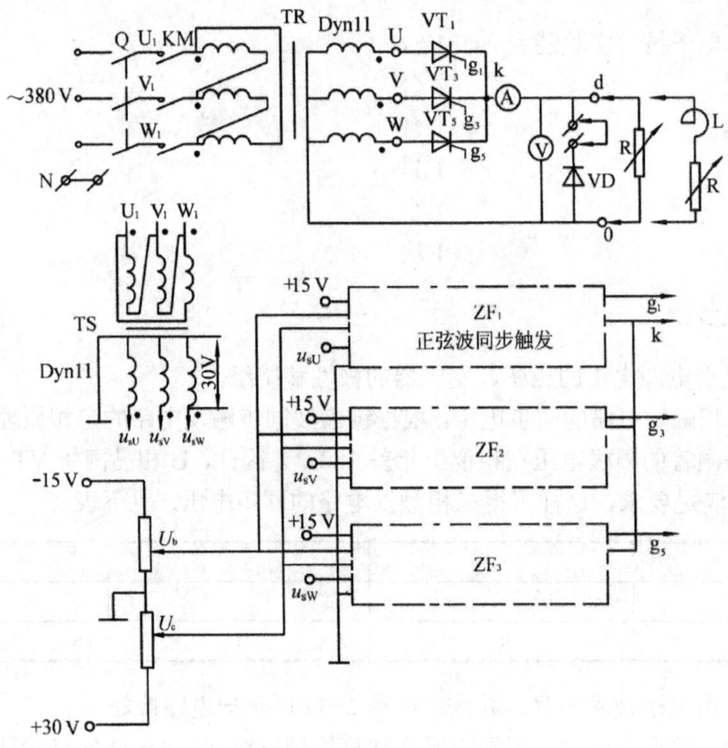

图 2-38　三相半波可控整流电路

③ 调节 U_c 使 $\alpha=60°$，改变 R 的参数值，观察在不同阻抗角时电流的脉冲情况，并将 R 较大及较小时 i_d 的波形记录在表中。

类　别	α/（°）	U_d/V	U_2/V	i_d 波形	u_d 波形	i_d（$\alpha=60°$）波形	
带 VD	120					$R_{大}$	$R_{小}$
	90						
	60					无 VD 时 u_d 波形	
	30						

④ 断开续流二极管，重复步骤（2）实验，观察 u_d、i_d 波形是否与不接续流二极管时相同。

⑤ 断开触发电路直流电源，观察脉冲突然消失时的失控现象，并记录失控时输出电压 u_d 的波形。

五、实训报告要求

（1）整理实验中记录的波形。

（2）作出电阻负载时 $U_d/U_2=f(\alpha)$ 曲线。验证 $U_d=2.34\,U_2(1+\cos\alpha)/2$。

（3）电阻电感负载时若不加续流二极管会出现什么问题?

（4）讨论分析其他实验结果。

习题与思考题 2

2-1　单相半波可控整流电路中，试分析下面三种情况晶闸管两端电压 u_{VT} 与负载两端电压 u_d 的波形。

（1）晶闸管门极不加触发脉冲；

（2）晶闸管内部短路；

（3）晶闸管内部断开。

2-2　某单相可控整流电路给电阻性负载供电和给反电动势负载蓄电池充电，在流过负载电流平均值相同的条件下，哪一种负载的晶闸管额定电流应选大一点？为什么？

2-3　某电阻负载要求 0～24V 直流电压，最大负载电流 $I_d = 30A$，如用 220V 交流直接供电与用变压器降压到 60V 供电，都采用单相半波可控整流电路，是否都能满足要求？试比较两种供电方案中晶闸管的导通角、额定电压、电流值、电源与变压器二次侧的功率因数以及电源应具有的容量。

2-4　单相桥式全控整流电路，$U_2=100V$，负载中 $R=2\Omega$，L 值极大，当 $\alpha=30°$ 时，要求：（1）作出 u_d、i_d、和 i_2 的波形；

（2）求整流输出平均电压 U_d、电流 I_d、变压器二次电流有效值 I_2；

（3）考虑安全裕量，确定晶闸管的额定电压和额定电流。

2-5　单相桥式半控整流电路，电阻性负载，画出整流二极管在一周内承受的电压波形。

2-6　单相桥式全控整流电路，$U_2=100V$，负载中 $R=2\Omega$，L 值极大，反电动势 $E=60V$，当 $\alpha=30°$时，要求：（1）作出 u_d、i_d 和 i_2 的波形；

（2）求整流输出平均电压 U_d、电流 I_d、变压器二次侧电流有效值 I_2；

（3）考虑安全裕量，确定晶闸管的额定电压和额定电流。

2-7　在三相半波可控整流电路中，如果有一相触发脉冲丢失，试绘出在电阻性负载下的整流电压波形。

2-8　三相半波可控整流电路在共阴极接法和共阳极接法时，U 与 V 两相的自然换相点是同一点吗？如果不是，它们在相位上差多少度？

2-9　三相半波整流电路，可以将整流变压器的二次绕组分为两段成为曲折接法，每段的电动势相同，其分段布置及其矢量如图 2-39 所示，此时线圈的绕组增加了一些，铜的用料约增加 10%，问变压器铁芯是否被直流磁化，为什么？

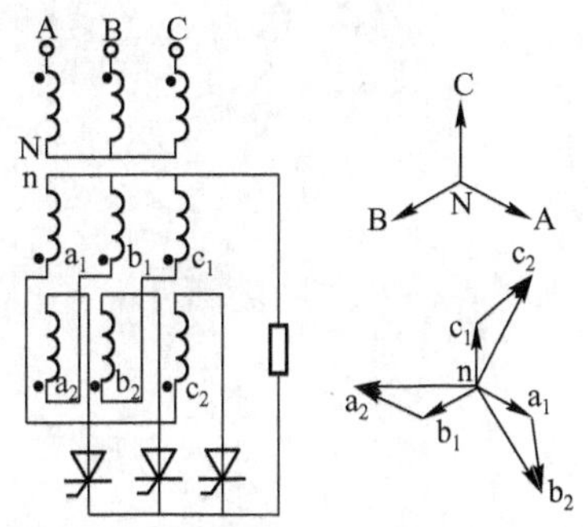

图 2-39　变压器二次绕组的曲折接法及其矢量图

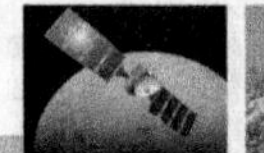

2-10　有两组三相半波可控整流电路，一组是共阴极接法，一组是共阳极接法，如果它们的触发角都是α，那么共阴极组的触发脉冲与共阳极组的触发脉冲对同一相来说，例如都是U相，在相位上差多少度？

2-11　三相半波可控整流电路，U_2=100V，带电阻电感负载，R=5Ω，L值极大，当α=60°时，要求：（1）画出u_d、i_d和i_{VT1}的波形；

（2）计算U_d、I_d、I_{dT}和I_{VT}。

2-12　大电感负载的三相半波可控整流电路，已知：U_2=110V（交流），R_d=0.5Ω，当α=45°时，试画出u_d、i_d、u_{VT}波形，并计算U_d、I_d值。如果并接续流二极管，试计算流过晶闸管的电流平均值I_{dVT}、有效值I_{VT}，续流二极管的电流平均值I_{dVD}、有效值I_{VD}。

2-13　三相半波可控整流电路，反电动势负载，串入足够电抗使电流连续平直，已知：U_2=220V（交流），R_d=0.4Ω，I_d=30A，当α=45°时，选择合适的晶闸管并求出反电动势E。

2-14　三相全控桥式整流电路，电阻性负载，U_2=220V（交流），R_d=2Ω，当α=30°时，试画出u_d、i_d、u_{VT}波形，并计算U_d值。

2-15　三相全控桥式整流电路带电感性负载，已知U_2=110V（交流），R_d=0.2Ω，当α=45°时，试画出u_d、i_d、u_{VT1}、i_{VT}波形，并计算U_d、I_d值及流过晶闸管的电流平均值I_{dVT}、有效值I_{VT}。

第3章 晶闸管的触发电路及保护电路

教学导航

<table>
<tr><td rowspan="4">教</td><td>知识重点</td><td>1. 对触发电路的要求
2. 单结晶体管触发电路的组成及工作原理
3. 同步电压波形为锯齿波的晶体管触发电路
4. 触发脉冲与主电路电压的同步及防止无触发的措施
5. 晶闸管的过电压保护
6. 晶闸管的过电流保护与电压电流上升率的限制
7. 各种触发电路实践操作</td></tr>
<tr><td>知识难点</td><td>1. 各种触发电路的组成及工作原理分析
2. 触发脉冲与主电路电压的同步及防止无触发的措施
3. 晶闸管的过电压保护
4. 晶闸管的过电流保护与电压电流上升率的限制
5. 各种触发电路实践操作</td></tr>
<tr><td>推荐教学方式</td><td>先去实训室对各个触发电路、保护电路进行连线，用实验测试法让学生对各个触发电路、保护电路的组成、工作原理有一个粗略的认知，然后利用多媒体演示结合讲授法让学生掌握每个触发电路工作原理、波形图以及保护电路的作用</td></tr>
<tr><td>建议学时</td><td>12 学时</td></tr>
<tr><td rowspan="3">学</td><td>推荐学习方法</td><td>以实践操作法和分析法为主，结合反复复习法</td></tr>
<tr><td>必须掌握的理论知识</td><td>各个触发电路工作原理、波形图
各个保护电路的作用</td></tr>
<tr><td>必须掌握的技能</td><td>会连接各种触发电路
会连接各种触发电路
学会使用示波器测试触发电路输出波形</td></tr>
</table>

晶闸管是一种大功率半导体变流器件，具有很多优点。但与一般电气器件相比，晶闸管承受过电压和过电流的能力较差。晶闸管由阻断转为导通，除在阳极和阴极间加正向电压外，还须在控制极和阴极间加合适的正向触发电压。提供正向触发电压的电路称为触发电路。触发电路的种类很多。本章主要介绍单结晶体管触发电路、晶闸管触发电路、集成触发电路及晶闸管保护电路等。

3.1 对触发电路的要求

各种触发电路的工作方式不同，对触发电路的要求也不完全相同，归纳起来有以下几点。

（1）触发信号常采用脉冲形式。晶闸管在触发导通后控制极就失去了控制作用，虽然触发信号可以是交流、直流或脉冲形式，但为减少控制极损耗，故一般触发信号常采用脉冲形式。

（2）触发脉冲应有足够的功率。触发脉冲的电压和电流应大于晶闸管要求的数值，并留有一定的裕量。晶闸管属于电流控制器件，为保证足够的触发电流，一般可取所测触发电流两倍左右大小的电流（按电流大小决定电压）。

（3）触发脉冲电压的前沿要陡，要求小于10μs，且要有足够的宽度。这是因为同系列晶闸管的触发电压不尽相同，如果触发脉冲不陡，就会造成晶闸管不能被同时触发导通，使整流输出电压波形不对称。触发脉冲宽度应要求触发脉冲消失前阳极电流已大于擎住电流，以保证晶闸管的导通。表 3-1 中列出了不同可控整流电路、不同性质负载常采用的触发脉冲宽度。

表 3-1　触发脉冲宽度与可控整流电路形式的关系

可控整流电路形式	单相可控整流电路		三相半波和三相半控桥		三相全控桥及双反星形	
	电阻负载	感性负载	电阻负载	感性负载	单宽脉冲	双宽脉冲
触发脉冲宽度 B	＞1.8°（10μs）	10°～20°（20～10μs）	＞1.8°（10μs）	10°～20°（50～100μs）	70°～80°（350～400μs）	10°～20°（50～100μs）

（4）触发脉冲与晶闸管阳极电压必须同步。两者频率应该相同，而且要有固定的相位关系，使每一周期都能在相同的相位上触发。

（5）满足主电路移相范围的要求。触发脉冲的移相范围与主电路形式、负载性质及变流装置的用途有关。

此外，还要求触发电路具有动态响应快、抗干扰能力强、温度稳定性好等性能。常见的触发电压波形如图 3-1 所示。

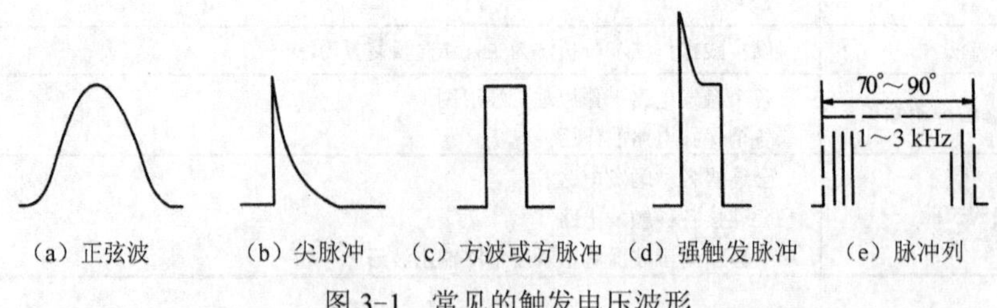

图 3-1　常见的触发电压波形

3.2 单结晶体管触发电路

单结晶体管触发电路具有结构简单、调试方便、脉冲前沿陡、抗干扰能力强等优点，广泛应用于 50A 以下中、小容量晶闸管的单相可控整流装置中。

3.2.1 单结晶体管

1. 单结晶体管的结构

单结晶体管的结构、等效电路、电气图形符号及外形引脚排列如图 3-2 所示。单结晶体管又称双基极管，它有三个电极，但结构上只有一个 PN 结。它是在一块高电阻率的 N 型硅片上用镀金陶瓷片制作两个接触电阻很小的极，称为第一基极（b_1）和第二基极（b_2），在硅片的靠近 b_2 处掺入 P 型杂质，形成 PN 结，并引出一个铝质极，称为发射极 e。

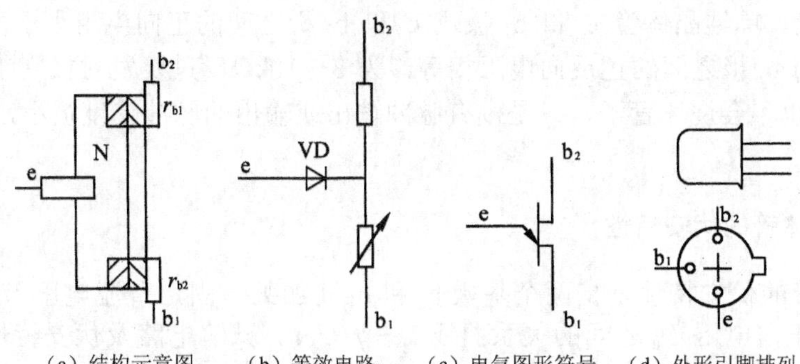

（a）结构示意图　（b）等效电路　（c）电气图形符号　（d）外形引脚排列

图 3-2　单结晶体管的结构、等效电路、电气图形符号及外形引脚排列

当 b_2 与 b_1 间加正向电压后，e 与 b_1 间呈高阻特性。但当 e 的电位达到 b_2 与 b_1 间电压的某一比值（如 50%）时，e 与 b_1 间立刻变成低电阻，这是单结晶体管最基本的特点。

触发电路常用的单结晶体管型号有 BT33 和 BT35 两种。B 表示半导体；T 表示特种管；第一个数字 3 表示有三个电极；第二个数字 3（或 5）表示耗散功率 300mW（或 500mW）。单结晶体管的主要参数参见表 3-2。

表 3-2　单结晶体管的主要参数

<table>
<tr><td colspan="2">参数名称</td><td>分压比
η</td><td>基极电阻
r_{bb}/kΩ</td><td>峰点电流
I_p/μA</td><td>谷点电流
I_v/μA</td><td>谷点电压
U_v/V</td><td>饱和电压
U_{es}/V</td><td>最大反压
U_{b2e}/V</td><td>发射极反向漏电流
I_{e0}/μA</td><td>耗散功率
P_{max}/mW</td></tr>
<tr><td colspan="2">测试条件</td><td>$U_{bb}=20V$</td><td>$U_{bb}=20V$
$I_e=0$</td><td>$U_{bb}=0$</td><td>$U_{bb}=0$</td><td>$U_{bb}=0$</td><td>$U_{bb}=0$
I_e 为最大值</td><td></td><td>U_{b2e} 为最大值</td><td></td></tr>
<tr><td rowspan="4">BT33</td><td>A</td><td rowspan="2">0.45～0.9</td><td rowspan="2">2～0.45</td><td rowspan="4"><4</td><td rowspan="4">>1.5</td><td rowspan="2"><3.5</td><td rowspan="2"><4</td><td>≥30</td><td rowspan="4"><2</td><td rowspan="4">300</td></tr>
<tr><td>B</td><td>≥60</td></tr>
<tr><td>C</td><td rowspan="2">0.3～0.9</td><td rowspan="2">>0.45～12</td><td rowspan="2"><4</td><td rowspan="2"><4.5</td><td>≥30</td></tr>
<tr><td>D</td><td>≥60</td></tr>
</table>

续表

参数名称		分压比 η	基极电阻 r_{bb}/kΩ	峰点电流 I_p/μA	谷点电流 I_v/μA	谷点电压 U_v/V	饱和电压 U_{es}/V	最大反压 U_{b2e}/V	发射极反向漏电流 I_{e0}/μA	耗散功率 P_{max}/mW
测试条件		$U_{bb}=20V$	$U_{bb}=20V$ $I_e=0$	$U_{bb}=0$	$U_{bb}=0$	$U_{bb}=0$	$U_{bb}=0$ I_e为最大值		U_{b2e}为最大值	
BT35	A	0.45～0.9	2～0.45	<4	>1.5	<3.5	<4	≥30	<2	500
	B					>3.5		≥60		
	C	0.3～0.9	>0.45～12			<4	<4.5	≥30		
	D							≥60		

注：作为触发电路，η 选大些、U_v 小些、I_v 大些，这样有利于提高脉冲幅度和扩大移相范围

利用万用表可以很方便地判别单结晶体管的极性和好坏。根据PN结原理，选用R×1kΩ电阻挡进行测量。单结晶体管 e 和 b_1 极或 e 和 b_2 极之间的正向电阻小于反向电阻，一般 $r_{b1}>r_{b2}$，而 b_2 和 b_1 极之间的正反向电阻相等，为3～10kΩ。只要发射极判断对了，即使 b_1 和 b_1 接反了，也不会烧坏管子，只是没有脉冲输出或输出的脉冲幅度很小，这时只需把 b_2 和 b_1 调换即可。

2．单结晶体管的伏安特性

单结晶体管的伏安特性是指两个基极 b_2 和 b_1 间加某一固定直流电压 U_{bb} 时，发射极电流 I_e 与发射极正向电压 U_e 之间的关系曲线 $I_e=f(U_e)$。试验电路及伏安特性曲线如图3-3所示。

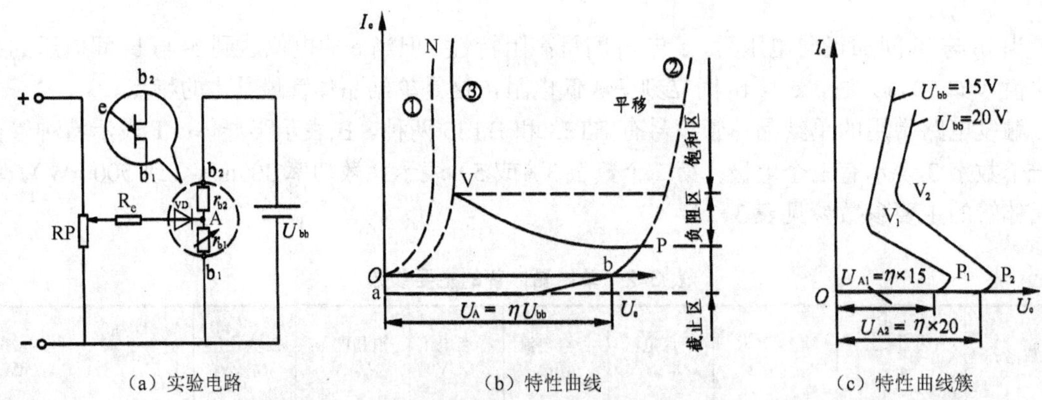

（a）实验电路　（b）特性曲线　（c）特性曲线簇

图3-3　单结晶体管的试验电路及伏安特性曲线

当 U_{bb} 为零时，得到如图3-3（b）中①所示伏安特性曲线，它与二极管伏安特性曲线相似。

1）截止区——aP段

当 U_{bb} 不为零时，U_{bb} 通过单结晶体管等效电路中的 r_{b2} 和 r_{b1} 分压，得A点电位 U_A，其值为

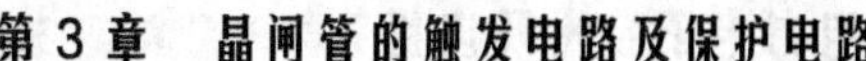

$$U_A = \frac{r_{b1}}{r_{b1} + r_{b2}} U_{bb} = \eta U_{bb}$$

式中，η 为分压比，一般为 0.3～0.9。当 U_e 从零逐渐增加，当 $U_e<U_A$ 时，等效电路中二极管反偏，仅有很小的反向漏电流；当 $U_e = U_A$ 时，等效二极管零偏，$I_e = 0$，电路此时工作在特性曲线与横坐标交点 b 处；进一步增加 U_e，直到 U_e 增加到高一个 PN 结正向压降 U_D 时，即 $U_e = U_p = \eta U_{bb} + U_D$ 时，单结晶体管才导通。这个电压称峰点电压 U_p，此时的电流称峰点电流 I_p。

2）负阻区——PV 段

等效二极管导通后大量的载流子注入 e-b_1 区，使 r_{b1} 迅速减小，分压比η 下降，U_A 下降，因而 U_e 也下降。U_A 的下降，使 PN 结承受更大的正偏，引起更多的载流子注入到 e-b_1 区，使 r_{b1} 进一步减小，I_e 进一步增大，形成正反馈。当 I_e 增大到某一数值时，电压 U_e 下降到最低点，这个电压称为节点电压 U_v，此时的电流称为谷点电流 I_v。此过程表明它已进入伏安特性的负阻区。

3）饱和区——VN 段

谷点以后，当 I_e 增大到一定程度时，载流子的浓度注入遇到阻力，欲使 I_e 继续增大，必须增大电压 U_e，这一现象称为饱和。

谷点电压是维持单结晶体管导通的最小电压，一旦 $U_e<U_v$，单结晶体管将由导通转变为截止。改变电压 U_{bb}，等效电路中的 U_A 和特性曲线中 U_p 也随之改变，从而可获得一簇单结晶体管特性曲线，如图 3-3（c）所示。

3.2.2 单结晶体管弛张振荡电路

利用单结晶体管的负阻特性和 RC 电路的充放电特性，可以组成弛张振荡电路，用于触发晶闸管，电路如图 3-4（a）所示。

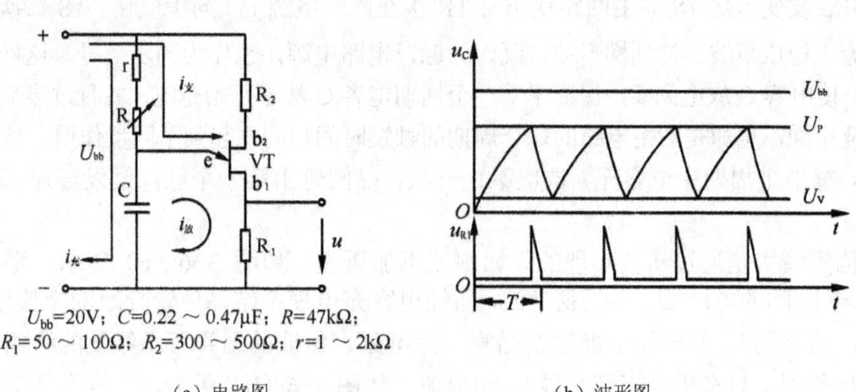

（a）电路图　　（b）波形图

图 3-4　单结晶体管弛张振荡电路及波形图

设电源未接通时，电容 C 上的电压为零。电源 U_{bb} 接通后，电源电压通过 R_2 和 R_1 加在单结晶体管的 b_2 与 b_1 上，同时又通过 r 对电容 C 充电。当电容电压 U_C 达到单结晶体管的峰点

电压 U_p 时，e−b_1 导通，单结晶体管进入负阻状态，电容 C 通过 r_{b1} 和 R_1 放电。因 R_1 很小，放电很快，放电电流在 R_1 上输出一个脉冲去触发晶闸管。

当电容放电，U_C 下降到 U_v 时，单结晶体管关断，输出电压 U_{R1} 下降到零，完成一次振荡。放电一结束，电容器重新开始充电，重复上述过程，电容 C 由于 $\tau_{放}<\tau_{充}$而得到锯齿波电压，R_1 上得到一个周期性的尖脉冲输出电压，如图 3−4（b）所示。

注意：$r+R$ 的值太大或太小时，电路不能振荡。增加一个固定电阻，是为了防止调节 R 到零时，$i_{充}$过大而造成单结晶管一直导通无法关断而停振。$r+R$ 值选得太大时，电容 C 就无法充电到峰点电压 U_p，单结晶体管不能工作到负阻区。

欲使电路振荡，固定电阻 r 的阻值和可变电阻 R 的阻值应满足下式：

$$r = \frac{U_{bb} - U_v}{I_v}$$

$$R = \frac{U_{bb} - U_p}{I_p} - r$$

如忽略电容的放电时间，上述弛张振荡电路的频率近似为

$$f = \frac{1}{T} = \frac{1}{(R + r)C \ln\left(\frac{1}{1-\eta}\right)}$$

3.2.3　单结晶体管的同步和移相触发电路

如采用 3.2.2 节所述单结晶体管弛张振荡电路输出的脉冲电压去触发可控整流电路中的晶闸管，负载上得到的电压 U_d 波形是不规则的，很难实现正常的控制，原因是触发电路缺少与主电路晶闸管保持电压同步的环节。

如图 3−5 所示，是同步电压为梯形波的单结晶体管触发电路，主电路为单相半波可控整流电路。图中触发变压器 TS 与主回路变压器 TR 接在同一电源上，同步变化。TS 二次侧电压 U_s，经半波整流、稳压斩波，得到梯形波，既作为触发电路电源，也作为同步信号。这样，在梯形波过零点时，使电容 C 放电到零，保证了下一个周期电容 C 从零开始充电，并且过零后第一个脉冲产生的相位相同，也即是对主电路的每个周期的触发时间相同，起到了同步作用。从图 3−5（b）还可看到，每半个周期中电容充、放电不止一次，晶闸管由第一个脉冲触发导通，后面的脉冲不起作用。

移相范围增大是通过斩波实现的。如整流不加斩波，如图 3−6（a）所示，那么加在单结晶体管 b_2 与 b_1 间的电压 U_{bb} 为正弦半波，而经电容充电使单结晶体管导通的峰值电压 U_p 也是正弦半波，达不到 U_p 的电压不能触发晶闸管，可见，保证晶闸管可靠触发的移相范围很小。要增大移相范围，只有提高正弦半波 U_s 的幅值，如图 3−6（b）所示，这样会使单结晶体管在 $\alpha = 90°$ 附近承受很大的电压。如采用稳压管斩波（限幅），使 U_{bb} 在半波范围会平坦得多，同时 U_p 的波形是接近于方波的梯形波，可见增大移相范围，同时也使触发脉冲幅度平衡，提高了晶闸管工作的稳定性。

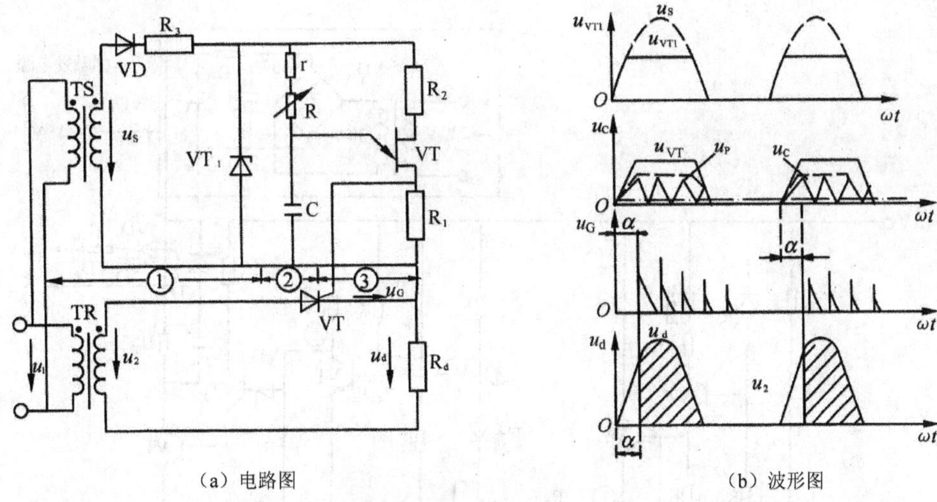

（a）电路图　　（b）波形图

图 3-5　同步电压为梯形波的单结晶体管触发电路图

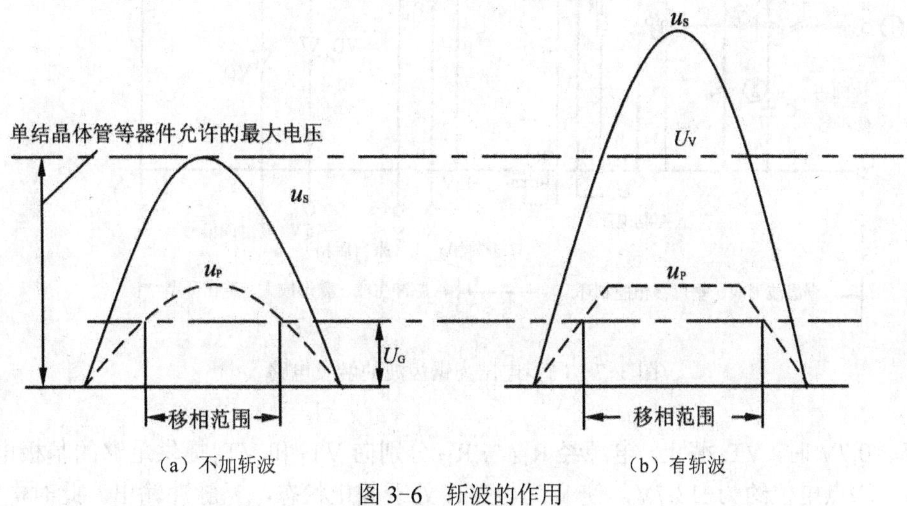

（a）不加斩波　　（b）有斩波

图 3-6　斩波的作用

3.3　同步电压为锯齿波的晶闸管触发电路

同步信号为锯齿波的触发电路，由于受电网电压波动影响较小，故广泛应用于整流和逆变电路。如图 3-7 所示为同步电压为锯齿波的触发电路，该电路由脉冲生成、整形放大、锯齿波形成、垂直移相控制和输出环节共五个基本环节组成。

3.3.1　触发脉冲的形成与放大

脉冲形成环节由晶体管 VT_4、VT_5、VT_6 组成；复合功率放大环节由 VT_7、VT_8 组成；同步移相电压加在晶体管 VT_4 的基极，触发脉冲由脉冲变压器二次侧绕组输出。

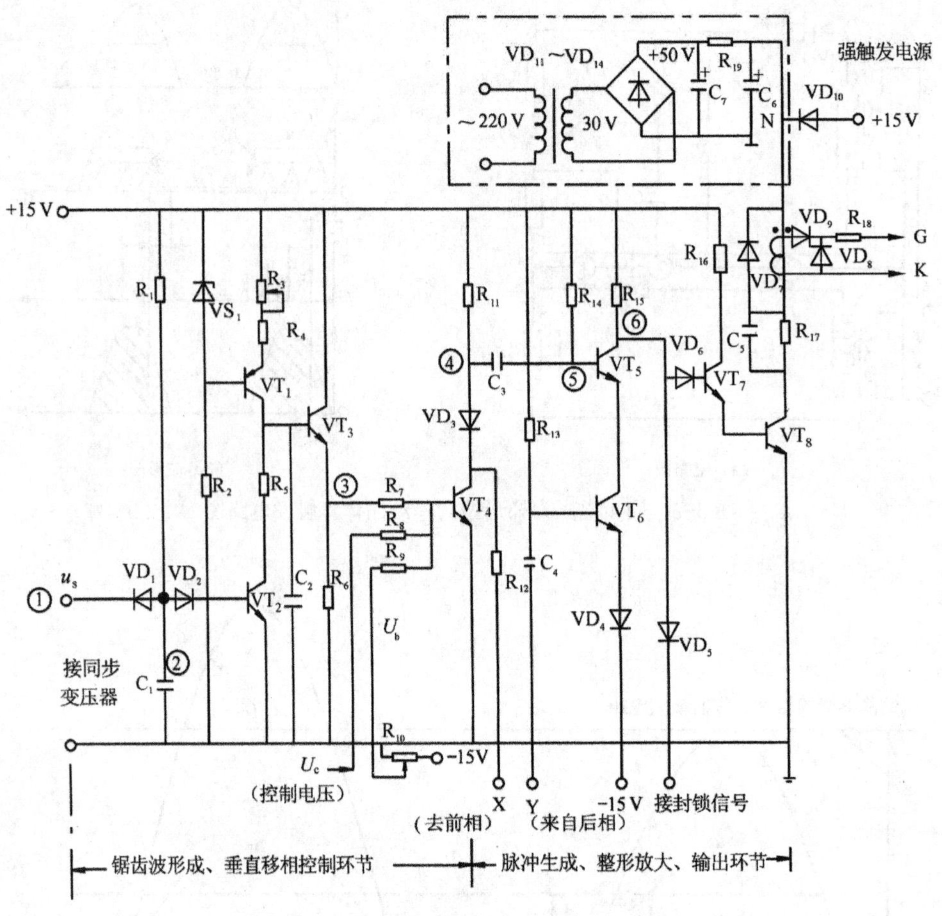

图 3-7　同步电压为锯齿波的触发电路

当 U_{b4}<0.7V 时，VT_4 截止，电源经 R_{14} 与 R_{13} 分别向 VT_5 和 VT_6 提供足够的基极电流使之饱和导通。⑥点电位约为-13.7V，使 VT_7 与 VT_8 处于截止状态，无脉冲输出。此时电容 C_3 充电，充电回路为：+15V→R_{11}→C_3→VT_5 的发射结→VT_6→VD_4→-15V。稳定时，C_3 充电电压为 28.3V，极性为左正右负。

当 U_{b4}≥0.7V 时，VT_4 导通，④点电位从+15V 迅速降低至 1V，由于电容 C_3 两端电压不能突变，使⑤点电位从-13.3V 突降至-27.3V，导致 VT_5 截止，⑥点电位从-13.7V 突升至 2.1V，于是 VT_7 和 VT_8 导通，有脉冲输出。与此同时，电容 C_3 反向充电，充电回路为：+15V→R_{14}→C_3→VD_3→VT_4→-15V，使⑤点电位从-27.3V 逐渐上升，当⑤点电位升到-13.3V 时，VT_5 和 VT_6 又导通，使 VT_7 与 VT_8 截止，输出脉冲结束。可见输出脉冲的时刻和宽度取决于 VT_4 的导通时间，并与时间常数 $R_{14}C_3$ 有关。

3.3.2　锯齿波的形成及脉冲移相

该环节由 VT_1、VT_2、VT_3 和 C_2 等元件组成。其中 VT_1、VS_1、R_3 和 R_4 为一恒流源电路。

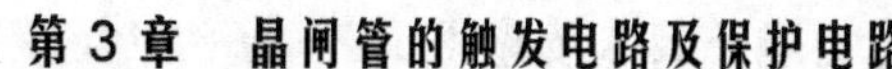

当 VT_2 截止时，恒流源电流 I_{c1} 对 C_2 充电，电容 C_2 电压 u_{C2} 呈线性增长，即 VT_3 基极电位 u_{b3} 呈线性增长。调节电位器 R_3，可改变 I_{c1} 的大小，从而调节锯齿波斜率。

当 VT_2 导通时，因 R_5 阻值很小，C_2 迅速放电，u_{b3} 迅速降为 0V 左右，形成锯齿波的下降沿。当 VT_2 周期性地导通与关断（受同步电压控制）时，u_{b3} 便形成一锯齿波，VT_3 为射随器，所以③点电压也是一锯齿波电压。

移相控制电路由 VT_4 等元器件组成，VT_4 基极电压由锯齿波电压 u_{e3}、直流控制电压 U_c、负直流偏移电压 U_b 分别经 R_7、R_8、R_9 的分压值（u'_{e3}、U_c'、U_b'）叠加而成，由三个电压比较来控制 VT_4 的截止与导通。

根据叠加原理，分析 VT_4 基极电位时，可看成锯齿波电压 u'_{e3}、直流控制电压 U_c、负直流偏压 U_b 三者单独作用的叠加，三者单独作用的等效电路如图 3-8 所示。

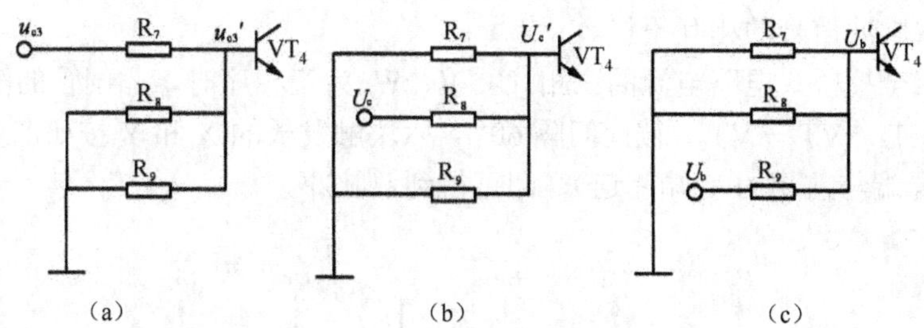

图 3-8　u_{e3}'、U_c' 和 U_b' 单独作用的等效电路

以三相全控桥电路感性负载电流连续时为例，当 $\alpha = 0°$ 时，输出平均电压为最大正值 U_{dmax}；当 $\alpha = 90°$ 时，输出为 0；当 $\alpha = 180°$ 时，输出最大负值 $-U_{dmax}$。此时偏置电压 U_b' 应使 VT_4 从截止到导通的转折点对应于 $\alpha = 90°$，即在锯齿波中点。理论上锯齿波宽度 180° 可满足要求，考虑到锯齿波的非线性，给予适当裕量，故可取宽度为 240°。

3.3.3　锯齿波同步电压的形成

同步环节由同步变压器、VT_2、VD_1、VD_2、R_1 及 C_1 等组成。所谓触发电路的同步，就是要求锯齿波与主电源频率相同。锯齿波是由开关管 VT_2 控制的，VT_2 由截止变为导通期间产生锯齿波，VT_2 截止持续的时间就是锯齿波的宽度，VT_2 开关的频率就是锯齿波的频率。要使触发脉冲与主回路电源同步，必须使 VT_2 开关的频率与主回路电源频率达到同步才行。同步变压器与整流变压器接在同一电源上，用同步变压器次级电压控制 VT_2 的通断，就保证了触发脉冲与主回路电源的同步。

同步变压器次级电压 u_s 在负半周的下降段时，VD_1 导通，电容 C_1 被迅速充电，极性为上负下正，VT_2 因反偏而截止，锯齿波即开始。在二次侧绕组电压负半周的上升段，由于 C_1 已充电至负半周的最大值，所以 VD_1 截止，+15V 通过 R_1 给 C_1 反向充电，当②点电位上升至 1.4V 时，VT_2 导通，②点电位被钳位在 1.4V。此时锯齿波结束。直至下一个负半周到来时，VD_1 重新导通，C_1 迅速放电后又被反向充电，建立上负下正的电压使 VT_2 截止，锯齿波再度开始。在一个正弦波周期内，VT_2 包括截止与导通两个状态，对应锯齿波恰好是一周期，与主电路电

源频率完全一致，达到同步的目的。锯齿波的宽度与 VT_2 截止时间的长短有关，通过调节时间常数 R_1C_1 可调节锯齿波斜率。

3.3.4 双窄脉冲形成环节

三相全控桥式电路要求双脉冲触发，相邻两个脉冲间隔为 60°，如图 3-7 所示电路可达到此要求。VT_5 和 VT_6 构成“或”门，当 VT_5 与 VT_6 都导通时，VT_7 和 VT_8 都截止，没有脉冲输出，但不论是 VT_5 截止还是 VT_6 截止，都会使⑥点变为正电压，VT_7 和 VT_8 导通，有脉冲输出。所以只要用适当的信号来控制 VT_5 和 VT_6 前后间隔 60° 截止，即可获得双窄触发脉冲。第一个主脉冲是由本相触发电路控制电压 U_c 发出的，而相隔 60° 的第二个辅脉冲，则是由它的后相触发电路通过 X 与 Y 相互连线使本相触发电路中 VT_6 截止而产生的。VD_3 与 R_{12} 的作用是为了防止双脉冲信号的相互干扰。

例如，三相全控桥式电路电源的三相 U、V、W 为正相序时，晶闸管的触发顺序为 $VT_1 \to VT_2 \to VT_3 \to VT_4 \to VT_5 \to VT_6$，彼此间隔 60°，六块触发板的 X 和 Y 按如图 3-9 所示方式连接（即后相的 X 端与前相的 Y 端相连），即可得到双脉冲。

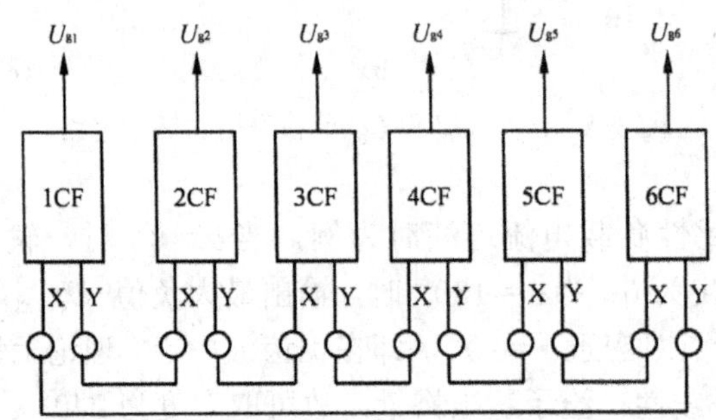

图 3-9　触发电路实现双脉冲的连接

3.3.5 强触发电路

采用强触发脉冲可以缩短晶闸管开通时间，提高承受较高的电流上升率的能力。强触发脉冲一般要求初始幅值约为通常情况的 5 倍，前沿为 1A/μs。

强触发环节如图 3-7 中右上方点画线框内电路所示。变压器二次侧绕组 30V 电压经桥式整流使 C_7 两端获得 50V 的强触发电源，在 VT_8 导通前，经 R_{19} 对 C_6 充电，使 N 点电位达到 50V。当 VT_8 导通时，C_6 经脉冲变压器一次侧绕组、R_{17} 和 VT_8 快速放电。因放电回路电阻很小，C_6 两端电压衰减很快，N 点电位迅速下降。一旦 N 点电位低于 15V 时，二极管 VD_{10} 导通。脉冲变压器改由+15V 稳压电源供电。这时虽然 50V 电源也在向 C_6 再充电，但因充电时间常数太大，N 点电位只能被钳制在 14.3V。当 VT_8 截止时，50V 电源又通过 R_{19} 向 C_6 充电，使 N 点电位再次达到+50V，为下次触发做准备。电容 C_5 是为提高 N 点触发脉冲前沿陡度而附加的。加入强触发环节后，脉冲变压器一次侧绕组电压 u_{TP} 波形如图 3-10 所示。

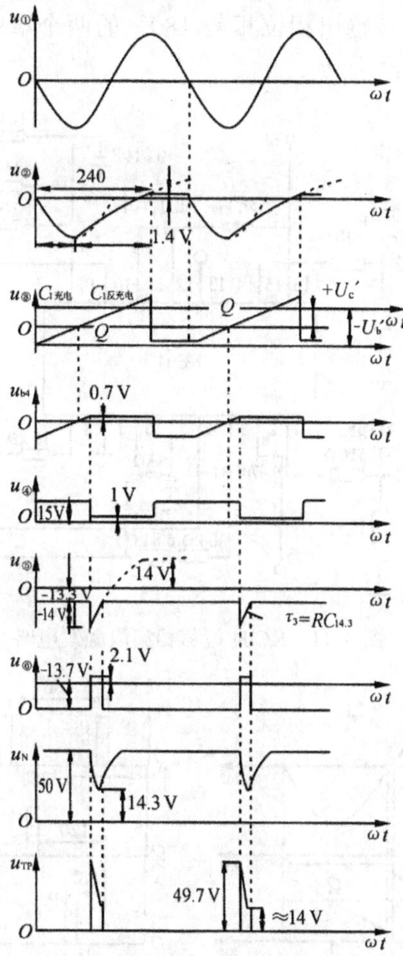

图 3-10　锯齿波移相触发电路的电压波形

3.4　集成触发电路

随着晶闸管技术的发展，对其触发电路的可靠性提出了更高的要求，集成触发电路具有体积小、温漂小、性能稳定可靠、移相线性度好等优点，近年来发展迅速，应用越来越多。本节介绍由集成元件 KC04、KC42、KC41 组成的六脉冲触发器。

3.4.1　KC04 移相触发电路

如图 3-11 所示为 KC04 型移相集成触发电路，它与分立元件的锯齿波移相触发电路相似，由同步、锯齿波形成、移相、脉冲形成和功率放大几个环节组成。它有 16 个引出端。16 端接+15V 电源，3 端通过 30kΩ电阻和 6.8kΩ电位器接−15V 电源，7 端接地。正弦同步电压经 15kΩ电阻接至 8 端，进入同步环节。3、4 端接 0.47μF 电容，与集成电路内部三极管构成电容负反馈锯齿波发生器。9 端为锯齿波电压、负直流偏压和控制移相电压综合比较输入。11 和 12 端接 0.047μF 电容后接 30kΩ电阻，再接+15V 电源与集成电路内部三极管构成脉冲形成环节，脉宽由时间常数 0.047μF×30kΩ决定。13 和 14 端是提供脉冲列调制

和脉冲封锁控制端。1 和 15 端输出相位相差 180° 的两个窄脉冲。KC04 移相触发器部分引脚的电压波形如图 3-12（a）所示。

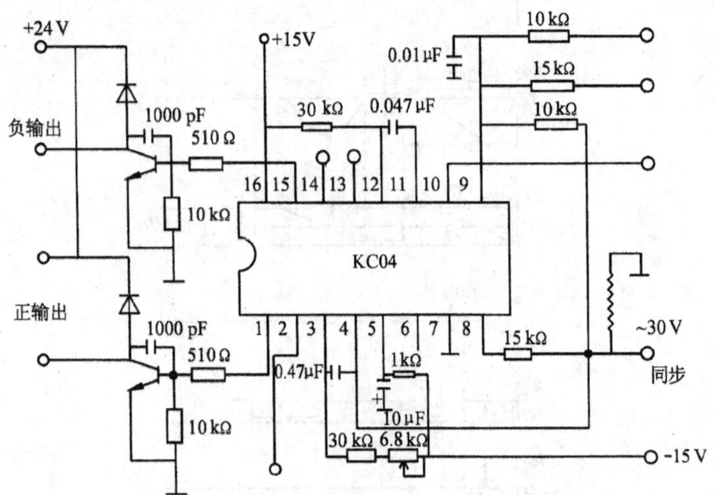

图 3-11　KC04 型移相集成触发电路

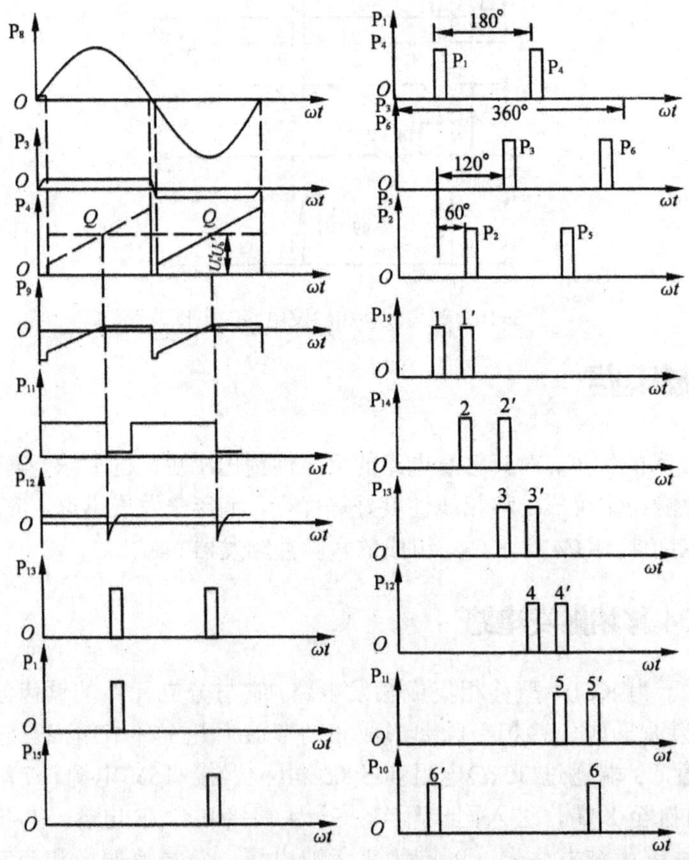

（a）KC04 移相触发器部分引脚波形　　（b）KC41 移相触发器部分引脚波形

图 3-12　KC04 与 KC41 移相触发器部分引脚波形

3.4.2　KC42 脉冲列调制形成器

在需要宽触发脉冲输出的场合，为了减小触发电源功率与脉冲变压器体积，提高脉冲前沿陡度，常采用脉冲列触发方式。

如图 3-13 所示为 KC42 脉冲调制形成器电路图，主要在三相全控桥整流电路、三相半控电路、单相全控电路、单相半控电路等电路中用做脉冲调制源。

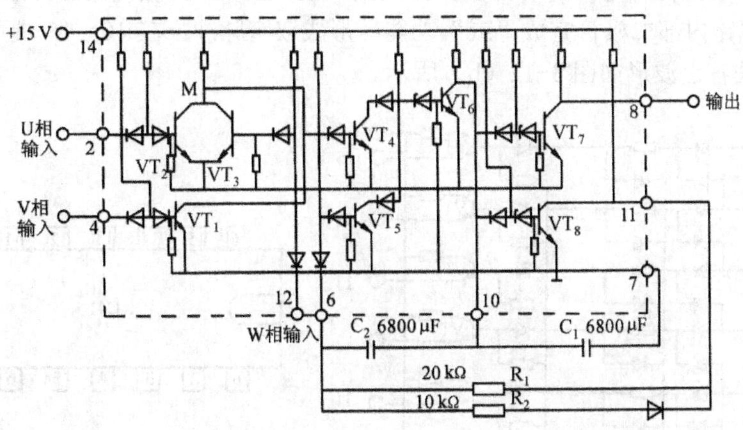

图 3-13　KC42 脉冲调制形成器电路图

当脉冲列调制器用于三相全控桥整流电路时，来自三块 KC04 锯齿波触发器 13 端的脉冲信号分别送至 KC42 脉冲调制器 2、4、12 端。VT_1、VT_2、VT_3 构成“或非”门电路；VT_5、VT_6、VT_8 组成环形振荡器；VT_4 控制振荡器的启振与停振。VT_6 集电极输出脉冲列，经 VT_7 倒相放大后由 8 端输出信号。

环形振荡器工作原理如下：当三个 KC04 锯齿波触发器中任意一个有输出时，VT_1、VT_2、VT_3“或非”门电路中将有一只晶闸管导通，VT_4 截止，VT_5、VT_6、VT_8 环形振荡器启振，VT_6 导通，10 端为低电平，VT_7 和 VT_8 截止，8 端和 11 端为高电平，8 端有脉冲输出。此时电容 C_2 由 11 端→R_1→C_2→10 端充电，6 端电位随着充电电压逐渐升高，当升高到一定值时，VT_5 导通，VT_6 截止，10 端为高电平，VT_7 和 VT_8 导通，环形振荡器停振。8 和 11 端为低电平，VT_7 输出一窄脉冲。同时，电容 C_2 再经 R_1 与 R_2 并联反向充电，6 端电位降低，降低到一定值时，VT_5 截止，VT_6 导通，8 端又输出高电位。以后重复上述过程，形成循环振荡。

调制脉冲的频率由外接电容 C_2 和 R_1、R_2 决定。

调制脉冲频率为

$$f = \frac{1}{T_1 + T_2}$$

导通半周时间为

$$T_1 = 0.698 R_1 C_2$$

截止半周时间为

$$T_2 = 0.698\left(\frac{R_1 R_2}{R_1 + R_2}\right) \cdot C_2$$

3.4.3 KC41 六路双脉冲形成器

KC41 不仅具有双脉冲形成功能，它还具有电子开关控制封锁功能。如图 3-14 所示为 KC41 六路双窄脉冲形成器内部电路与外部引脚排列图。把三块 KC04 输出的脉冲接到 KC41 的 1～6 端时，集成电路内部二极管完成“或”功能，形成双窄脉冲。在 10～15 端可得六路放大了的双脉冲。有关各点波形如图 3-12（b）所示。

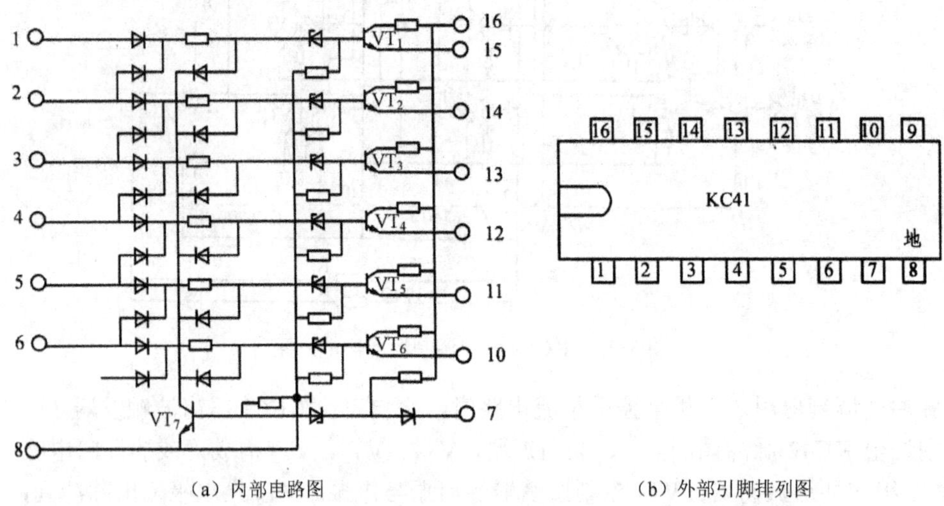

（a）内部电路图　　（b）外部引脚排列图

图 3-14　KC41 六路双窄脉冲形成器内部电路与外部引脚排列图

VT_7 是电子开关，当控制端 7 接逻辑“0”时，VT_7 截止，各电路可输出触发脉冲。因此，使用两块 KC41，两控制端分别作为正、反组控制输入端，即可组成正、反组可逆系统。

3.4.4 由集成元件组成的三相触发电路

如图 3-15 所示，由三块 KC04、一块 KC41 与一块 KC42 组成的三相六脉冲形成电路，组件体积小，调整维修方便。同步电压 u_{TA}、u_{TB}、u_{TC} 分别加到 KC04 的 8 端上，每块 KC04 的 13 端输出相位差为 180° 的脉冲，分别送到 KC42 的 2、4、12 端，由 KC42 的 8 端可获得相位差为 60° 的脉冲列，将此脉冲列再送回到每块 KC04 的 14 端，经 KC04 鉴别后，由每块 KC04 的 1 和 15 端送至 KC41，组合成所需的双窄脉冲列，再经放大后输出到六只相应的晶闸管控制极。

以上触发电路均为模拟量，其优点是结构简单、可靠，但缺点是易受电网电压影响，触发脉冲不对称度较高。数字触发电路是为了克服上述缺点而设计的，如图 3-16 所示为微机控制数字触发系统框图。

控制角 α 设定值以数字形式通过接口送至微机，微机以基准点作为计时起点开始计数，当

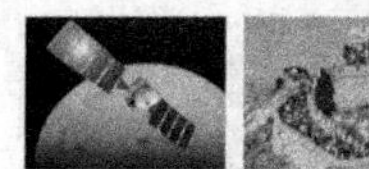

计数值与控制角要求一致时，微机就发出触发信号，该信号经输出脉冲放大电路、隔离电路送至晶闸管。对于三相全控桥整流电路，要求在每一电源电压周期内产生六对触发脉冲，不断循环。采用微机控制使数字触发电路变得简单、可靠、控制灵活、精确度高。

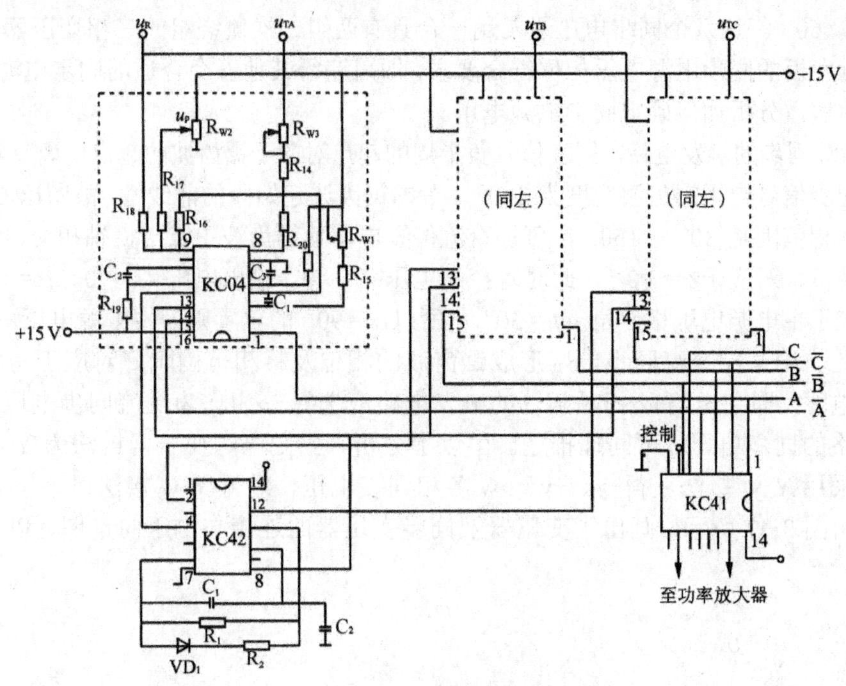

图 3-15　三相六脉冲形成电路

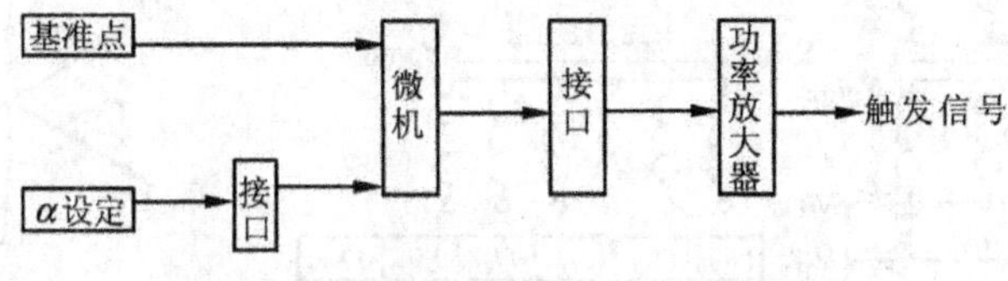

图 3-16　微机控制数字触发系统框图

3.5　触发脉冲与主电路电压的同步及防止误触发的措施

3.5.1　触发电路同步电源电压的选择

在安装、调试晶闸管装置时，主电路和触发电路都正常，但连接起来工作就不正常，输出电压的波形就不规则。这种故障往往是由主电路电压与触发脉冲不同步造成的。

所谓同步是指触发电路工作频率与主电路交流电源的频率应当保持一致，且每个晶闸管的触发脉冲与施加于晶闸管的交流电压保持合适的相位关系。提供给触发器的合适相位的电压称为同步电源电压，为保证触发电路和主电路频率一致，利用一个同步变压器，将其一次侧绕组接入为主电路供电的电网，由其二次侧绕组提供同步电压信号。由

于触发电路不同，要求的同步电源电压的相位也不一样，可以通过改变变压器的连接方式来获得。现以三相全控桥可逆电路中同步电压为锯齿波的触发电路为例，说明如何选择同步电源电压。

三相全控桥电路六只晶闸管的触发脉冲依次相隔 60°，所以输入的同步电源电压相位也必须依次相隔 60°。这六个同步电压通常用一台具有两组二次侧绕组的三相变压器获得。因此只要一块触发板的同步电源电压相位符合要求，即可获得其他五个合适的同步电源电压。下面以某一相为例，分析如何确定同步电源电压。

采用锯齿波同步的触发电路，同步信号负半周的起点对应于锯齿波的起点，调节 R_1、C_1 的参数值可使同步信号电压锯齿波宽度为 240°。考虑锯齿波起始段的非线性，故留出 60° 裕量，电路要求的移相范围是 30°～150°，可加直流偏置电压使锯齿波中点与横轴相交，作为触发脉冲的初始相位，对应于 $\alpha = 90°$，此时置控制电压 $U_c = 0$，输出电压 $U_o = 0$。$\alpha = 0°$ 是自然换相点，对应于主电源电压相位角 $\omega t = 30°$。所以 $\alpha = 90°$ 的位置则为主电源电压 $\omega t = 120°$ 相角处。因此，由某相交流同步电压形成锯齿波的相位及移相范围刚好对应于与它相位相反的主电路电源，即主电路+α相晶闸管的触发电路应选择-α相作为交流同步电压。其他晶闸管触发电路的同步电压，可同理推之。由以上分析，当主电源变压器接法为 Y, y_0 时，同步变压器应采用 Y, y_0 接法获得-u、-v、-w 各相同步电压，采用 Y, y_0 接法以使+u、+v、+w 各相同步。如图 3-17 所示，画出了变压器及同步变压器的连接与电压向量图，以及它们的对应关系。

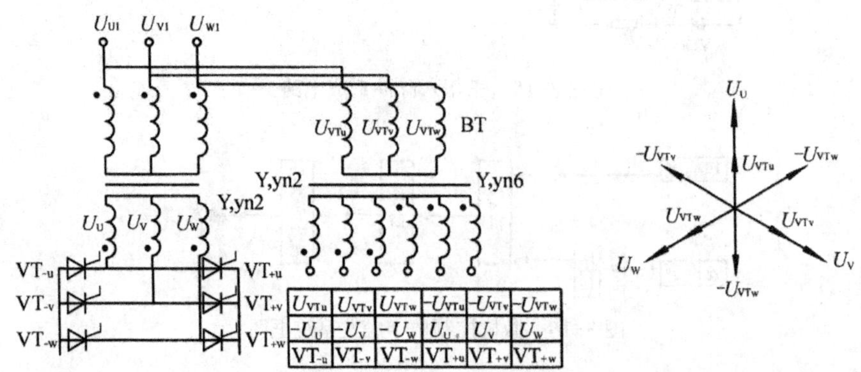

图 3-17　变压器及同步变压器的连接与电压向量图

各种系统同步电源与主电路的相位关系是不同的，应根据具体情况选取同步变压器的连接方法。三相变压器有 24 种接法，可得到 12 种不同相位的二次侧电压。

3.5.2　防止误触发的措施

周围环境的电磁干扰常会影响晶闸管触发电路工作的可靠性。交流电网正弦波质量不好，特别是电网同时供电给其他晶闸管装置时，晶闸管的导通可能引起电网电压波形缺口。采用同步电压为锯齿波的触发电路，可以避免电网电压波动的影响。

造成晶闸管误导通，多数是由于干扰信号进入控制极电路而引起的。通常可采用如下措施：

（1）脉冲变压器一次侧绕组、二次侧绕组间加静电隔离装置；

（2）应尽量避免电感元件靠近控制极电路；

（3）控制极回路导线采用金属屏蔽线，且金属屏蔽线应接“地”；

（4）选用触发电流较大的晶闸管；

（5）在控制极和阴极间并联一个 0.01～0.1μF 电容器，可以有效地吸收高频干扰；

（6）在控制极和阴极间加反偏电压。

把稳压管接到控制极与阴极之间，也可用几只二极管反向串联，利用管压降代替反压作用。反向电压值一般取 3V 左右。

3.6　晶闸管的过电压保护

晶闸管的过载能力差，不论承受的是正向电压还是反向电压，很短时间的过电压就可能导致其损坏。凡是超过晶闸管正常工作时承受的最大峰值的电压都属于过电压，虽然选择晶闸管时留有安全裕量，但仍需针对晶闸管的工作条件采取适当的保护措施，确保整流装置正常运行。

3.6.1　晶闸管的关断过电压及其保护

晶闸管电流从一只晶闸管换流到另一只晶闸管后，刚刚导通的晶闸管因承受正向阳极电压，电流逐渐增大。原来导通的晶闸管要关断，流过的电流相应减小。当减小到零时，因其内部还残存着载流子，晶闸管还未恢复阻断能力，在反向电压的作用下，将产生较大的反向电流，使载流子迅速消失，即反向电流迅速减小到接近零时，原导通的晶闸管关断，这时 di/dt 很大，即使电感很小，在变压器漏电抗上也产生很大的感应电动势，其值可达到工作电压峰值的 5～6 倍，通过已导通的晶闸管加在已恢复阻断的晶闸管的两端，可能会使管子反向击穿，这种由于晶闸管换相关断所产生的过电压称为关断过电压，如图 3-18 所示。

关断过电压保护最常用的方法是，在晶闸管两端并联 RC 吸收电路，如图 3-19 所示。利用电容的充电作用，可降低晶闸管反向电流减小的速度，使过电压数值下降。电阻可以减弱或消除晶闸管阻断时产生的过电压；R、L、C 与交流电源刚好组成的串联振荡电路，可限制晶闸管开通时的电流上升率。因晶闸管承受正向电压时，电容 C 被充电，极性如图 3-19 所示。当管子被触发导通时，电容 C 要通过晶闸管放电，如果没有 R 限流，此放电电流会很大，容易造成元件损坏。电容 C 的电路参数，可按表 3-3 的经验数据选取。电容的耐压值一般选取晶闸管额定电压的 1.1～1.5 倍。

表 3-3　晶闸管阻容电路经验数据

晶闸管额定电流 $I_{VT(AV)}$/A	1000	500	200	100	50	20	10
电容 C/μF	2	1	0.5	0.25	0.2	0.15	0.1
电阻 R/Ω	2	5	10	20	40	80	100

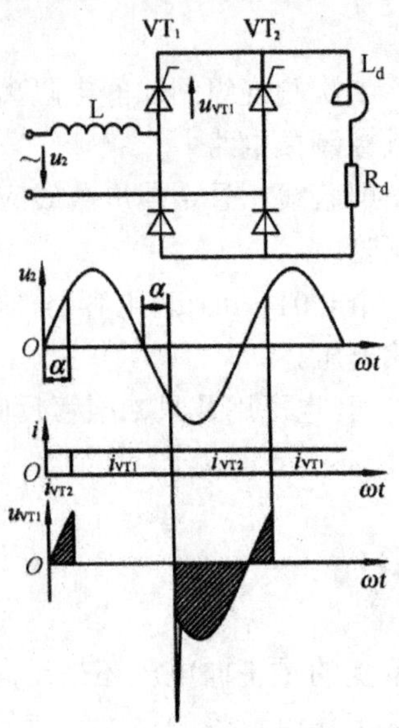

图 3-18　晶闸管关断过电压波形

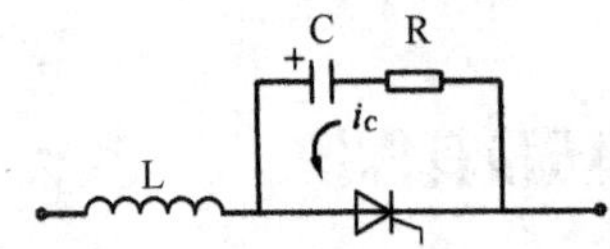

图 3-19　用阻容器吸收电路抑制关断过电压

3.6.2　晶闸管交流侧过电压及其保护

交流侧过电压可分为交流侧操作过电压和交流侧浪涌过电压。

1. 交流侧操作过电压

接通和断开交流侧电源时，使电感元件积聚的能量骤然释放所引起的过电压称为操作过电压。操作过电压通常在下面几种情况下产生：

（1）整流变压器一次侧绕组、二次侧绕组之间存在分布电容，当在一次侧绕组电压达到峰值时合闸，将会使二次侧绕组产生瞬间过电压。可在变压器二次侧绕组并联适当的电容或在星形变压器和地之间加一电容器，也可采用变压器加屏蔽层，这在设计、制造变压器时就应考虑。

（2）与整流装置相连接的其他负载切断时，由于电流突然断开，会在变压器漏电感中产生感应电动势，造成过电压；当变压器空载、电源电压过零时，一次侧拉闸会造成二次侧绕组中感应出很高的瞬时过电压。这两种情况产生的过电压都是瞬时的尖峰电压，常用阻容吸收电路或整流式阻容保护。

交流侧阻容吸收电路的几种接线方式如图 3-20 所示。变压器二次侧绕组并联电阻和电容，可以把铁芯释放的磁场能量储存起来。由于电容两端的电压不能突变，所以可以有效地抑制过电压。串联电阻的目的是为了在能量转化的过程中消耗一部分能量。

对于大容量的变流装置，可采取如图 3-20（d）所示整流式阻容吸收电路。虽然多了一个三相整流桥，但因只用一只电容，故可以减小体积。

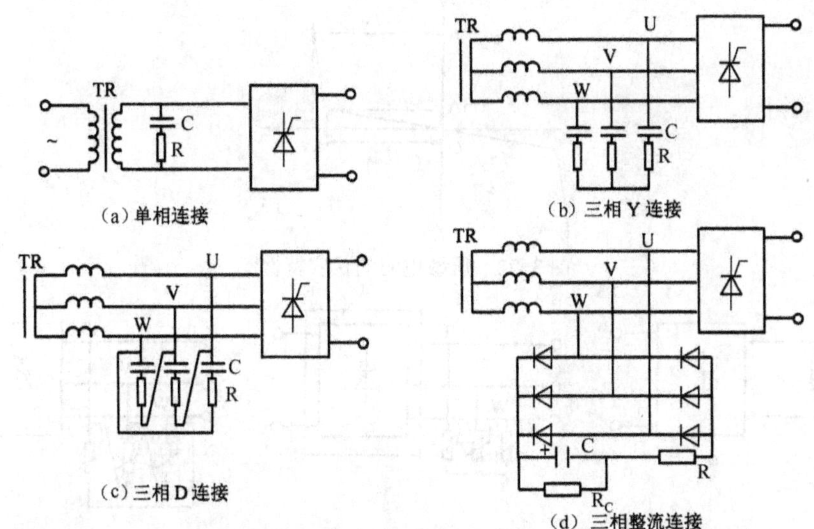

图 3-20　交流侧阻容吸收电路的几种接线方式

2．交流侧浪涌过电压

由于雷击或从电网侵入的高电压干扰而造成晶闸管过电压，称浪涌过电压。浪涌过电压虽然具有偶然性，但它可能比操作过电压高得多，能量也特别大。因此无法用阻容吸收电路来抑制，只能采用类似稳压管稳压原理的压敏电阻或硒堆元件来保护。

硒堆由成组串联的硒整流片构成，其接线方式如图 3-21 所示。在正常工作电压时，硒堆总有一组处于反向工作状态，漏电流很小，当浪涌电压来到时，硒堆被反向击穿，漏电流猛增以吸收浪涌能量，从而限制了过电压的数值。硒片击穿时，表面会烧出灼点，但浪涌电压过去之后，整个硒片自动恢复，所以可反复使用，继续起保护作用。

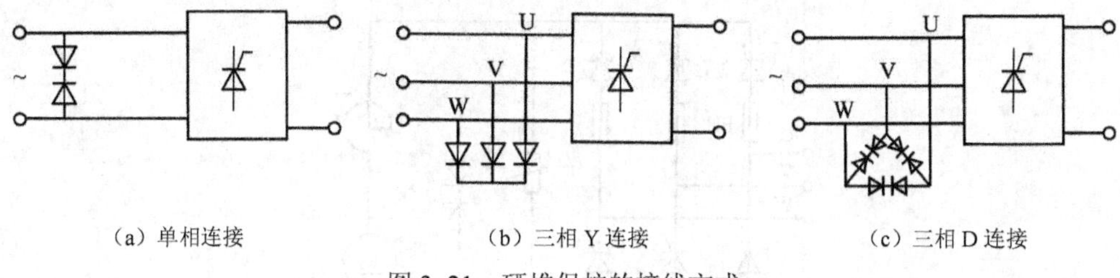

图 3-21　硒堆保护的接线方式

采用硒堆保护的优点是能吸收较大的浪涌能量；缺点是体积大，反向伏安特性不陡，长期放置不用会发生“储存老化”，即正向电阻增大，反向电阻降低，因而失效。由此可见，硒堆不是理想的保护元件。

近年来发展了一种新型的非线性过电压保护元件，即金属氧化物压敏电阻。金属氧化物压敏电阻是由氧化锌、氧化铋等烧结制成的非线性电阻元件，具有正反向相同的、很陡的伏安特性，如图 3-22 所示。正常工作时，漏电流仅是微安级，故损耗小；当浪涌电压来到时，反应快，可通过数千安的放电电流，因此抑制过电压的能力强。它体积小、价格较低，是一

种较理想的保护元件，可以用它取代硒堆，接线方式如图 3-23 所示。

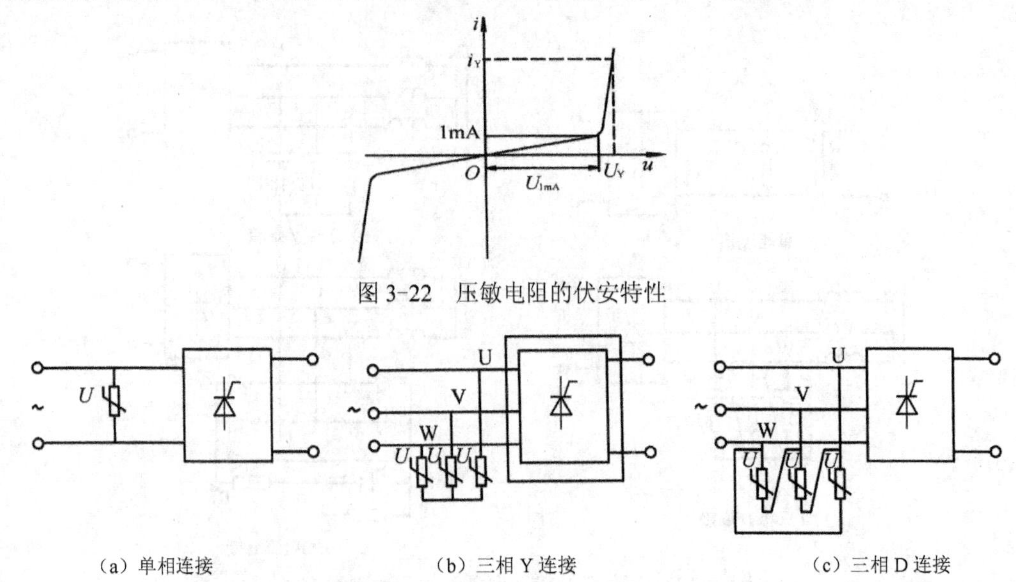

图 3-22　压敏电阻的伏安特性

（a）单相连接　（b）三相 Y 连接　（c）三相 D 连接

图 3-23　金属氧化物压敏电阻的几种接线方式

3.6.3　晶闸管直流侧过电压及其保护

当整流器上的快速熔断器突然熔断或晶闸管烧断时，因大电感释放能量而产生过电压，并通过负载加在关断的晶闸管上，有可能使管子硬导通而损坏，如图 3-24 所示。在直流侧快速开关（或熔断器）断开过载电流时，变压器中的储能释放，也产生过电压。虽然交流侧保护装置能适当地抑制这种过电压。但因变压器过载时储能较大，过电压仍会通过导通的晶闸管反映到直流侧。直流侧保护采用与交流侧保护同样的方法。对于容量较小的装置，可采用阻容保护抑制过电压；如果容量较大，选择硒堆或压敏电阻。

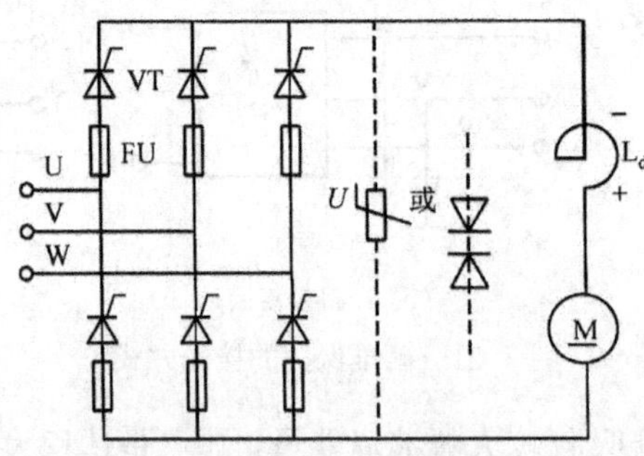

图 3-24　快速熔断器熔断的过电压保护电路

3.7　晶闸管的过电流保护与电压、电流上升率的限制

3.7.1　晶闸管的过电流保护

当流过晶闸管的电流大大超过其正常工作电流时，称为过电流。产生过电流的原因有：直

流侧短路；生产机械过载；可逆系统中产生环流或逆变失败；电路中晶闸管误导通及晶闸管击穿短路等。

电路中有过电流产生时，如无保护措施，晶闸管会因过热而损坏。因此要采取过电流保护，把过电流消除掉，使晶闸管不会损坏。常用的过电流保护有下面几种方式，可根据需要选择其中的一种或几种方式。

（1）在交流进线中串接电抗器（无整流变压器时）或采用漏电抗较大的变压器是限制短路电流、保护晶闸管的有效措施，但它在负载上有电压降。

（2）在交流侧设置电流检测装置，利用过电流信号去控制触发器，使触发脉冲快速后移（即控制角增大）或瞬时停止，从而使晶闸管关断，抑制了过电流。但在可逆系统中，停发脉冲会造成逆变失败，因此多采用脉冲快速后移的方法。

（3）交流侧经电流互感器接入过流继电器或直流侧接入过流继电器，可以在过电流时动作，自动断开输入端。一般过电流继电器开关的动作时间约为 0.2s，对电流大、上升快、作用时间短的短路电流无保护作用，只有在短路电流不大的情况下，才能起到保护晶闸管的作用。

（4）对于大、中容量的设备及经常逆变的情况，可用直流快速开关做直流侧过载或短路保护，当出现严重过载或短路电流时，要求快速开关比快速熔断器先动作，尽量避免快速熔断器熔断。快速开关机构的动作时间只有 2ms，完全分断电弧的时间也只有 20～30ms，是目前较好的直流侧过流保护装置。

（5）快速熔断器（简称快熔）是最简单有效的过电流保护元件。在产生短路过电流时，快速熔断器熔断时间小于 20ms，能保证在晶闸管损坏之前，切断短路电路。用快速熔断器做过电流保护有三种接法，现以三相桥电路为例进行介绍。

① 桥臂晶闸管串接快熔，如图 3-25（a）所示，流过快速熔断器和晶闸管的电流相同，实现对晶闸管的保护，是应用最广的一种接法。

② 接在交流侧输入端，如图 3-25（b）所示，这种接法对元件短路和直流侧短路均能起到保护作用，但由于在正常工作时流过快熔的电流有效值大于流过晶闸管的电流有效值，故应选用额定电流较大的快熔，这样有故障过电流时对晶闸管的保护效果就差了。

③ 接在直流侧的快熔，如图 3-25（c）所示，仅对负载短路和过载起保护作用。

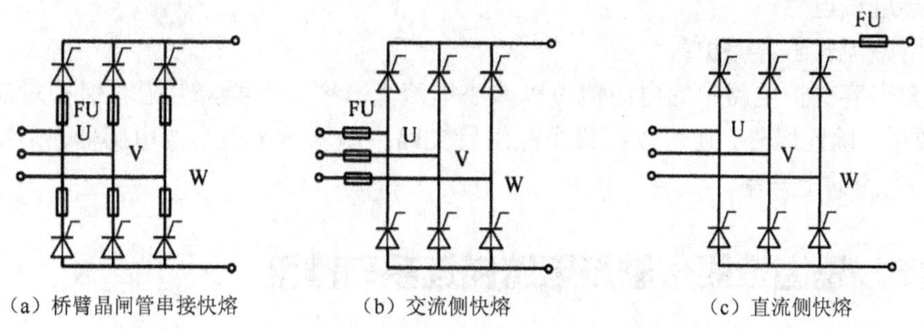

（a）桥臂晶闸管串接快熔　（b）交流侧快熔　（c）直流侧快熔

图 3-25　快速熔断器保护的接法

在一般的系统中，常采用过流信号控制触发脉冲以抑制过电流，再配合采用快熔保护。由于快熔价格较高，更换也不方便，通常把它作为过电流保护的最后一道保护措施。正常情况下，总是先让其他过电流保护措施动作，尽量避免直接烧断快熔。

3.7.2 电压与电流上升率的限制

1. 电压上升率的限制

晶闸管在阻断状态下，它的 J_3 结面存在着一个电容。当加在晶闸管上的正向电压上升率较大时，便会有较大的充电电流流过 J_3 结面，起到触发电流的作用，使晶闸管误导通。晶闸管误导通常会引起很大的电流，使快速熔断器熔断或使晶闸管损坏。因此，对晶闸管的正向电压上升率 d*u*/d*t* 应有一定的限制。

晶闸管侧的 RC 保护电路可以起到抑制电压上升率 d*u*/d*t* 的作用。在每个桥臂串入桥臂电抗器，通常取 20～30μH，也是防止电压上升率过大造成晶闸管误导通的常用办法，如图 3-26 所示。此外，对于小容量晶闸管，在其门极 G 和阴极 K 之间接一电容，使产生的充电电流不流过晶闸管的 J_3 结面，而通过电容流到阴极，也能防止因电压上升率 d*u*/d*t* 过大而使晶闸管误导通。

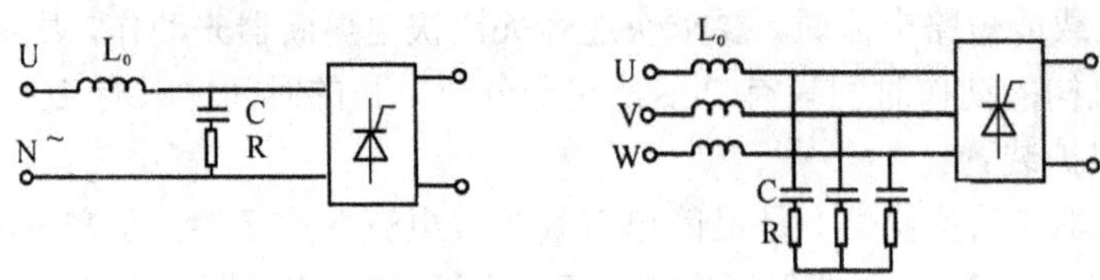

图 3-26 电压上升率的限制

2. 电流上升率的限制

晶闸管在导通瞬间，电流集中在门极附近，随着时间的推移，导通区才逐渐扩大，直到全部结面导通为止。在此过程中，电流上升率 d*i*/d*t* 太大，则可能引起门极附近过热，造成晶闸管损坏。因此，电流上升率应限制在通态电流临界上升率以内。

限制电流上升率与限制电压上升率的方法相同，即：

① 串接进线电感；

② 采用整流式阻容保护；

③ 增大阻容保护电路中的电阻值可以减小电流上升率，但会降低阻容保护对晶闸管过电压保护的效果。除此以外，还可以在每个晶闸管支路中串入一个很小的电感器，来抑制晶闸管导通时正向电流的上升率。

实训 6 锯齿波同步触发电路的连接与测试

一、目的

（1）加深理解锯齿波同步触发电路的工作原理，弄清各主要点的波形及与电路参数的关系。

（2）掌握锯齿波同步触发电路的测量与调试方法。

二、电路

实验电路如图 3-27 所示。

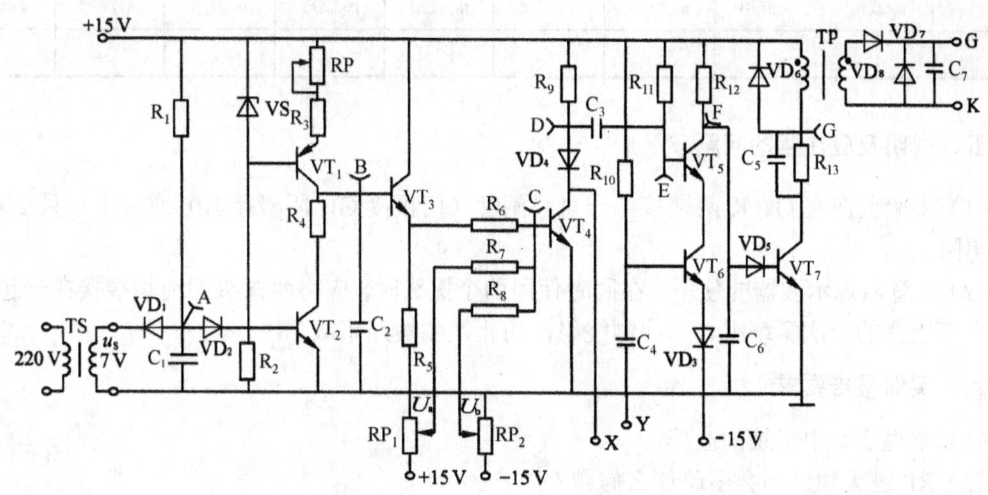

图 3-27　锯齿波同步触发电路

三、设备

BL—I 型电力电子技术实验装置　　1 台

双踪示波器　　1 台

万用表　　1 块

四、内容及步骤

（1）根据实验电路图找出主要测试点与测量插孔的对应关系。

（2）按图 3-27 接通各直流电源及同步电压。

（3）用双踪示波器观察各主要点的波形。

① 同时测量 u_s 与 A 点波形，加深对 C_1、R_1 作用的理解。

② 同时测量 A 与 B 点波形，观察锯齿波的宽度与 A 点波形的关系。

③ 调节斜率电位器 RP，观察锯齿波斜率的变化，并指出 RP 阻值减小时，锯齿波的斜率是上升还是下降。

④ 观察 C～G 点及脉冲变压器输出电压 u_g 的波形，读出各波形的幅值与宽度，比较 C 点波形与输出脉冲 u_g 的对应关系。

（4）调节脉冲的移相范围。

将控制电压 U_c 旋钮逆时针调到零，用示波器探头 Y_A 测量 VT_4 基极电压（即 C 点）的波形，探头 Y_B 量输出脉冲电压 u_g 的波形，调节偏移电位器 RP_2（即 U_b）使$\alpha = 180°$，如图 3-28 所示。增大 U_c，观察脉冲的移动情况。要求 $U_c = 0$ 时，$\alpha = 180°$；$U_c = U_{cm}$ 时，$\alpha = 0°$，以满足移相范围$\alpha = 0° \sim 180°$ 的要求。

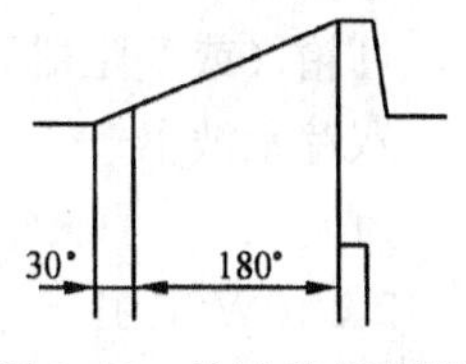

图 3-28　脉冲移相范围

（5）调节 U_c 使 $\alpha=60°$，观察 u_s、u_A～u_G 及 u_g 的波形，并记录于表中，同时标出各波形的幅值与宽度。

α	u_S 波形	u_A 波形	u_B 波形	u_C 波形	u_D 波形	u_E 波形	u_F 波形	u_G 波形	u_g 波形
60°									

五、说明及应注意的问题

（1）实验前应在 G、K 两端接上一只晶闸管（门极接 G，阴极接 K）或接上一只 200Ω左右的电阻。

（2）注意双踪示波器的使用，在同时使用两个探头时，应将两探头的地线端接在一起或分别接在变压器的一次侧绕组、二次侧绕组，防止发生短路事故。

六、实训报告要求

（1）整理实验中记录的波形。

（2）RP 过大和过小会出现什么问题？

（3）总结锯齿波同步触发电路移相范围的调试方法，其脉冲移相范围大小与哪些量有关？

（4）如要求 $U_c=0$ 时 $\alpha=90°$，应如何调整？

（5）讨论分析其他实验现象。

实训 7　用 KC04 触发的三相全控桥式整流电路的连接与测试

一、目的

（1）熟悉用 KC04 集成触发器触发的三相全控桥式整流电路工作原理。

（2）掌握用 KC04 集成触发器触发的三相全控桥式整流电路的接线及调试方法。

二、电路

实验电路如图 3-29 所示。

三、设备

BL—I 型电力电子技术实验装置	1 台
直流电动机一发电机组	1 套
三相整流变压器	1 台
电抗器	1 只
灯箱（或变阻器）	1 个
双踪示波器	1 台
万用表	1 块
2Ω/10W 电阻	1 台
转速表	1 块

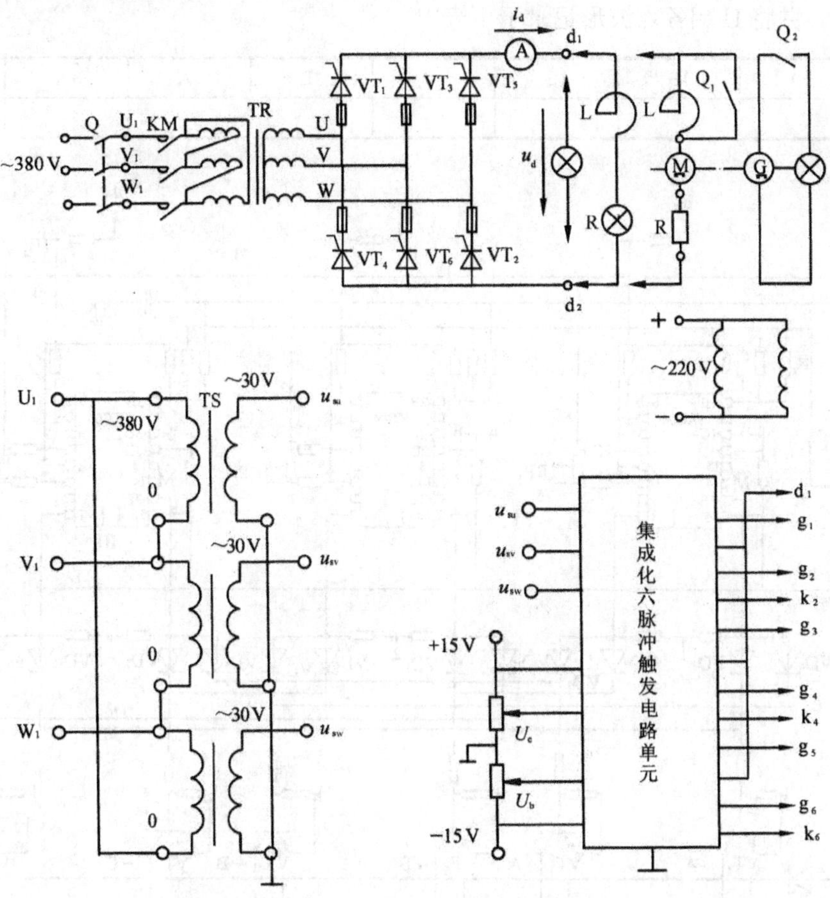

图 3-29　用 KC04 触发的三相全控桥式整流电路

四、原理

KC04（或 KJ004）晶闸管移相触发电路的工作原理详见实训 3。如图 3-30 所示，是采用 KC04 组成的六脉冲触发电路，二极管 VD_1～VD_{12} 构成了六个“或”门，将六路单脉冲输入转换为六路双脉冲输出，并由三极管 VT_1～VT_6 进行脉冲功率放大。

由于 KC04 的脉冲分选作用，使得在一个周期内有两个相位上相差 180° 的脉冲产生，这样要获得三相全控桥式整流电路的脉冲，只需要三个与主电路同相的同步电压即可。在图 3-29 所示电路中主变压器接成 D, yn11 形式，同步变压器也接成 D, yn11 形式，集成触发电路的同步电压 u_{su}、u_{sv}、u_{sw} 端，分别与同步变压器 30V 的 u_{su}、u_{sv}、u_{sw} 端相接。图 3-30 中 RP_1～RP_3 为锯齿波斜率电位器，调节这些电位器就能使三相锯齿波的斜率保持一致。

五、内容及步骤

（1）实验准备。

① 首先检查三相电源的相序，然后按照如图 3-29 所示把主电路和触发电路接好。

② 闭合 Q 接通触发电路电源，用示波器观察 1A～1E、2A～2E、3A～3E 及−A、+A、−B、+B、−C、+C 各点及输出脉冲 u_g 波形。如锯齿波斜率不一致，可通过调节斜率电位器 RP_1～

RP_3 使其一致。并将 U 相各点波形记录于下表中。

U 相	1A	1B	1C	1D	1E	−A	+A	u_{g1}
波形								

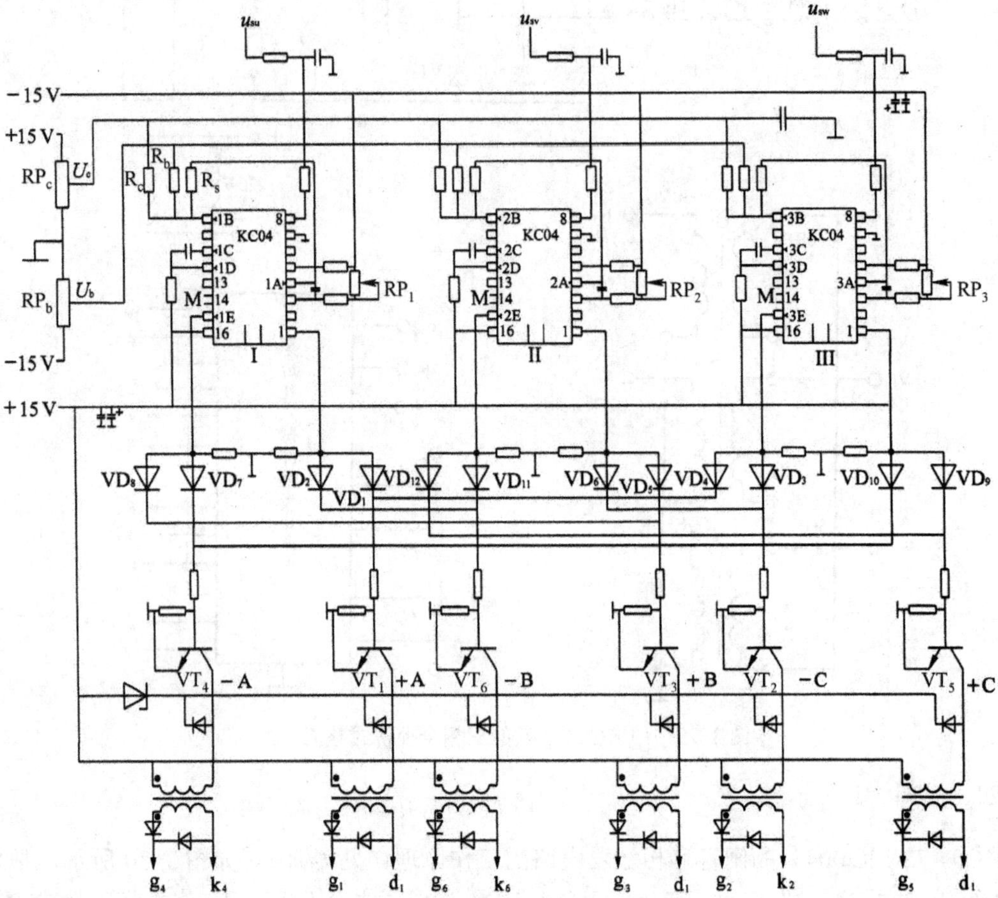

图 3-30　采用 KC04 组成的六脉冲触发电路

（2）电阻负载。

① 接上电阻负载，电路无误后，按启动按钮，主电路接通电源。观察输出电压 u 波形是否整齐，若不整齐，可调节 RP_1～RP_3 使其整齐。

② 把移相控制电位器调到零，观察输出电压是否为零，若不为零，可调节偏置电位器使其为零。

③ 调节移相控制电位器，观察输出电压波形的变化，并记录 $\alpha=30°$、$60°$、$90°$ 时的波形于下表中。

α/(°)	30	60	90
u_d 波形			

（3）电阻电感负载。

① 按停止按钮，主电路断开电源，在 d_1、d_2 端换接上电阻电感负载。电路接好后，按启动按钮，观察并记录 $\alpha=30°$、$60°$、$90°$ 时 u_d、i_d 的波形及 U_2、U_d 的数值，验证电流连续时 $u_d=f(\alpha)$的关系。

α/(°)	30	60	90
u_d 波形			
i_d 波形			
U_2、U_d 值	$U_2=$　　$U_d=$	$U_2=$　　$U_d=$	$U_2=$　　$U_d=$

② 改变 R_d 的阻值，观察输出电流 i_d 波形的变化，在设备允许的条件下，记录 $\alpha=30°$，R_{dmax} 与 R_{dmin} 时 i_d 的波形。

R	R_{dmax}	R_{dmin}
$i_d(\alpha=30°)$ 波形		

（4）反电动势负载。

① 按停止按钮，主电路断开电源，在 d_1、d_2 端换接上直流电动机负载。并串入电抗器 L 和取样电阻 R。

② 电路检查无误后，先接通直流电动机和直流发电机的励磁电源，然后按启动按钮，接通主电路电源，调控制电压旋钮，使 u_d 由零逐渐上升到额定值，增加负载使电动机电枢电流达到额定值，记录此时控制角 α 大小及电压 u_d、电流 i_d 的波形，同时记录 U_2、U_d、I_d 值于下表中。改变控制角 α，观察并记录 $\alpha=60°$、$90°$ 时 u_d、i_d 的波形及 U_2、U_d、I_d 的数值于下表中，验证电流连续时 $u_d=f(\alpha)$的关系。

α/(°)	u_d 波形	i_d 波形	U_2/V	U_d/V	I_d/V
额定 $\alpha=$					
60					
90					

③ 闭合 Q_1（把电抗器短接），断开 Q_2（电动机空载），调节控制电压旋钮（加大 α），观察并记录电流断续时 u_d、i_d 的波形及 U_d 的数值。再断开 Q_1（接入 L），观察并记录 u_d、i_d 的波形及 U_d 的数值，比较两次波形和 U_d 数值的变化。

条　件	u_d 波形	i_d 波形	U_d/V
无 L			
有 L			

④ 机械特性。断开 Q_1，串入电抗器。调节控制电压旋钮及负载，使 U_d 及 I_d 均为额定值，记录 I_d 及转速 n。然后减小负载直到空载，中间记录几点电流及转速，作出机械特性曲线。

数　据	额定负载	1	2	3	空　载
$n/(\mathrm{r \cdot min^{-1}})$					
I_d/A					

六、说明及应注意问题

如图 3-30 所示电路输出为双脉冲，若需要输出脉冲列可接入图 3-31 所示电路，即将图中Ⅰ$_{13}$、Ⅱ$_{13}$、Ⅲ$_{13}$分别与图 3-30 中对应的三块 KC04 的 13 脚相连，M 端分别接三块 KC04 的 14 脚，接上电源后，图 3-30 所示电路输出则为脉冲列。

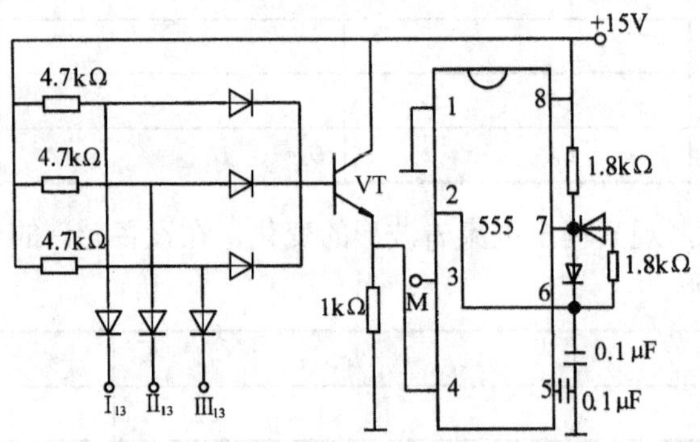

图 3-31　脉冲列电路

七、实训报告要求

（1）整理实验中记录的波形，在电流连续时（控制角 α 相同）比较电阻电感负载与反电动负载 u_d、i_d 的波形是否相同，$u_d = f(\alpha)$关系是否一样？

（2）反电动势负载电流断续时，u_d 波形及 $u_d = f(\alpha)$关系是否还与电流连续时一样？为什么？

习题与思考题 3

3-1　单结晶体管自激振荡电路是根据单结晶体管的什么特性而工作的？振荡频率的高低与什么因素有关？

3-2　常见的触发电压波形有几种？

3-3　对晶闸管触发电路的要求有几点？

3-4　晶闸管移相式触发电路通常由哪些基本环节组成？

3-5　同步电压为锯齿波的触发电路中，控制电压、偏移电压、同步电压的作用各是什么？各采用什么电压？如果缺少其中一个电压的作用，触发电路的工作状态会怎样？

3-6　锯齿波触发电路有什么优点？锯齿波的底宽由什么元件参数决定？输出脉宽如何调整？双窄脉冲与单窄脉冲相比有什么优点？

3-7　在三相桥式全控整流电路中，主电路与触发电路的相序不同步时会发生什么，对晶闸管、整流变压器的影响有哪些？

3-8　什么叫同步？

3-9　产生过电压的原因是什么？在一般线路中常用的是哪几种保护措施？

3-10　产生过电流的原因是什么？常采用哪些保护措施？它们起保护作用的先后次序是怎样的？

3-11　晶闸管两端并联阻容元件，有哪些保护作用？

3-12　标出图 3-32 所示电路中①～⑦各保护元件的名称并说明其作用。

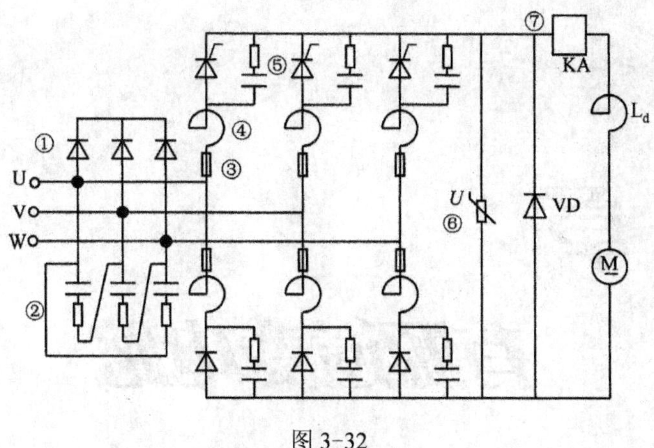

图 3-32

第4章 有源逆变电路

教学导航

教	知识重点	1．有源逆变的工作原理 2．三相有源逆变电路 3．逆变失败及最小逆变角的确定 4．有源逆变电路的应用 5．各种逆变电路实践操作
	知识难点	1．有源逆变电路的工作原理 2．逆变失败及最小逆变角的确定 3．各种逆变电路实践操作
	推荐教学方式	先去实训室对逆变电路进行连线，用实验测试法让学生对逆变电路的组成、工作原理有一个粗略的认知，然后利用多媒体演示结合讲授法让学生掌握各个逆变电路的工作原理及应用
	建议学时	6学时
学	推荐学习方法	以实践操作法和分析法为主，结合反复复习法
	必须掌握的理论知识	各个逆变电路工作原理 各个逆变电路的应用
	必须掌握的技能	会连接各种逆变电路 学会使用示波器观察逆变失败现象

在生产实际中除了将交流电转换为大小可调的直流电外，常还需将直流电转换为交流电。这种对应于整流的逆过程称为逆变，能够实现直流电逆变成交流电的电路称为逆变电路。在许多场合，同一晶闸管电路既可用于整流又能用于逆变，这两种工作状态可依照不同的工作条件相互转化，故此类电路称为变流电路或变流器。

逆变电路可分为有源逆变与无源逆变两类，如电路的交流侧接在交流电网，直流电逆变成与电网同频率的交流电返送至电网，此类逆变称有源逆变。有源逆变的主要应用有：晶闸管整流供电的电力机车下坡行驶和电梯、卷扬机重物下放时，直流电动机工作在发电状态实现制动，变流电路将直流电逆变成交流电送回电网；电动机快速正、反转时，为使电动机迅速制动再反向加速，制动时使电路工作在有源逆变状态；交流绕线式电动机的串级调速；高压直流输电等。无源逆变是将直流电逆变为某一频率或频率可调的交流电供给用电器，主要用于变频电路，不间断电源（UPS），开关电源和逆变焊机等场合，本章主要介绍有源逆变。

4.1　有源逆变的工作原理

4.1.1　有源逆变过程的能量转换

直流发电机–电动机系统之间能量转换示意图如图 4-1 所示，M 为他励直流电动机，G 为他励直流发电机，电动机励磁回路均未画出。控制发电机 G 电动势的大小和极性可实现直流电机 M 的四象限运行。现就以下几种情况分析电路中的能量关系。

图 4-1（a）中，电动机 M 运行，发电机向电动机供电，$E_G>E_M$，电流 I_d 从 G 流向 M，电流 $I_d=(E_G-E_M)/R_\Sigma$。发电机输出的电功率为 $P_G=E_G I_d$，电动机吸收的电功率为 $P_M=E_M I_d$，电能由发电机流向电动机，转换为电动机轴上输出的机械能。

图 4-1（b）中，电动机 M 运行在发电制动状态，此时，$E_M>E_G$，电流反向，从 M 流向 G，故电动机输出电功率，发电机则吸收电功率，电动机轴上的机械能转换为电能返送给发电机。

图 4-1（c）中，改变电动机励磁电流方向使 E_M 的方向与 E_G 一致，这时两个电动势顺向串联起来，向电阻 R_Σ 供电，发电机和电动机都输出功率，由于 R_Σ 的阻值一般都很小，实际上形成短路，产生很大的短路电流，这是不允许的。

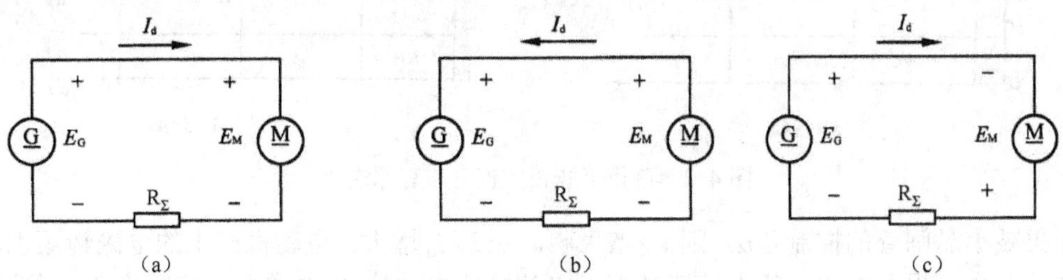

图 4-1　直流发电机–电动机系统之间能量转换示意图

从以上分析中可以看出有两点需要注意：

（1）两个电动势同极性相接时，电流总是从高电动势流向低电动势，电流数值取决于两个电动势之差和回路总电阻；当两电动势反极性相接，且回路电阻很小时，即形成电源短路，在工作中必须严防这类事故发生。

（2）电流从电源正极流出，则该电源输出功率，若从电源正极流入，则该电源吸收功率。由于电功率为电流与电动势的乘积，随着电动势或电流方向的改变，电功率的流向也改变。

4.1.2 有源逆变的工作原理

现以卷扬机械为例，该系统由单相全波相控整流供电直流电动机作为动力，下面分析重物提升与下降两种工作情况。

1．重物提升，变流器工作于整流状态

大电感负载时，整流电压 $U_d=0.9U_2\cos\alpha$，电路状态与波形如图 4-2（a）所示。图中 U_d 与 E 的箭头方向规定为正方向，两端正负号表示实际正负端。提升重物时电路输出功率。电动机工作在电动状态，电流 I_d 为

$$I_d=\frac{U_d-E}{R_a}$$

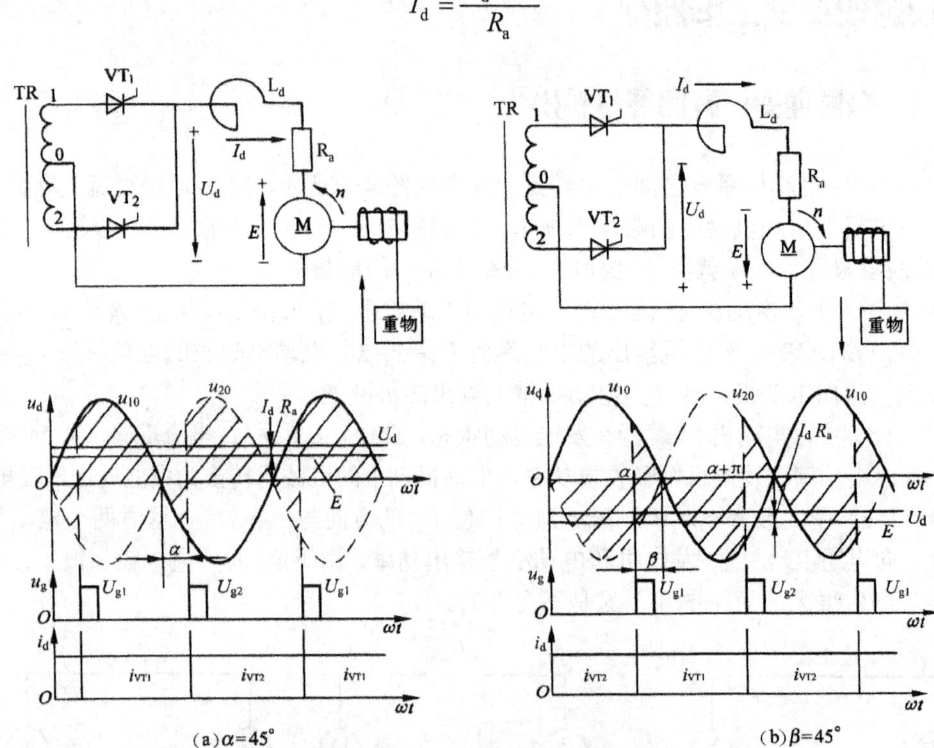

图 4-2 单相全波相控整流与有源逆变

如果减小晶闸管的控制角α，则 U_d 增大瞬时引起 I_d 增大，电动机产生的电磁转矩也增大，导致转速升高、提升加快。随着转速升高，电动机反电动势 E 也增大，使电流 I_d 恢复到原来值，此时电动机稳定运行于较高转速状态。反之，α 增大则电动机转速减小。所以改变α 可以方便地改变电动机转速。

2．重物下放，变流器工作于逆变状态

在整流状态，电流 I_d 由直流电 U_d 产生，整流电压 u_d 的波形必须是正面积大于负面积。当

重物下放时，电动机反向转动，产生的电动势 E 也反向，对 I_d 来说反电动势变成正电动势。当控制角大于 90° 时，尽管 u_d 波形中出现负面积大于正面积，U_d 变为负值，但由于 E 的作用，晶闸管仍能承受正压而导通。为了维持电流 I_d 流通，E 在数值上必须大于反向的 U_d 值，电路状态与波形如图 4-2（b）所示，电流值为

$$I_d = \frac{E - U_d}{R_a}$$

此时电动机由重物下降带动，运行于发电状态，产生的直流电功率通过变流电路，将直流电功率逆变为 50Hz 交流电功率返送电网，这就是有源逆变工作状态。

逆变时 I_d 方向未变（也不可能变），电动机产生的电磁转矩的方向也不变，但电动机转向反了，故此电磁转矩变成制动转矩，防止重物下落加速。因此卷扬机下放重物时，可调节 α 到大于 90°，同时电磁抱闸通电松开，电动机在重物下降的带动下反转并逐渐加速，产生的电动势 E 也逐渐增大，当 $E > U_d$ 时，有 I_d 流过，电动机产生制动转矩。当制动转矩增大到与重物产生的机械转矩相等时，重物保持匀速下降，电动机工作在发电制动状态。在 90°～180° 之间调节 α 值，就可以方便地改变重物匀速下降的速度

由图 4-2（b）中波形可见，电路工作在逆变时的直流电压可由积分求得，即

$$U_d = \frac{1}{\pi}\int_{\alpha}^{\alpha+\pi} \sqrt{2}U_2 \sin\omega t \mathrm{d}(\omega t) = 0.9U_2 \cos\alpha$$

上式与整流时一样，由于逆变运行时 $\alpha > 90°$，$\cos\alpha$ 计算不方便，所以引入逆变角 β。令 $\alpha = 180° - \beta$，故

$$U_d = U_{d0}\cos\alpha = U_{d0}\cos(180° - \beta) = -U_{d0}\cos\beta$$

逆变角为 β 时的触发脉冲位置可从 $\alpha = 180°(\pi)$ 时刻前移（左移）β 角来确定。

通过上述分析，实现有源逆变必须同时满足两个基本条件：

（1）外部条件：要有一个能提供逆变能量的直流电源，且极性必须与晶闸管导通方向一致，其电压值要大于 U_d。

（2）内部条件：变流电路必须工作在 $\beta < 90°$ 区域，使直流端电压 U_d 的极性与整流状态时相反，才能把直流功率逆变为交流功率返送电网。

这两个条件缺一不可。由于半控桥式和接续流管的晶闸管电路在直流端不可能出现负电压，故不能实现有源逆变。为了保证电流连续，逆变电路中一定要串接大电感。

从上面的分析可见，整流和逆变、直流和交流在变流电路中相互联系并在一定条件下可相互转换。同一个变流器既可工作在整流状态又可工作在逆变状态，其关键是电路的内部与外部的条件不同。

4.2　三相有源逆变电路

4.2.1　三相半波有源逆变电路

如图 4-3（a）所示为三相半波有源逆变主电路图，电动机电动势的极性具备实现有源逆变的条件。下面以 $\beta = 30°$ 时为例分析其工作过程。

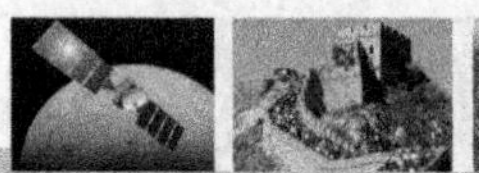

当$\beta=30°$时，给 VT_1触发脉冲如图 4-3（b）所示，此时 U 相电压 $u_U=0$，但是在整个电路中，晶闸管 VT_1承受正向电压 E，晶闸管导通条件得到满足，VT_1导通。由 E 提供能量，有电流流过晶闸管 VT_1，同时有 $u_d=u_U$ 的电压输出。与整流一样，按照三相交流电源的相序依次换相，每个晶闸管导通 120°。u_d波形如图 4-3（b）所示。其平均电压 u_d在横轴下面，为负值，数值比电动机电动势 E 略小。由于接有大电感 L_d，电流为平直连续电流 I_d，如图 4-3（d）所示。

在整流电路中晶闸管的关断是靠承受反压或电压过零来实现的。如图 4-3（b）所示，当$\beta=30°$时触发 VT_1，因此时 VT_3已导通，VT_1承受 u_{UW}正向电压，故晶闸管具备了导通条件。一旦 VT_1导通，若不考虑换相重叠角的影响，则 VT_3承受反向电压 u_{WU}而被迫关断，完成了由 VT_3向 VT_1的换相过程。其他晶闸管的换相同上所述。总的换相规律还是同整流时情况一样，依照一定的换相顺序，相对于中点而言，使阳极处于高电位的晶闸管导通，形成反向电压去关断处于低电位的晶闸管。

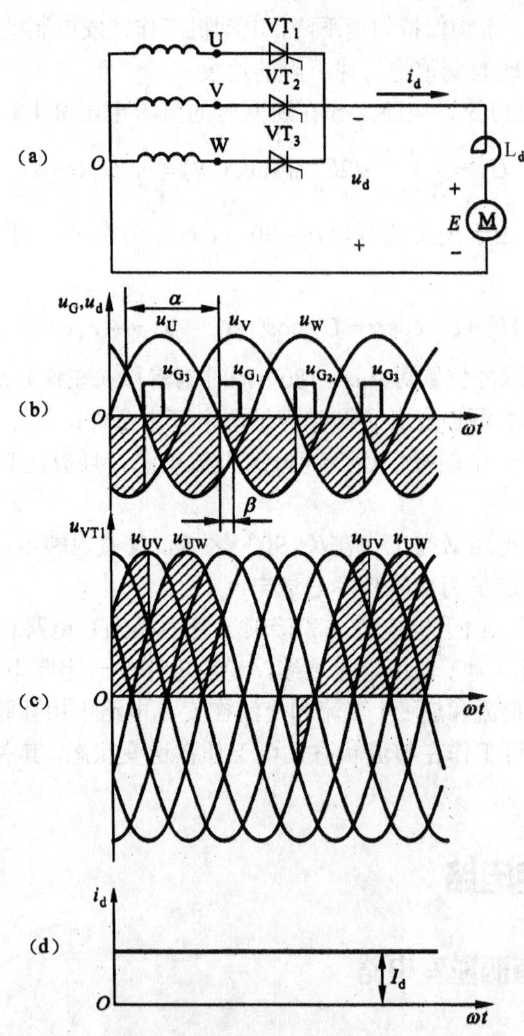

图 4-3　三相半波有源逆变电路及波形图

逆变时晶闸管两端电压波形分析方法同整流时完全相同。如图 4-3（c）所示画出了$\beta=30°$时，VT_1承受的电压波形，在一个周期内导通 120°，紧接着后面的 120°内 VT_2 导通，VT_1 关断，VT_1 承受 u_{UV} 电压，最后 120° 内 VT_3 导通，VT_1 承受 u_{UV} 电压。晶闸管承受的最大正反向电压为$\sqrt{6}U_2$。

三相半波有源逆变时各电量的计算归纳如下：

输出电压平均值为

$$U_d = -1.17U_2\cos\beta \tag{4-1}$$

输出电流平均值为

$$I_d = \frac{-U_d - E}{R_\Sigma} \tag{4-2}$$

流过晶闸管电流的平均值为

$$I_{dVT} = \frac{1}{3}I_d \tag{4-3}$$

流过晶闸管电流的有效值为

$$I_{VT} = \frac{I_d}{\sqrt{3}} = 0.577I_d \tag{4-4}$$

流过变压器二次侧绕组电流的有效值为

$$I_2 = \sqrt{\frac{1}{3}}\,I_d = 0.577\,I_d \tag{4-5}$$

由于晶闸管的单向导电性，电流的方向仍和整流时一样。由电流的方向和电源的极性可以明显地看出 E 提供能量，而变流器吸收大部分直流能量变成和电源同频率的交流能量送到电网中去，另一部分消耗在回路电阻上。

如图 4-4 所示，画出了$\beta=90°$、$\beta=60°$ 时的逆变电压波形和晶闸管 VT_1 承受的电压波形。

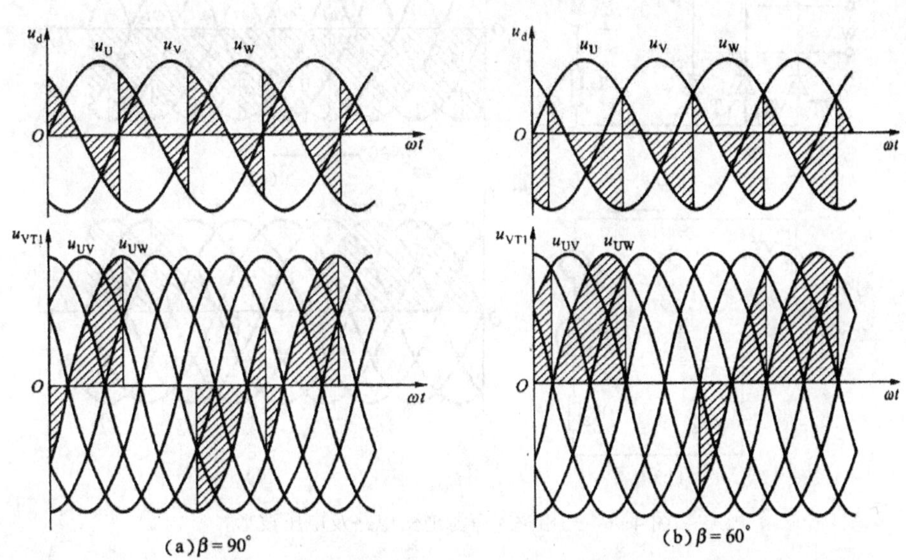

图 4-4　三相半波有源逆变电路电压波形图

4.2.2 三相桥式有源逆变电路

三相桥式逆变电路的分析方法与三相半波逆变电路的分析方法基本相同，电动机电动势的极性具备实现有源逆变的条件。下面以$\beta=30°$为例分析其工作过程。

在图 4-5 中，在ωt_1处触发晶闸管 VT_1 与 VT_6，此时电压 u_{UV} 为负半波，给 VT_1 与 VT_6 加反向电压。但是$|E|>|u_{UV}|$，而 E 给 VT_1、VT_6 提供正向电压，因而 VT_1、VT_6 导通，有电流流过回路，如图 4-5（b）所示。由于 VT_1、VT_6 导通，所以ωt_1以后 $u_d=u_{UV}$，如图 4-5（c）所示。电压 u_{UV} 的负半波，经 60° 后，到达ωt_2时刻，若触发脉冲为双窄脉冲，VT_1 仍然处于导通状态。VT_2 在触发之前，由于 VT_6 导通而承受正向电压 u_{vw}，所以一旦触发，VT_2 即可导通。若不考虑换相重叠角，当 VT_2 导通之后，VT_6 因承受反向电压 u_{vw} 而关断，完成了由 VT_6 到 VT_2 的换相。

在ωt_2～ωt_3期间，$u_d=u_{UW}$，由ωt_2经 60° 到ωt_3处，触发 VT_2，VT_3，VT_2 仍旧导通，而 VT_1 此时却因承受反向电压 u_{UV} 而关断，又进行了一次由 VT_1 到 VT_3 的换相。按照 VT_1～VT_6 换相顺序不断循环下去，晶闸管 VT_1、VT_2、VT_3、VT_4、VT_5、VT_6 依次导通，每个瞬时保持两个晶闸管导通，电动机直流能量经三相桥式逆变电路转换成交流能量送到电网中去，从而实现有源逆变。

晶闸管承受的电压波形如图 4-5（d）所示，和三相半波一样，承受正向电压的时间多于承受反向电压的时间，最大值为$\sqrt{6}U_2$。

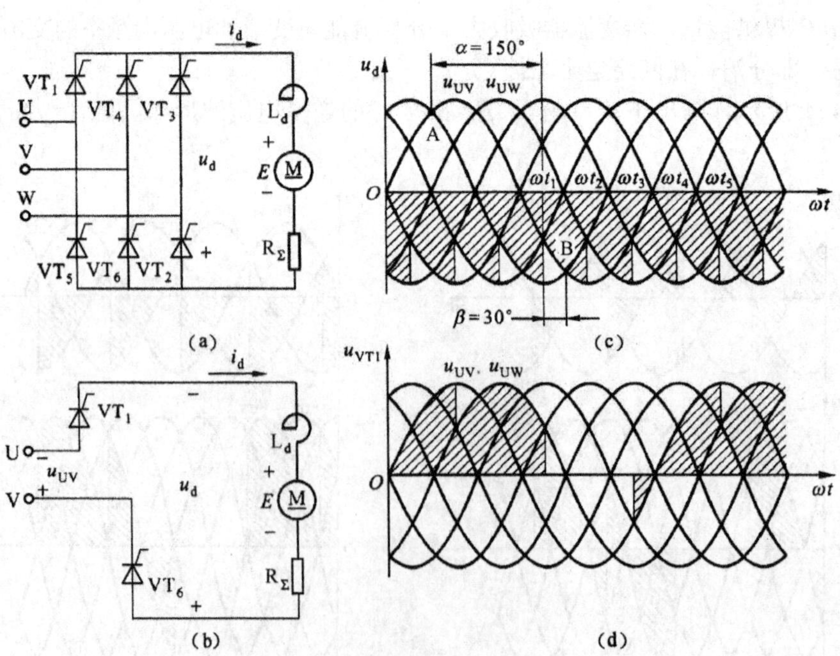

图 4-5 三相桥式有源逆变电路及电压波形

图 4-6 画出了$\beta=60°$、$\beta=90°$时，输出电压和晶闸管承受的电压波形图。

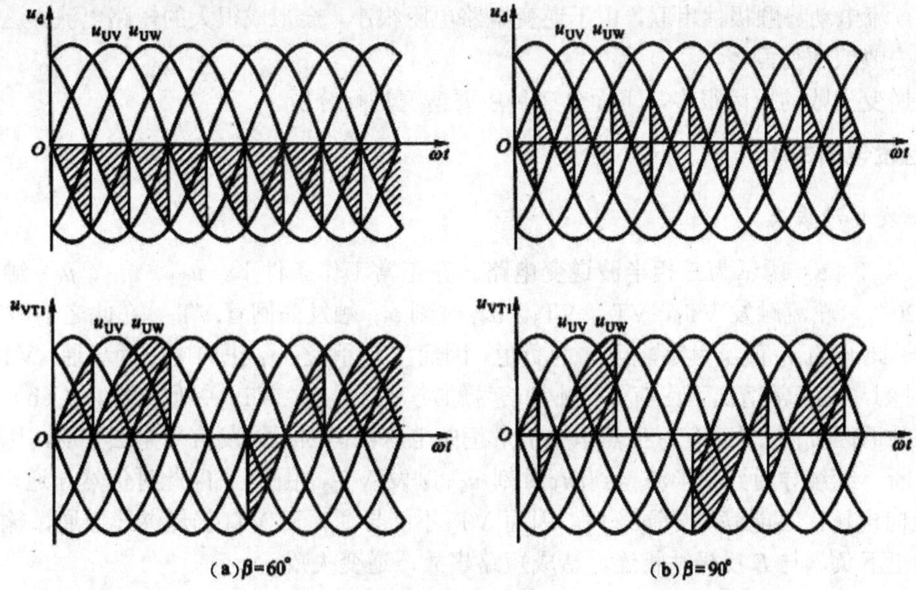

图 4-6　三相桥式有源逆变电路电压波形图

三相桥式有源逆变时各电量的计算归纳如下：

输出电压平均值为

$$U_d = -2.34U_2 \cos\beta \tag{4-6}$$

输出电流平均值为

$$I_d = \frac{-U_d - E}{R_\Sigma} \tag{4-7}$$

流过晶闸管电流的平均值为

$$I_{dVT} = \frac{1}{3} I_d \tag{4-8}$$

流过晶闸管电流的有效值为

$$I_{VT} = \frac{I_d}{\sqrt{3}} = 0.577 I_d \tag{4-9}$$

流过变压器二次侧绕组线电流有效值为

$$I_2 = \sqrt{\frac{2}{3}} I_d = 0.816 I_d \tag{4-10}$$

4.3　逆变失败及最小逆变角的确定

4.3.1　逆变失败的原因

变流器在逆变运行时，晶闸管大部分时间或全部时间导通在电压负半波，当某种原因使晶闸管换相失败时，本来在负半波导通的晶闸管会一直导通到正半波，使输出电压 u_d 极性反过

来，u_d和直流电动势顺极性串联，由于逆变电路电阻很小，会形成很大的短路电流，这种情况称为逆变失败或逆变颠覆。

造成逆变失败的原因很多，下面分三种主要情况进行分析。

1．触发电路的原因

1）触发脉冲丢失

如图 4-7（a）所示为三相半波逆变电路。在正常工作条件下，u_{G1}、u_{G2}、u_{G3} 触发脉冲间隔为 120°，轮流触发 VT_1、VT_2、VT_3。ωt_1 时刻 u_{G1} 触发晶闸管 VT_1，在此之前 VT_3 已经导通，由于此时的 u_U 值虽为零，但 u_w 为负值，因而 VT_1 承受 u_{UW} 正向电压而导通，VT_3 关断。到达ωt_2 时刻，在正常情况下应有 u_{G2} 触发信号触发 VT_2 导通，VT_1 关断。图 4-7（b）中，假定由于某种原因 u_{G2} 丢失，VT_2 虽然承受 u_{VU} 正向电压，但因无触发信号无法导通，因而 VT_1 就无法关断，继续导通到正半波。到ωt_3 时刻 u_{G3} 触发 VT_3，由于 VT_1 此时仍然导通，VT_3 承受 u_{WU} 反向电压，不能满足导通条件，因而 VT_3 不能导通，而 VT_1 仍然继续导通，输出电压 u_d 变成上正下负，与 E 反极性相连，造成短路事故，逆变失败。

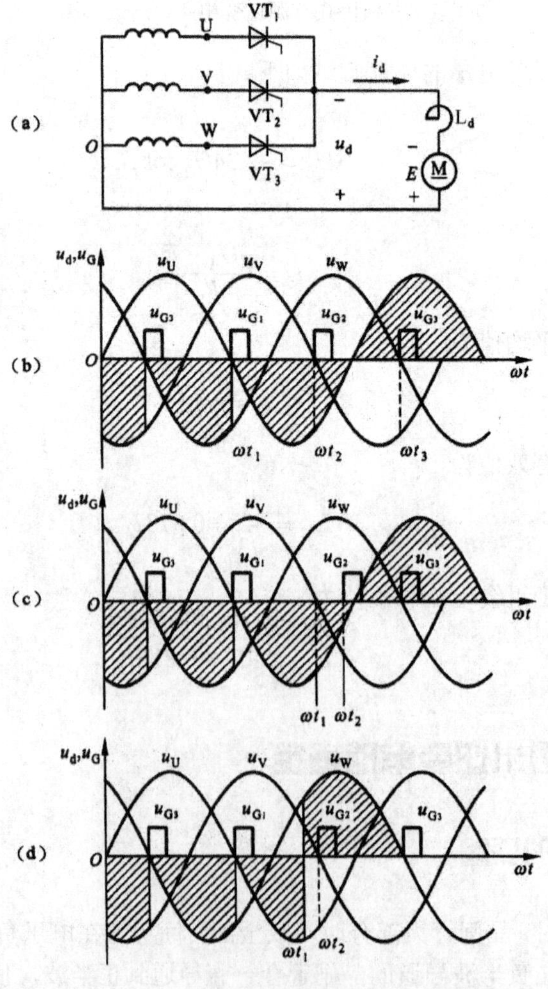

图 4-7　三相半波逆变电路及逆变失败波形

2）触发脉冲分布不均匀（延迟）

如图 4-7（c）所示，本应在ωt_1时刻触发 VT_2，关断 VT_1，逆变正常运行，但是由于脉冲延迟至ωt_2时刻出现，或触发电路三相调试间隔 120° 不对称，使 u_{G1}和 u_{G2}之间大于 120°，u_{G2}出现滞后。此时 VT_2 承受反向电压，因而不满足导通条件。VT_2 不导通，VT_1 继续导通，直到导通至正半波，形成短路，造成逆变失败。如图 4-7（d）所示为晶闸管触发脉冲提前出现造成的逆变失败波形。

3）逆变角β太小

如果触发电路没有保护措施，在移相控制时逆变角 β 太小也可能造成逆变失败。由以前讲过的知识可知，由于整流变压器存在漏抗，从而产生换相重叠角γ，当$\beta<\gamma$时（如图 4-8 中放大部分所示），正常工作情况下，ωt_1时刻触发 VT_2，VT_1关断，VT_2导通，完成 VT_1到 VT_2的换相。由于逆变角β太小，在过ωt_2时刻（对应$\beta=0°$），换流尚未结束，即 VT_1未关断。过ωt_2时刻 U 相电压 u_U大于 V 相电压 u_V，VT_1承受正向电压而继续导通。VT_2导通很短时间后又因受反向电压而关断，和触发脉冲 u_{G2}丢失一样，造成逆变失败。

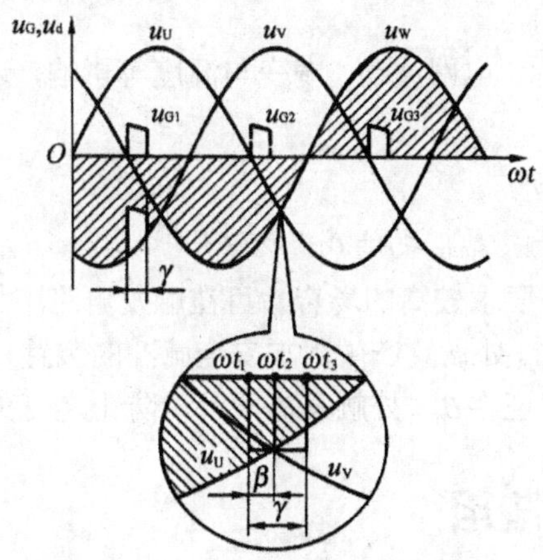

图 4-8 逆变角β太小换相失败波形

2. 晶闸管本身的原因

无论是整流还是逆变，晶闸管都在按一定规律关断或导通，电路处于正常工作状态。若晶闸管发生故障，在应该阻断期间，器件失去阻断能力，或在应该导通期间，器件不能导通都会造成逆变失败。另外，晶闸管连接线的松脱、保护器件的误动作等原因也会引起逆变失败。

3. 交流电源方面的原因

交流电源发生缺相或突然消失，由于直流电动势的存在，晶闸管仍可导通，此时逆变器的交流侧由于失去了同直流电动势极性相反的交流电压，因此直流电动势将通过晶闸管使电路短路。

4.3.2 最小逆变角的确定及限制

由 4.3.1 节所讲的各种逆变失败原因中，可以总结出这样一条规律：对于三相半波逆变电

路而言，晶闸管的换相必须在电压负半波自然换相点之前完成，否则逆变就有可能失败。那么要保证在电压自然换相点之前完成换相，触发脉冲应该超前多大角度给出，即最小逆变角β的大小，是要考虑的。

确定最小逆变角β时应考虑以下因素。

1．换相重叠角γ

由于整流变压器存在漏抗，因而晶闸管在换相时存在换相重叠角γ，在换相期间，两晶闸管都导通，也就是在此期间内晶闸管换相尚未成功。如果$\beta<\gamma$，则逆变失败。γ随变流装置的不同和工作电流大小的不同而不同，一般需考虑15°～25°电角度。

2．晶闸管关断时间 t_g 所对应的电角度δ_0

晶闸管本身由导通到关断也需要一定的时间，这由晶闸管的参数决定，一般为 200～300μs。此段时间对应的电角度为4°～5°。

3．安全裕量角θ_a

考虑到脉冲调整时不对称、电网波动、畸变与温度等影响，还必须留一个安全裕量角，一般取θ为10°左右。

综上所述，最小逆变角为

$$\beta_{min} \geqslant \gamma + \delta_0 + \theta_a \approx 30^\circ \sim 35^\circ$$

为了可靠防止β进入β_{min}要求较高的场合，可在触发电路中加一套保护电路，使β在减小时，移不到β_{min}内，或者在β_{min}处设置产生附加安全脉冲的装置，此脉冲不移动，一旦工作脉冲移入β_{min}内，则安全脉冲保证在β_{min}处触发晶闸管，防止逆变失败。

4.4 有源逆变电路的应用

4.4.1 用接触器控制直流电动机正反转的电路

图4-9为采用一组晶闸管组成的变流器给电动机电枢供电、用接触器控制直流电动机正反转的电路，电动机励磁由另一组整流电源供电，图中未画出。当晶闸管桥路工作在整流状态，接触器KM_1触点闭合时电动机正转；KM_1断开KM_2闭合时则电动机反转。当电动机从正转到反转时，为了实现快速制动与反转、缩短过渡过程时间以及限制过大的反接制动电流，可将桥路触发脉冲移到$\alpha>90^\circ$区，即工作在逆变状态。在初始阶段KM_1尚未断开，在电抗器中的感应电动势作用下，电路进入有源逆变状态，将电抗器中的能量逆变为交流能量返送电网。此时电流I_d快速下降，当I_d下降到接近零时，断开KM_1合上KM_2，此时由于电动机的反电动势的作用仍满足实现有源逆变的条件，将电枢旋转的机械能逆变为电能返送电网，同时产生制动转矩。随着转速n的下降，电动势E减小，可相应增大β值，使桥路逆变电压U_d随E同步下降，则流过电动机的制动电流$I_d=(E-U_d)/R_a$，在整个制动过程维持最大，因此电动机转速迅速下降到零，脉冲相应移到$\alpha<90^\circ$区。反转启动时桥路由逆变状态进入整流状态，α从90°逐渐减小，使电动机反转加速，电流维持在最大允许值，以最短的时间达到

反向稳定转速。

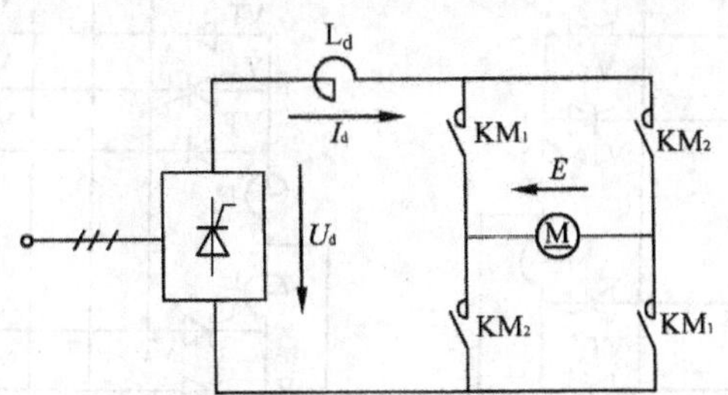

图 4-9 用接触器控制直流电动机正反转的电路

当控制角 $\alpha>90°$ 时，直流端电动势方向符合逆变要求，但$|E|\leqslant|U_d|$时，直流电流 $I_d=0$，无法将直流功率逆变为交流功率，这时桥路处于待逆变状态，只要改变 β 使$|U_d|<|E|$，桥路就会立即进入逆变状态。

采用接触器的可逆电路投资少、设备简单，但在动作频繁、电流较大的场合，由于控制角变化不可能完全配合得当，接触器触点断流电弧严重，维修麻烦，加上接触器本身的动作时间较长，故这种电路只适用于对快速性要求不高、容量不大的场合。

根据同样的原理，可用接触器或继电器控制电动机励磁电流方向来实现电动机的正反转控制。

4.4.2 采用两组晶闸管反并联的可逆电路

对于不同于卷扬机的位能负载，若电动机由电动状态转为发电制动，相应的变流器由整流转为逆变，则电流必须改变方向，这是不能在同一组变流桥内实现的。因此必须采用两组变流桥，将其按极性相反连接，一组工作在电动机正转状态，另一组工作在电动机反转状态。

两组变流桥反极性连接有两种供电方式，一种是两组变流桥由一个交流电源或通过变压器供电，称为反并联连接，常用的反并联可逆电路如图 4-10 所示。另一种称交叉连接，两组变流桥分别由一个整流变压器的两组二次侧绕组供电，也可用两台整流变压器供电。两种连接方式的工作情况是相似的，下面以反并联电路为例进行分析。反并联可逆电路有逻辑控制无环流、有环流及错位无环流三种工作方式。

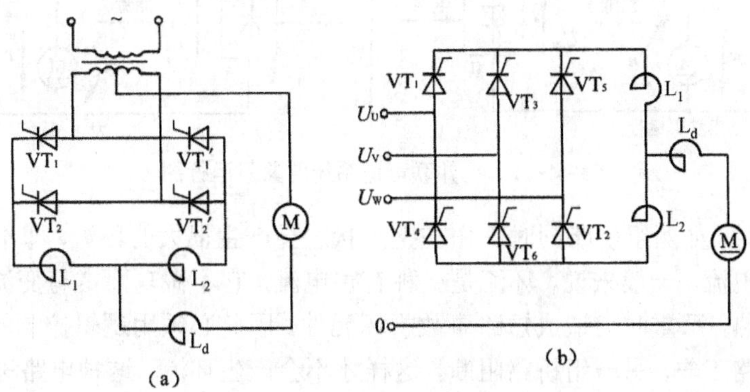

图 4-10 两组晶闸管反并联的可逆电路

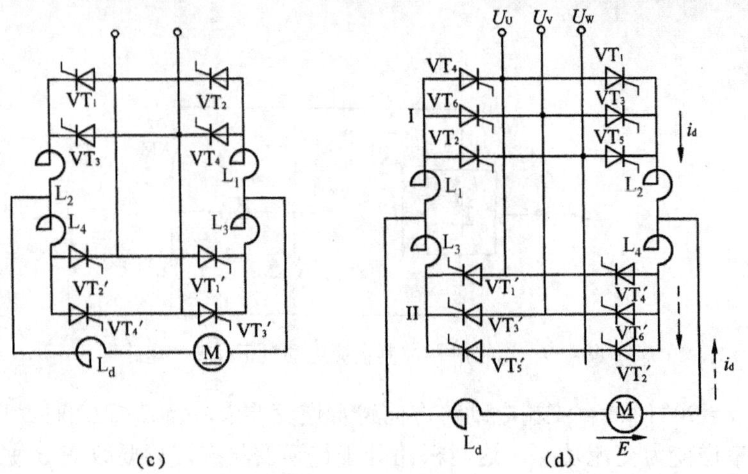

图 4-10　两组晶闸管反并联的可逆电路（续）

1. 逻辑控制无环流可逆电路的基本原理

当电动机磁场方向不变时，正转时由Ⅰ组桥供电；反转时由Ⅱ组桥供电，采用反并联供电可使直流电动机在四个象限内运行，如图 4-11 所示。

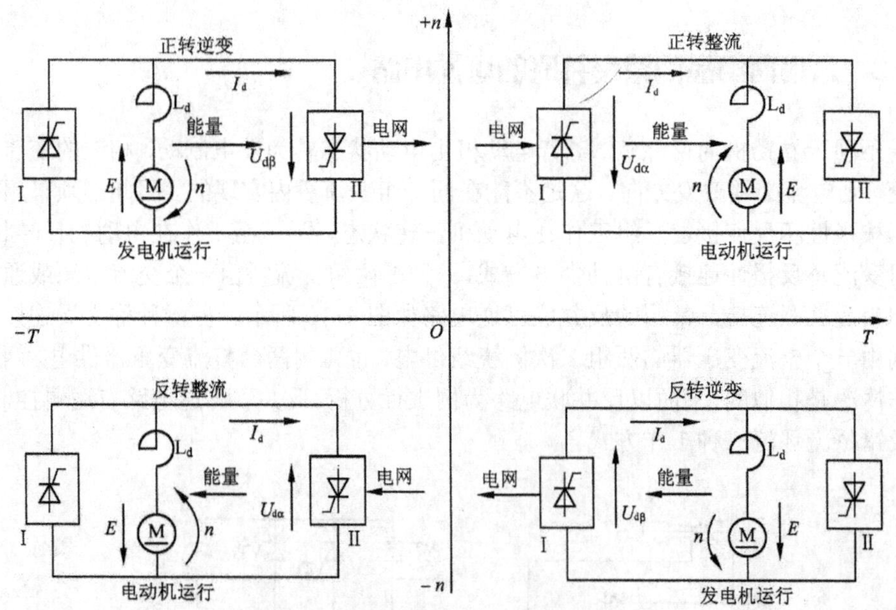

图 4-11　反并联可逆系统四象限运行图

反并联供电时，如两组桥路同时工作在整流状态会产生很大的环流，即不流经电动机的两组变流桥之间的电流。一般来说，环流是一种有害电流，它不做功而占有变流装置的容量，产生损耗使元件发热，严重时会造成短路事故损坏元件。因此必须用逻辑控制的方法，在任意时刻只允许一组桥路工作，另一组桥路阻断，这样才不会产生环流，这种电路称为逻辑无环流可逆电路。该电路工作情况分析如下。

1）电动机正转

在图 4-11 中第一象限工作，Ⅰ组桥投入触发脉冲，$\alpha_{\mathrm{I}}<90°$，Ⅱ组桥封锁阻断，Ⅰ组桥处于整流状态，电动机正向运转。

2）电动机由正转到反转

将Ⅰ组触发脉冲后移到$\alpha_{\mathrm{I}}>90°$（$\beta_{\mathrm{I}}<90°$），由于机械惯性，电动机的转速 n 与反电动势 E 暂时未变。Ⅰ组桥的晶闸管在 E 的作用下本应关断，由于 i_d 迅速减小，在电抗器 L_d 中产生下正上负的感应电动势 e_L，且其值大于 E，故电路进入有源逆变状态，将 L_d 中的能量逆变返送至电网。由于此时逆变发生在原工作桥，故称为“本桥逆变”，电动机仍处于电动工作状态。当 i_d 下降到零时，将Ⅰ组桥封锁，待电动机惯性运转 3～10ms 后，Ⅱ组桥进入有源逆变状态（图中第二象限），且使 $U_{d\beta}$值随电动势 E 减小而同步减小，以保持电动机运行在发电制动状态快速减速，将电动机惯性能量逆变返送至电网。由于此逆变发生在原来封锁的桥路，故称“他桥逆变”。当转速下降到零时将Ⅱ组桥触发脉冲继续移至$\alpha_{11}<90°$ 即$\beta_{11}>90°$区，Ⅱ组桥进入整流状态，电动机反转稳定运行在第三象限。同理，电动机从反转到正转是由第三象限经第四象限再到第一象限。由于任何时刻两组变流器不同时工作，故不存在环流。

具体实现方法是根据给定信号，判断电动机的电磁转矩方向即电流方向，以决定开放哪一组桥、封锁哪一组桥，判断转矩方向的环节称为极性检测。当实际的转矩方向与给定信号的要求不一致时，要进行两组桥触发脉冲间的切换。但是在切换时，把原工作着的一组桥脉冲封锁后，不能立刻将原封锁的一组桥触发导通。因为已导通的晶闸管不能在脉冲封锁瞬间立即关断，必须待阳极电压降到零以后主回路电流小于维持电流时才开始关断。因此，切换过程首先应使原工作桥的电感能量通过本桥逆变返送至电网，待电流下降到零时标志“本桥逆变”结束。系统中应装设检测电流是否接近零的装置，称零电流检测。零电流信号发出后延时 2～3ms，封锁原工作桥的触发脉冲，再经过 6～8ms，确保原工作桥的晶闸管恢复了阻断能力后，再开放原封锁桥的触发脉冲。为了确保不产生环流，在发出零电流信号后，必须延时 10ms 左右才能开放原封锁桥，这 10ms 称为控制死区。

逻辑无环流电路虽有死区，但不需要笨重与昂贵的均衡电抗来限制环流，也没有环流损耗。因此在工业生产中得到了广泛应用。

2. 有环流反并联可逆电路的基本原理

逻辑无环流系统切换控制比较复杂并且动态性能较差，故在中小容量的可逆拖动中有时采用有环流反并联可逆系统。有环流反并联可逆电路的特点是反并联的两组变流器都有同时触发脉冲的作用，两组桥在工作中都能保持连续导通状态。因此这种工作方式负载电流的反向完全是连续变化的过程，不需要检测负载电流的方向或者阻断与导通相应的变流器，动态性能比逻辑无环流系统好。由于两组变流器都参与工作，为了防止在两组变流器之间出现直流环流，当一组变流器工作在整流状态时，另一组变流器必须工作在逆变状态，并且保持$\alpha=\beta$，也就是两变流器的控制角之和必须保持 180°，才能使两组变流器直流侧电压大小相等方向相反。这种运行方式称为“$\alpha=\beta$”制的配合控制。

$\alpha=\beta$制的触发脉冲是这样安排的：当控制电压 $U_c=0$ 时，使Ⅰ、Ⅱ两组变流器的控制角均为 90°，即$\alpha_{\mathrm{I}}=\beta_{\mathrm{II}}=90°$，则电动机转速为零。当 U_c增大时，使Ⅰ组变流器触发脉冲左移即$\alpha_{\mathrm{I}}<90°$，

进入整流状态，而Ⅱ组变流器脉冲右移相同角度使$\beta_{Ⅱ}<90°$，进入待逆变状态。由于交流能量通过Ⅰ组变流器向电动机供电，故使电动机正转。要使电动机反转，只要使U_c减小，Ⅰ组的控制角$\alpha_Ⅰ$与Ⅱ组的逆变角$\beta_{Ⅱ}$同时逐渐增大，则两组变流器的直流电压$U_{dⅠ}$、$U_{dⅡ}$立即减小。由于电动机机械惯性的作用，反电动势E还来不及变化，出现$E>U_{dⅠ}=U_{dⅡ}$，E给Ⅰ组变流器加反向电压，给Ⅱ组变流器加正向电压，使Ⅱ组变流器满足有源逆变条件而导通，从待逆变状态转为逆变状态，电动机电流反向，产生制动转矩。继续增大$\alpha_Ⅰ$、$\beta_{Ⅱ}$，使E保持大于U_d，电动机在减速过程中一直产生制动转矩，以达到快速制动的目的。在此期间，Ⅰ组变流器虽给出正向电压$U_{dⅠ}$，但$U_{dⅠ}<E$，没有直流电流输出，处在待整流状态。继续增大Ⅰ组的控制角使$\alpha_Ⅰ>90°$即$\beta_Ⅰ<90°$，则Ⅰ组变流器转入待逆变状态；Ⅱ组变流器因$\alpha_{Ⅱ}<90°$进入整流状态，直流电压改变极性，电动机反转。所以在$\alpha=\beta$制中改变Ⅱ组变流器的控制角可以实现四象限运行。

在实际运行中如能严格保持$\alpha=\beta$，两组反并联的变流器之间是不会产生直流环流的。但是由于两组变流器的直流输出端瞬时电压值$U_{dⅠ}$与$U_{dⅡ}$不相等，因此会出现瞬时电压差即均衡电压u_c，也称环流电压，在u_c作用下产生不流经负载的环流电流，为限制环流电流必须串接均衡电抗器L_c（图4-10中L_1～L_4），在可逆系统中通常限制最大环流为额定电流的5%～10%。

以上对环流的分析都是在$\alpha=\beta$条件下作出的，若$\alpha<\beta$，均衡电压u_c正半部增大，负半部减小，环流会很严重，实质上是整流电压大于逆变电压，出现直流环流。若$\alpha>\beta$则均衡电压正半部减小，负半部增大，环流会受到抑制。为了减小环流或为了防止出现$\alpha<\beta$的情况，可采用α稍大于β的工作方式。

目前在实际应用中，尚有一种可控环流的可逆系统，即工作中按需要对环流的大小进行控制。当负载电流小时，调节两组变流器的控制角使$\alpha<\beta$，产生一定大小的直流环流，以保持电流连续，从而使控制系统反应迅速，克服因电流断续而引起系统静态特性与动态品质的恶化。当负载电流足够大时，使$\alpha<\beta$，环流减小，这样既减少了损耗又可减小均衡电感量。

3. 错位无环流可逆电路的基本原理

有环流系统必须配置均衡电抗器，这样就增加了设备费用与损耗，为实现无须均衡电抗器又能避免逻辑无环流系统复杂的切换控制，出现了一种错位无环流系统。逻辑无环流不产生环流的原因是工作时封锁一组变流器的触发脉冲，而错位无环流是两组变流器都输入触发脉冲，只是适当错开彼此间触发脉冲的位置，使不工作的一组晶闸管在受到脉冲时，阳极电压恰好为负值，使之不能导通，从而消除环流。

4.4.3 绕线转子异步电动机的串级调速

绕线转子异步电动机用转子串接电阻、分段切换可进行调速，若采用这种方法，电动机调速与节能效果都很差。采用转子回路引入附加电动势，从而实现电动机调速的方法称为串级调速。晶闸管串级调速是异步电动机节能控制广泛采用的一项技术，目前国内外许多著名电气公司均生产串级调速系列产品。它的工作原理是利用三相整流将电动机转子电动势转换为直流电压，经滤波通过有源逆变电路再转换为三相工频交流电返送至电网。

串级调速主电路原理图如4-12所示，逆变电压$U_{d\beta}$为引入转子电路的反电动势，改变逆变角β即可改变反电动势大小，达到改变转速的目的。U_d是转子整流后的直流电压，其值为

$$U_d = 1.35\ sE_{20}$$

式中　E_{20}——转子开路线电动势（$n = 0$）；

s——电动机转差率。

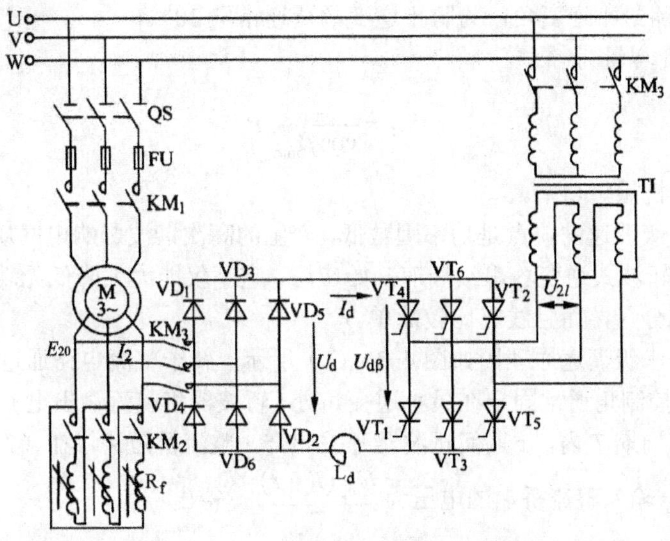

图 4-12　串级调速主电路原理图

当电动机转速稳定，忽略直流回路电阻时，则整流电压 U_d 与逆变电压 $U_{d\beta}$ 大小相等、方向相反。当逆变变压器 TI 二次侧绕组线电压为 U_{21} 时，则

$$U_{d\beta} = 1.35\ U_{21}\cos\beta = U_d = 1.35\ sE_{20}$$

所以

$$s = \frac{U_{21}}{E_{20}}\cos\beta$$

上式说明，改变逆变角β的大小即可改变电动机的转差率，实现调速。其调速过程如下。

（1）启动：接通 KM_1、KM_2 接触器，利用频敏变阻器启动电动机。对于水泵、风机等负载采用频敏变阻器启动；在矿井提升、传输带、交流轧钢等场合可直接启动电动机。当电动机启动后，断开 KM_2，接通 KM_3，装置转入串级调速。

（2）调速：电动机稳定运行在某转速，此时 $U_d = U_{d\beta}$，如β角增大则 $U_{d\beta}$减小，使转子电流瞬时增大，致使电动机转矩增大，转速提高，使转差率 s 减小，当 $U_{d\beta}$减小到与 U_d 相等时，电动机稳定运行在较高的转速上；反之减小β值，则电动机转速下降。

（3）停车：先断开 KM_1，延时断开 KM_3，电动机停车。

通常电动机转速越低，返回电网的能量越大，节能效果越显著，但调速范围过大将使装置的功率因数变差，逆变变压器和变流装置的容量增大，一次投资增高，故串级调速比宜定在 2∶1 以下。

逆变变压器均采用 Y/D 或 D/Y 连接，大容量装置采用逆变桥串、并联十二脉波控制，有利于改善电流波形，减小变流装置对电网的影响。其二次侧电压 U_{21} 的大小要与异步电动机转子电压值相互配合，当两组桥路连接形式相同时，最大转子整流电压应与最大逆变电压相等，即

$$U_{d\max} = 1.35 s_{\max} E_{20} = U_{d\beta\max} = 1.35 U_{21}\cos\beta_{\min}$$

$$U_{21}=\frac{s_{max}E_{20}}{\cos\beta_{min}}$$

式中　s_{max}——调速要求最低转速时的转差率，即最大转差率；

β_{min}——电路最小逆变角，为防止逆变颠覆通常取30°。

逆变变压器TI容量为

$$S_{TI}=\frac{s_{max}}{\cos\beta_{min}}P_n$$

式中　P_n——电动机额定功率。

上述晶闸管串级调速的缺点是功率因数低，产生的高次谐波影响电网质量。由于全控电力电子器件的使用，斩波式逆变器串级调速开始应用，它不仅能大大降低无功损耗，提高功率因数，减小高次谐波分量，而且线路比较简单。

斩波式逆变器串级调速原理图如图4-13（a）所示，转子整流电路通过斩波器与晶闸管逆变器相连，逆变器控制角通常固定在最小逆变角处。斩波器将整流输出电流i_d斩成图4-13（b）所示波形，在工作周期T内，τ期间斩波器开关闭合，整流桥短路，在（$T-\tau$）期间，斩波器断开，$U_{d\beta}$经斩波器输入整流桥端的电压为$\frac{U_{d\beta}(T-\tau)}{T}$，得出

$$U_d=\frac{T-\tau}{T}U_{d\beta}$$

所以

$$s=\left(1-\frac{\tau}{T}\right)\frac{U_{21}}{E_{20}}\cos\beta_{min}$$

由上式可见，改变斩波器开关闭合时间τ即可调节电动机转速。当$\tau=T$时，电动机转子短接，电动机运行在自然特性；当$\tau=0$时，斩波器断开，电动机运行在串级调速的最低速。

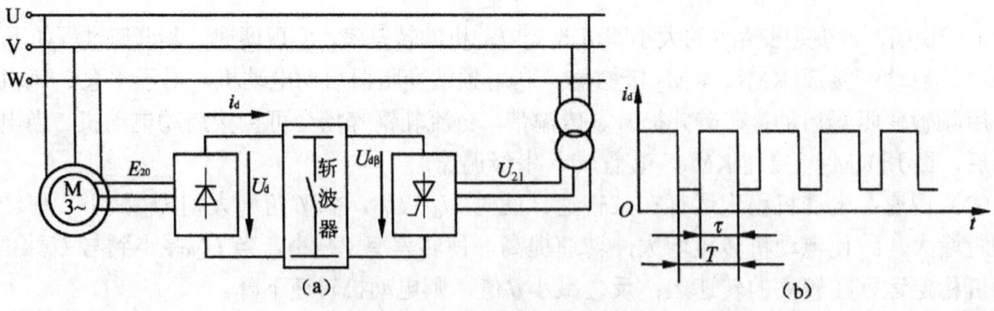

图4-13　斩波式逆变器串级调速原理图

实训8　三相桥式有源逆变电路的连接与测试

一、目的

（1）研究三相桥式整流电路由整流转换到逆变状态的全过程，验证有源逆变条件。

（2）观察逆变颠覆现象，总结防止逆变颠覆的措施。

二、电路

电路如图 4-14 和图 4-15 所示。

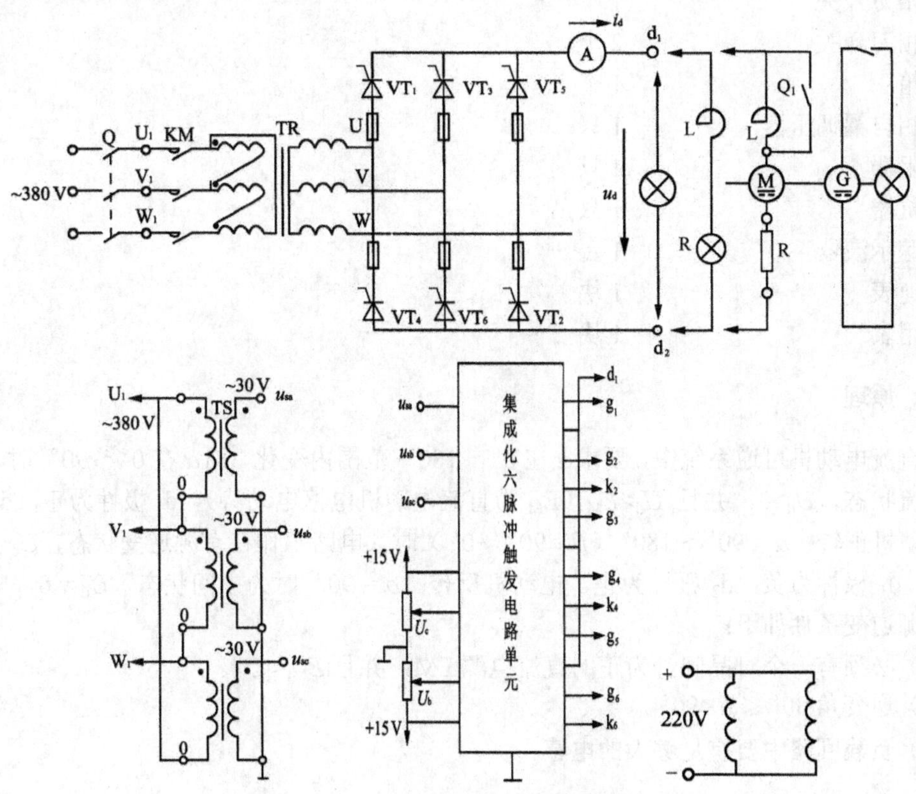

图 4-14　三相桥式有源逆变主电路接线图（1）

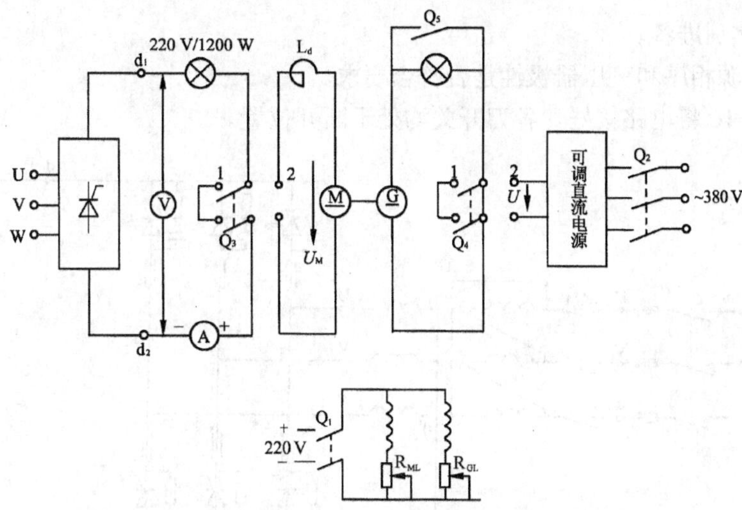

图 4-15　三相桥式有源逆变主电路接线图（2）

三、设备

实训 7 的全部仪器设备　　1 套

直流电动机-发电机组	1套
单相双投刀开关	2个
单相刀开关	1个
三相刀开关	2个
灯箱	1个
三相自耦调压器	1只
变阻器	1只
电抗器	1只
双踪示波器	1台
转速表	1块
万用表	1块

四、原理

在直流电动机可逆系统中，要求α在0°～180° 范围内变化，而α在0°～90° 时，电路工作在整流状态，$U_d>0$，并且$U_d>E_M$（E_M为直流电动机电枢电动势），d_1极性为正，d_2极性为负，电动机正转；$\alpha=90°～180°$（$\beta=90°～0°$）时，电路工作在有源逆变状态，$U_d<0$，并且$U_d<E_M$。d_1极性为负，d_2极性为正，电动机反转；$\alpha=90°$ 时为中间状态，$U_d=0$，电动机不转。有源逆变条件如下：

（1）必须有一个对晶闸管为正的直流电源EM，并且$|E_M|<|U_d|$。

（2）逆变角$30°\leqslant\beta<90°$。

（3）负载回路中要有足够大的电感。

五、内容及步骤

（1）逆变实训准备。

① 检查电源相序和变压器极性是否符合要求。

② 按图4-16将电路接好，各刀开关均处于断开位置。

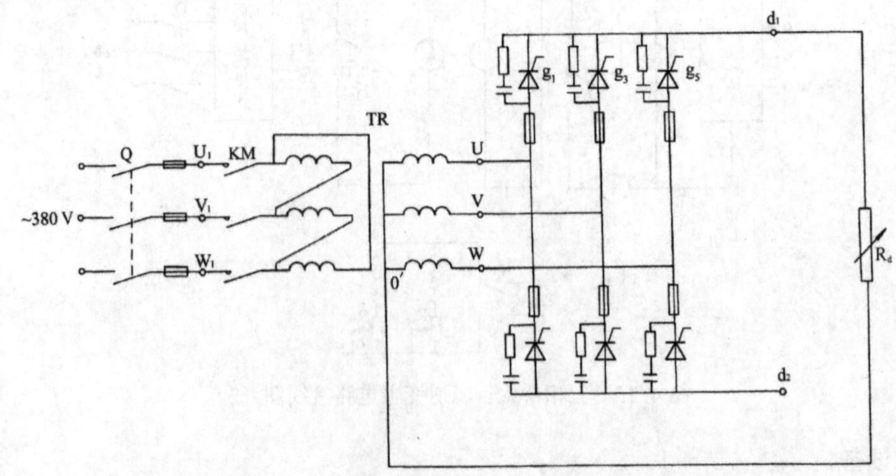

图4-16 找U_b电位器对应$\alpha=150°$位置的主电路接线图

③ 接通触发电路各直流电源，检查各触发电路是否正常。

④ 待触发电路工作正常后，可找出偏移电位器对应α=150° 时的位置。这时可将主电路图 4-14 中 VT_1、VT_3、VT_5 三个晶闸管暂时接成三相半波可控整流电路（注意 d_2 端断开，VT_4、VT_6、VT_2 暂不接），如图 4-16 所示。

按启动按钮，主电路接通电源，做三相半波可控整流电路电阻负载实验。根据移相范围为 150° 的原则，将 U_c 电位器旋钮调到零，然后调节 U_b 电位器旋钮使输出电压 U_d 刚好为零，此时说明α= 150°。记好这个位置，并在 U_b 旋钮上作好标记。

⑤ 按停止按钮，使主电路切断电源，再将主电路接成三相桥式全控整流电路。按启动按钮，接触器 KM 吸合，使晶闸管整流桥接通电源。Q_3 合向 1（此时为电阻性负载），调节移相控制电压 U_c 旋钮，观察 u_d 波形是否连续可调，检查三相全控桥式整流电路工作是否正常，当证明电路工作正常后，再调 U_c 使α = 90°。

⑥ 闭合 Q_1，给直流电动机、直流发电机加上额定励磁电压。Q_4 合向 l，使直流发电机接上灯泡负载。Q_3 合向 2，直流电动机接通可控整流电源。增大 U_c 使α 逐渐减小，u_d 由零逐渐上升到一定值（如 150V），电动机减压启动并运转，记录电动机的转向。

⑦ 保持 U_d 不变，并带上一定负载，读取直流平均电压 U_{Ld}=________V、U_{Rd}=__________V、直流电动机电枢两端的电压 U_M=________V，比较 U_d 与 U_M 的大小________。记录 d_1、d_2 两端的极性 d_1__________、d_2__________。观察 u_d、u_{Ld}、i_d 波形，记录于下表中。

u_d 波形	u_{Ld} 波形	i_d 波形

⑧ 断开 Q_3，闭合 Q_2、Q_5，Q_4 合向 2，调节可调直流电源使 U 由零稍上升，直流发电机启动并带动直流电动机旋转，观察直流电动机是否反向旋转（即与步骤 6 转向相反）。若电动机的转向仍与步骤 6 时相同，可断开 Q_2，对调直流发电机电枢两端的接线，再闭合 Q_2，电动机即反向运转。

⑨ 把 U_c 调到零，此时α = 150°。

以上步骤主要检查电路工作是否正常，为有源逆变创造必要的条件。

（2）逆变运行实验。

① 将 Q_3 合向 2，调节可调直流电源，使 U 上升，发电动机提升转速，电动机电动势 E_M 上升，当电流表中有读数时，用示波器观察 u_d 的波形为负。由于电流 I_d 方向未变，说明可控整流电路进入逆变工作状态。继续增大 U，使 I_d 为定值（电流数值可根据设备及负载条件自行确定）。读取 U_d=__________V、U_M=______________V，是否 $U_M>U_d$？U_d、U_M 极性如何？U_M 极性是否对晶闸管为正？记录 u_d、i_d 波形于下表中。

② 保持 I_d =常数，增大 U_c，使α =120°、90°，重复上述实验。

③ 当α = 90° 增加到 150° 时，观察转速的变化。

	150°	120°	90°
u_d 波形			
i_d 波形			

（3）观察逆变失败现象。

① 将 U_c 调到零，再调 U_b 使 $\beta=0°$，示波器上出现一相直通的正弦波。

② 在正常逆变工作状态时，撤除+15V，电源使脉冲消失，观察逆变失败现象，记录逆变失败时的波形，分析造成逆变失败的原因。

③ 断开 Q_4、Q_2、Q_3、Q_5 及 Q_1，实验完毕。

六、实训说明及应注意的问题

（1）整流与触发电路均与前面实验相同，可参照进行接线。

（2）可调直流电源由三相调压器经二极管三相桥式整流获得，输出直流电压 U 为 0～220V 可调。

（3）逆变工作时，若 U_d、E_M 反极性相接会造成短路，电路中会出现短路电流，损坏晶闸管元件，因此在生产中常采取一系列措施来防止这一故障发生。这里是为了能观察到这种现象，人为地制造了这种故障，而串联灯泡就是为了限制这种故障电流。这显然是与实际工作电路要求不符合的，但这样可以做到在电流 I_d 不超过允许值的情况下，通过调节 U_c，可以观察到由整流到逆变的全过程。即使这样也应注意电流不得超过规定值（本电路不得超过 1.5 A）。

（4）给发电机加到全压后，若转速仍达不到要求，可在直流发电机励磁绕组中串入电阻，进行弱磁升速，其操作应小心进行。

（5）逆变工作中 α 由 90° 增加到 150° 时，逆变电压 U_β 要上升，在 I_d 不变的条件下，相当于直流发电机负载上升，所以转速 n 要下降。在可调直流电源的功率较小时，由于电源内阻压降引起 U 下降，使转速下降更多，在严重条件下，甚至不能保证逆变顺利进行，在不得已的条件下，只有在逆变电压较低的条件下进行实验，或者改用二次侧电压较低的整流变压器。

七、实训报告要求

（1）整理实验中记录的波形，回答提出的问题。

（2）总结有源逆变条件及应注意的问题。

（3）逆变工作时，若 $\alpha<90°$ 会出现什么问题？应采取什么措施？

（4）讨论分析实验中出现的其他问题。

习题与思考题 4

4-1 什么叫有源逆变？什么叫无源逆变？两者有何不同？

4-2 换流方式有哪几种？各有什么特点？

4-3 什么是电压型逆变电路？什么是电流型逆变电路？二者各有什么特点。

4-4 如图 4-17 所示，一个电路工作在整流电动状态，另一个电路工作在逆变发电状态。

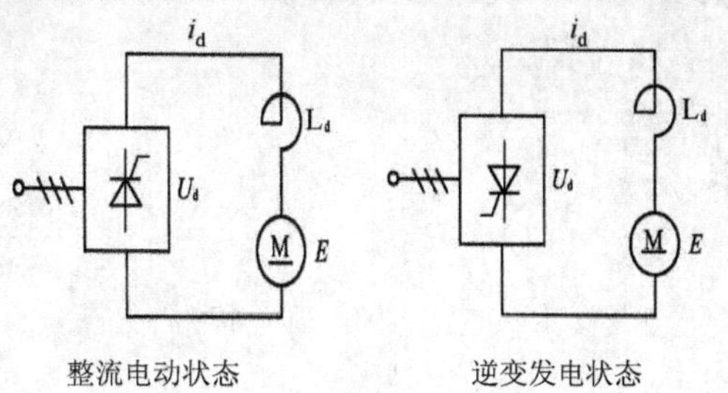

图 4-17

（1）在图中标出 U_d、E 及 i_d 的方向。

（2）说明 E 与 U_d 的大小关系。

（3）当 α 与 β 的最小值均为 30° 时，控制角 α 移相范围为多少？

4-5　电压型逆变电路中反馈二极管的作用是什么？为什么电流型逆变电路中没有反馈二极管？

4-6　三相桥式电压型逆变电路，180° 导电方式，U_d=100V。试求输出相电压的基波幅值 U_{UN1m} 和有效值 U_{UN1}、输出线电压的基波幅值 U_{UV1m} 和有效值 U_{UV1}、输出线电压中 5 次谐波的有效值 U_{UV5}。

4-7　并联谐振式逆变电路利用负载电压进行换相，为保证换相成功应满足什么条件？

4-8　串联二极管式电流型逆变电路中，二极管的作用是什么？试分析换流过程。

4-9　逆变电路多重化的目的是什么？如何实现？串联多重和并联多重逆变电路各用于什么场合？

第5章 变频电路

教学导航

教	知识重点	1．变频电路的作用、基本原理和换流方式 2．谐振式变频电路的工作原理 3．三相变频电路的工作原理 4．脉宽调制变频电路的工作原理 5．各种变频电路实践操作
	知识难点	1．变频的作用、基本原理和换流方式 2．三相变频电路的工作原理 3．脉宽调制变频电路的工作原理 4．各种变频电路实践操作
	推荐教学方式	先去实训室对变频电路进行连线，用实验测试法让学生对变频电路的组成、工作原理有一个粗略的认知，然后利用多媒体演示结合讲授法让学生掌握各个变频电路工作原理及应用
	建议学时	4 学时
学	推荐学习方法	以实践操作法和分析法为主，结合反复复习法
	必须掌握的理论知识	各个变频电路的工作原理 各个变频电路的应用
	必须掌握的技能	会连接各种变频电路 学会使用示波器观察变频电路的输出波形

目前常用的电源有两种，即工频交流电源和直流电源，这两种电源的频率都固定不变。但在实际的生产实践中，往往需要各种不同频率的交流电源，可以通过变频电路即利用晶闸管或者其他电力电子器件，将工频交流电或直流电转换成频率可调的交流电提供给负载，有时称这种电路为无源逆变电路。本章将结合实际电路介绍主要变频电路的工作原理及其电路形式。

5.1 变频电路的作用、基本原理和换流方式

5.1.1 变频电路的作用

在现代化生产中需要各种频率的交流电源，变频器的作用就是把工频交流电或直流电转换成频率可调的交流电供给负载，常用于以下几种场合。

（1）标准50Hz电源，用于人造卫星、大型计算机等特殊要求的电源设备，对其频率、电压波形与幅值，以及电网干扰等参数，均有很高的精度要求。

（2）不间断电源（UPS），平时电网对蓄电池充电，当电网发生故障停电时，将蓄电池的直流电逆变成50Hz交流电，对设备进行临时供电。

（3）中频装置，广泛用于金属冶炼、感应加热及机械零件淬火。

（4）变频调速，用三相变频器产生频率、电压可调的三相变频电源，对三相感应电动机和同步电动机进行变频调速。

5.1.2 变频电路的基本原理

变频电路种类繁多，依据变频的过程可分为两大类：一类为交-直-交变频，另一类为交-交变频，下面以单相变频电路为例分别来说明其工作原理。

1. 单相交-直-交变频电路

如图5-1（a）所示为单相桥式变频电路，U_d为通过整流电路将交流电整流而得的直流电源，晶闸管VT_1、VT_4称为正组，VT_2、VT_3称为反组。当控制电路使VT_1、VT_4导通，VT_2、VT_3关断时，在输出端获得正向电压；当控制电路使VT_2、VT_3导通，VT_1、VT_4关断时，输出端获得反向电压。这样交替导通正组、反组的晶闸管，并且改变其导通、关断的频率，就可在输出端获得频率不同的方波，其输出电压波形如图5-1（b）所示。如果改变正组和反组的控制角α的大小，即可实现对输出电压幅值的调节。

这种电路直接将直流电转换为不同频率的交流电，从晶闸管的工作特性可知，晶闸管从关断变为导通是容易实现的。然而，由于电源为直流电源，要使已导通的晶闸管重新恢复到关断状态则比较困难。从某种意义上讲，整个晶闸管变频电路发展的过程即是研究如何更有效、可靠地关断晶闸管的过程。人们把变频电路中已导通的晶闸管关断后再恢复其正向阻断状态的过程称为换流，通常采用的办法是对导通状态下的晶闸管施加反向电压，使其阳极电流下降到维持电流以下，从而关断晶闸管。加反向电压的时间必须大于晶闸管的关断时间。

随着半导体工业的发展，一些新型的全控型开关器件如第1章所谈到的GTO、GTR、IGBT等正逐渐取代晶闸管，由于其属于全控型器件，导通和关断都可控制，这使交-直-交变频电路得到了很大的发展。

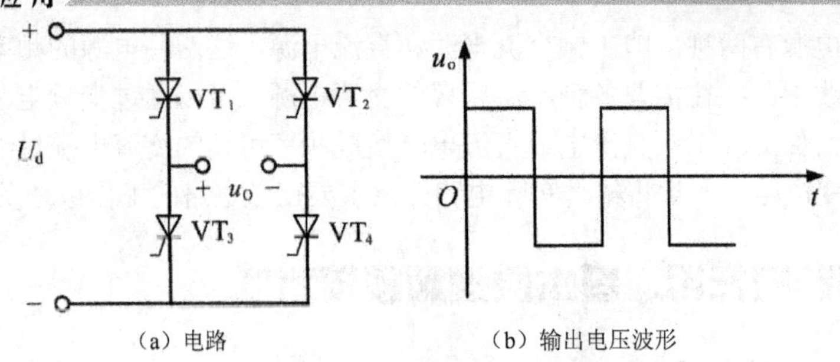

（a）电路　　（b）输出电压波形

图 5-1　单相桥式变频电路及输出电压波形图

2. 单相交-交变频电路

电路原理如图 5-2（a）所示。电路由具有相同特征的两组晶闸管整流电路反并联构成，将其中一组称为正组整流器，另外一组称为反组整流器。如果正组整流器工作，反组整流器被封锁，则负载端输出电压为上正下负；如果反组整流器工作，正组整流器被封锁，则负载端得到的输出电压为上负下正。这样，只要交替地以低于电源频率的方式切换正、反组整流器的工作状态，即可在负载端获得交变的输出电压。

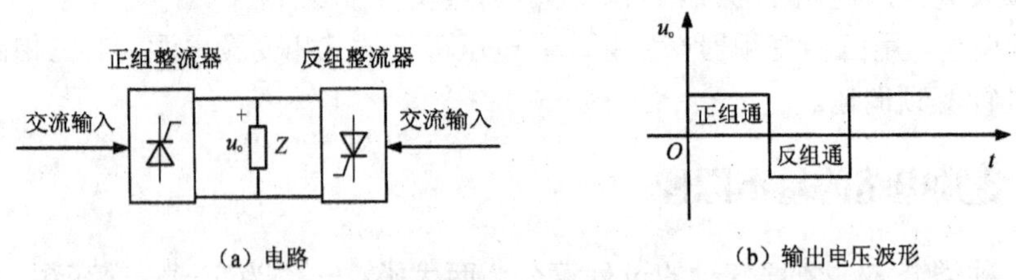

（a）电路　　（b）输出电压波形

图 5-2　单相交-交变频电路及输出电压波形图（控制角α不变）

如果在一个周期内控制角α是固定不变的，则输出电压波形为矩形波，如图 5-2（b）所示。但是矩形波中含有大量的谐波，对电动机的工作不利。如果控制角α不固定，在正组工作的半个周期内让控制角α按正弦规律从 90° 逐渐减小到 0°，然后再由 0° 逐渐增加到 90°，那么正组整流电路的输出电压的平均值就按正弦规律变化。若控制角α从零增加到最大，然后从最大减小到零，变频电路输出电压波形如图 5-3 所示（三相交流输入），该图中 A～G 点为触发控制角的时刻。在反组工作的半个周期内采用同样的控制方法，就可得到接近正弦波的输出电压波形。

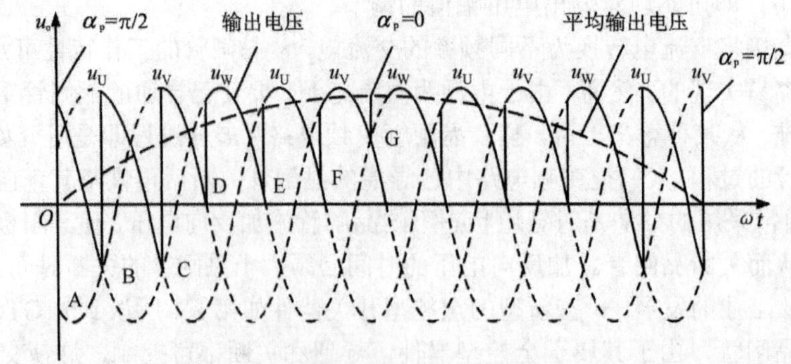

图 5-3　单相交-交变频电路的输出电压波形（控制角变化）

3. 两种变频电路的比较

同交–直–交变频电路相比，交–交变频电路有以下优缺点。

1）优点

（1）只有一次变流，且利用电网电源进行换流，不需要另接换流元件，提高了变流效率。
（2）可以很方便地实现四象限工作。
（3）低频时输出波形接近正弦波。

2）缺点

（1）接线复杂，使用的晶闸管数目多。
（2）受电网频率和交流电路各脉冲数的限制，输出频率低。
（3）采用相控方式，功率因数较低。

由于上述的优缺点，交–交变频电路主要用于 500kW 或 1000kW 以上，转速在 600r/min 以下的大功率、低转速的交流调速装置中，目前已在矿石机、水泥球磨机、卷扬机、鼓风机及轧钢机主传动装置中获得较多的应用。它既可用于异步电动机传动，也可用于同步电动机传动。而交–直–交变频电路主要用于金属熔炼、感应加热的中频电源装置、可将蓄电池的直流电转换为 50Hz 交流电的不停电电源、变频变压电源（VVVF）和恒频恒压电源等。

5.1.3　变频电路的换流方式

在变频电路中常用的换流方式有器件换流、负载换流和强迫换流。

1. 器件换流

器件换流即利用电力电子器件自身具有的自关断能力（如全控型器件）进行换流，采用自关断器件组成的变频电路就属于这种类型的换流方式。

2. 负载换流

负载换流即利用输出电流超前电压（即带电容性负载时）进行换流。当流过晶闸管中的振荡电流自然过零时，晶闸管将继续承受负载的反向电压，如果电流的超前时间大于晶闸管的关断时间，就能保证晶闸管完全恢复到正向阻断能力，从而实现电路可靠换流。目前使用较多的并联和串联谐振式中频电源就采用此种换流方式。因这种换流主电路不需附加换流环节，也称自然换流。

3. 强迫换流（脉冲换流）

当负载所需交流电频率不是很高时，可采用负载谐振式换流，但需要在负载回路中接入容量很大的补偿电容，这显然是不经济的，这时可在变频电路中附加一个换流回路。进行换流时，由于辅助晶闸管或另一主控晶闸管的导通，使换流回路产生一个脉冲，让原来导通的晶闸管承受反向脉冲电压，并持续一段反向电压时间，迫使晶闸管可靠关断，这种换流方式称为强迫换流。如图 5-4（a）所示为强迫换流电路原理图，电路中 VT_2、C 与 R 构成换流环

节。当主控晶闸管 VT_1 触发导通后，负载 R_1 被接通，同时直流电源经 R_1 对电容器 C 充电，直到电容电压 $u_c = -U_d$ 为止。为了使电路换流，可触发辅助晶闸管 VT_2 导通，这时电容电压通过 VT_2 加到 VT_1 两端，迫使 VT_1 承受反向电压而关断，同时电容 C 还经 R、VT_2 及直流电源进行放电和反向充电。反向充电波形如图 5-4（b）所示，由波形可见，VT_2 触发导通至 t_0 期间，VT_1 均承受反向电压，在这期间内 VT_1 必须已恢复到正向阻断状态。只要适当选取电容器 C 的容值，使主控晶闸管 VT_1 承受反向电压的时间 t_0 大于 VT_1 的恢复关断时间 t_q，就能确保可靠换流。

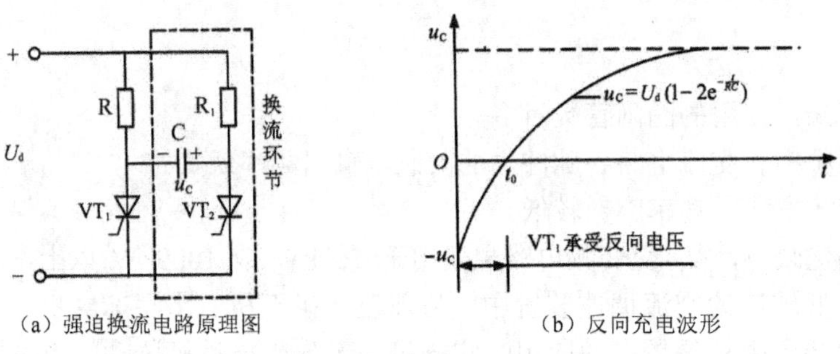

（a）强迫换流电路原理图　　（b）反向充电波形

图 5-4　强迫换流电路原理图及反充电波形

5.2　谐振式变频电路

在晶闸管变频电路中，晶闸管的换流方式是电路的重要内容，利用负载电路的谐振来实现换流的电路称为谐振式变频电路。如果电路中的换流电容与负载并联，换流是基于并联谐振原理的，则称为并联谐振式变频电路。它广泛应用于金属冶炼、加热、中频淬火等场合。如果电路中的换流电容与负载串联，换流是基于串联谐振原理的，则称为串联谐振式变频电路，适用于高频淬火、弯管等场合，由于它们不用附加专门的换流电路，因此应用较为广泛。

5.2.1　并联谐振式变频电路

如图 5-5 所示为并联谐振式变频电路的主电路图。L 为负载，换流电容 C 与之并联，L_1～L_4 为四只电感量很小的电感，用于限制晶闸管电流上升率。由三相可控整流电路获得电压连续可调的直流电，经过大电感滤波，加到由四个晶闸管组成的变频桥两端，通过该变频电路的相应工作，将直流电转换为频率可调的交流电供给负载。

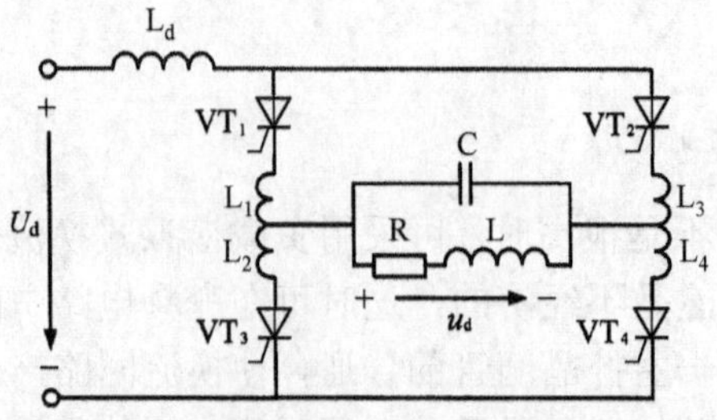

图 5-5　并联谐振式变频电路的主电路图

上述变频电路在直流环节中设置大电感滤波，使直流输出电流波形平滑，从而使变频电路输出电流波形近似于矩形。由于直流回路串联了大电感，故电源的内阻抗很大，类似于恒流源，因此这种变频电路又称为电流型变频电路。

如图 5-5 所示电路一般多用于金属的熔炼、淬火及透热的中频加热电源。当变频电路中 VT_1、VT_4 和 VT_2、VT_3 两组晶闸管以一定频率交替导通和关断时，负载感应线圈就流入中频电流，线圈中即产生相应频率的交流磁通，从而在熔炼炉内的金属中产生涡流，使之被加热至熔化。晶闸管交替导通的频率接近于负载回路的谐振频率，负载电路工作在谐振状态，从而具有较高的工作效率。

如图 5-6 所示为变频器工作时晶闸管的换流过程。当晶闸管 VT_1、VT_4 触发导通时，负载 L 得到左正右负的电压，负载电流 i_d 的流向如图 5-6（a）所示。由于负载上并联了换流电容 C，L 和 C 形成的并联电路可近似工作在谐振状态，负载呈容性，使 i_d 超前负载电压 u_d 一个角度 δ，负载中电流及电压波形如图 5-7 所示。

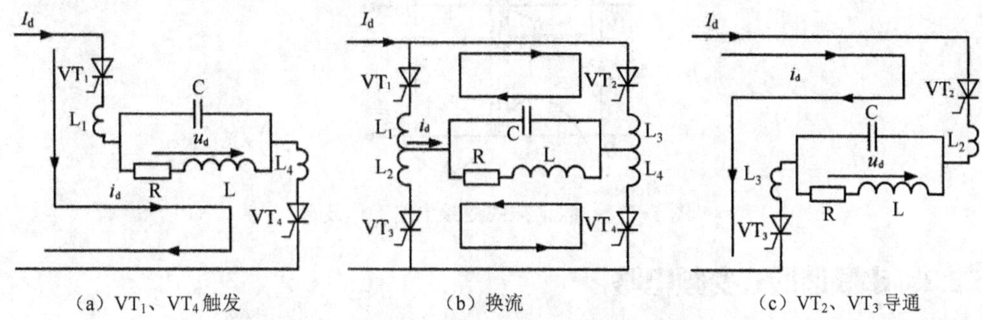

（a）VT_1、VT_4 触发　　（b）换流　　（c）VT_2、VT_3 导通

图 5-6　变频器工作时晶闸管的换流过程

当在 t_2 时刻触发晶闸管 VT_2 及 VT_3 时，由于负载电压 u_d 的极性此时对 VT_2 及 VT_3 而言为顺极性，使 i_{VT1} 及 i_{VT3} 从零逐渐增大；反之因 VT_2 及 VT_3 的导通，将电压 u_d 反加至 VT_1 及 VT_4 两端，从而使 i_{VT4} 及 i_{VT1} 相应减小；在 t_2～t_4 时间内，i_{VT1} 和 i_{VT4} 从额定值减小至零，i_{VT2} 由零增加至额定值，电路完成了换流。设换流完成时间为 t_r，从上述分析可见，t_r 内四个晶闸管皆处于导通状态，由于大电感 L_d 的恒流作用及 t_r 很短，故不会出现电源短路的现象。虽然在 t_4 时刻 VT_1 及 VT_4 中的电流已为零，但不能认为其已恢复阻断状态，此时仍需继续对它们施加反向电压，施加反向电压的时间应大于晶闸管的关断时间 t_q，换流电容 C 的作用即可以提供滞后的反向电压，以保证 VT_1 及 VT_4 的可靠关断，图 5-7 中 t_4～t_5 即为施加反向电压的时间。根据上述分析，为保证变频电路可靠换流，必须在中频电压过零前的 t_f 时刻去触发 VT_2 及 VT_3，应满足下式要求

$$t_f=t_r+K_f t_q \tag{5-1}$$

式中　K_f——大于 1 的系数，一般取 2～3；

　　　t_f——触发引前时间。

负载的功率因数角 φ 由负载电流与电压的相位差决定。从图 5-7 可知：

$$\varphi=\omega\left(\frac{t_r}{2}+t_\beta\right)$$

式中　ω——电路的工作频率；

　　　t_β——晶闸管承受反向电压时间。

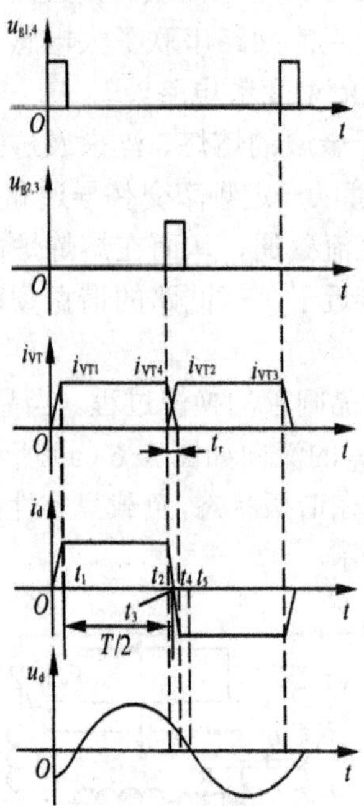

图 5-7　并联谐振式变频电路工作波形

5.2.2　串联谐振式变频电路

在变频电路的直流侧并联一个大电容 C，用电容储能来缓冲电源和负载之间的无功功率传输。从直流输出端看，电源因并联大电容，其等效阻抗变得很小，大电容又使电源电压稳定，因此具有恒压源特点，变频电路输出电压波形接近矩形波，这种变频电路又被称为电压型变频电路。

图 5-8 给出了串联谐振式变频电路的电路结构，其直流侧采用不可控整流电路和大电容滤波，从而构成电压型变频电路。电路为了续流，设置了反并联二极管 VD_1～VD_4，补偿电容 C 和负载电感线圈 L 构成串联谐振电路。为了实现负载换流，要求补偿以后的总负载呈容性，即负载电流 i_d 超前负载电压 u_d 的变化。

电路工作时，变频电路频率接近谐振频率，故负载对基波电压呈现低阻抗，基波电流很大，而对谐波分量呈现高阻抗，谐波电流很小，所以负载电流基本为正弦波。另外，还要求电路工作频率低于电路的谐振频率，以使负载电路呈容性，负载电流 i_d 超前负载电压 u_d 变化，以实现换流。

如图 5-9 所示为串联谐振式变频电路工作波形。设晶闸管 VT_1、VT_4 导通，电流从 A 流向 B，u_{AB} 左正右负。由于电流超前电压，当 $t=t_1$ 时，电流 i_d 为零，当 $t>t_1$ 时，电流反向。由于 VT_2、VT_3 未导通，反向电流通过二极管 VD_1、VD_4 续流，VT_1、VT_4 承受反向电压而关断。当 $t=t_2$ 时，触发 VT_2、VT_3 导通，负载两端电压极性反向，即 u_{AB} 左负右正，VD_1、VD_4 截止，电流从 VT_2、VT_3 中流过。当 $t>t_3$ 时，电流再次反向，电流通过 VD_2、VD_3 续流，VT_2、VT_3 承受反向电压关断。当 $t=t_4$ 时，再触发 VT_1、VT_4。二极管导通时间 t_β 即为晶闸管承受反向电压时间，要使晶闸管可靠关断，t_β 应大于晶闸管关断时间 t_q。

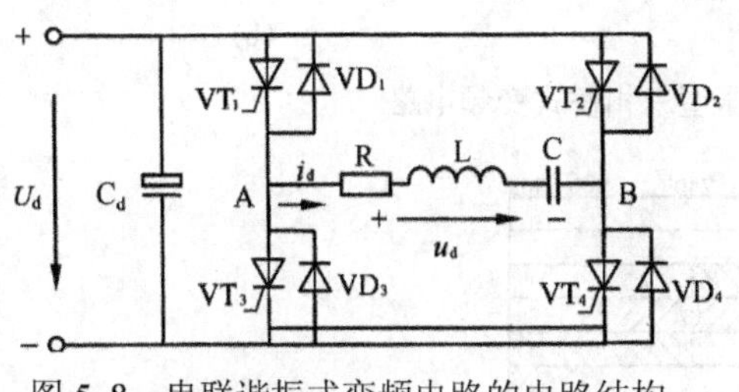

图 5-8　串联谐振式变频电路的电路结构

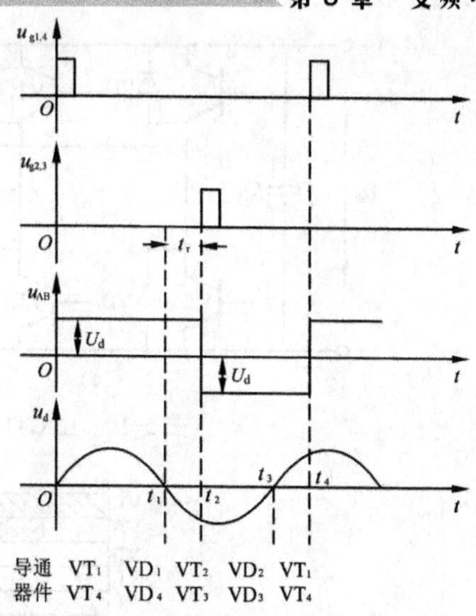

图 5-9　串联谐振式变频电路工作波形

5.3　三相变频电路

三相逆变器广泛用于三相交流电动机变频调速系统中，它可由普通晶闸管组成，依靠附加换流环节进行强迫换流，也可由自关断电力电子器件组成，换流关断可以靠对器件的控制来实现，因此不需附加换流环节。

逆变器按直流侧的电源是电压源还是电流源，可分为电压型逆变器和电流型逆变器。电压型逆变器即逆变器直流侧是由电压源供电的（通常由可控整流输出接大电容滤波）；电流型逆变器即逆变器直流侧是由电流源供电的（通常由可控整流输出经大电抗器 L_d 对电流滤波）。

5.3.1　电压型三相变频电路

1. 电压型三相桥式变频电路

由 GTR（功率晶闸管）组成的电压型三相桥式变频电路如图 5-10 所示。电路的基本工作方式是 180° 导电方式，每个桥臂的主控管导通角为 180°，同一相上下两个桥臂主控管轮流导通，各相导通的时间依次相差 120°。导通顺序为：VT_1→VT_2→VT_3→VT_4→VT_5→VT_6，每隔 60° 换相一次，由于每次换相总是在同一相上下两个桥臂管之间进行，因而称为纵向换相。这种 180° 导电的工作方式，在任意瞬间电路总有三个桥臂同时导通工作。顺序为：第①区间 VT_1、VT_2、VT_3 同时导通；第②区间 VT_2、VT_3、VT_4 同时导通；第③区间 VT_3、VT_4、VT_5 同时导通，依次类推。在第①区间 VT_1、VT_2、VT_3 导通时，电动机端线电压 $u_{UV}=0$，$u_{VW}=U_d$，$u_{WU}=-U_d$。在②区间 VT_2、VT_3、VT_4 同时导通，电动机端线电压 $u_{UV}=-U_d$，$u_{VW}=U_d$，$u_{WU}=0$，依次类推。若是上面的一个桥臂管与下面的两个桥臂管配合工作，这时上面桥臂负载的电压为 $\frac{2U_d}{3}$，而下面并联桥臂管的每相负载的相电压为 $-\frac{U_d}{3}$。若是上面两个桥臂管与下面一个桥臂配合工作，则此时三相负载的相电压极性和数值刚好相反，其输出波形如图 5-11 所示。

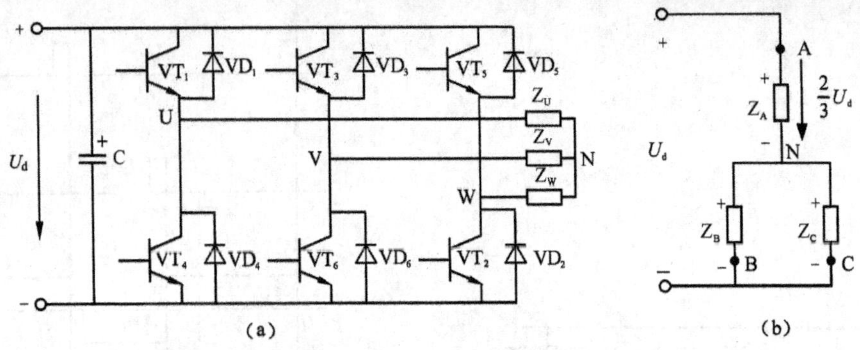

图 5-10　由 GTR 组成的电压型三相桥式变频电路

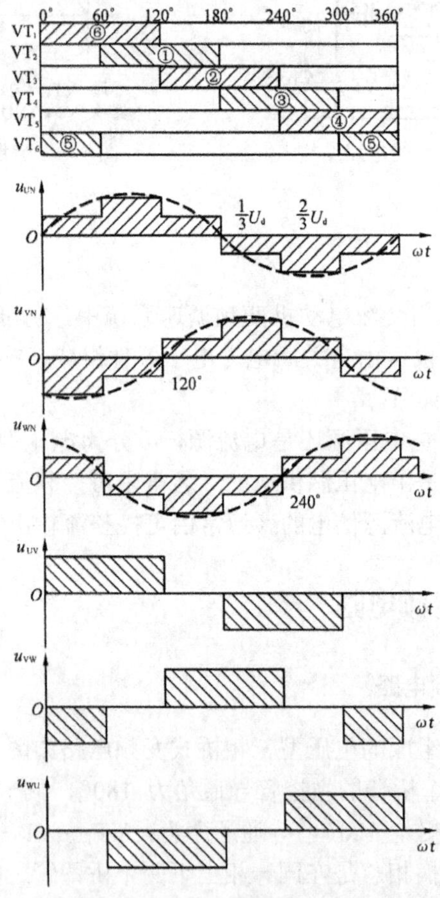

图 5-11　电压型三相桥式变频电路输出波形

对 GTR 的控制要求是：为防止同一相上下桥臂管同时导通而造成电源短路，对 GTR 的基极控制应采用“先断后通”的方法，即先给应关断的 GTR 基极加关断信号，待其关断后再延时给应导通的 GTR 基极加导通信号，即两者之间留有一个短暂的死区。

2. 三相串联电感式逆变电路

目前应用的三相串联电感式逆变电路为强迫换流形式，如图 5-12 所示，它由普通晶闸管

外加附加换流环节构成。各桥臂之间连接的电容是换流电容，VD_1～VD_6 为隔离二极管，本电路也是采用 120° 导电控制方式，其电路的分析方法及三相输出电压波形与用 GTR 组成的逆变电路完全相同。其强迫换流过程如下（以 U 相桥臂为例进行分析）。

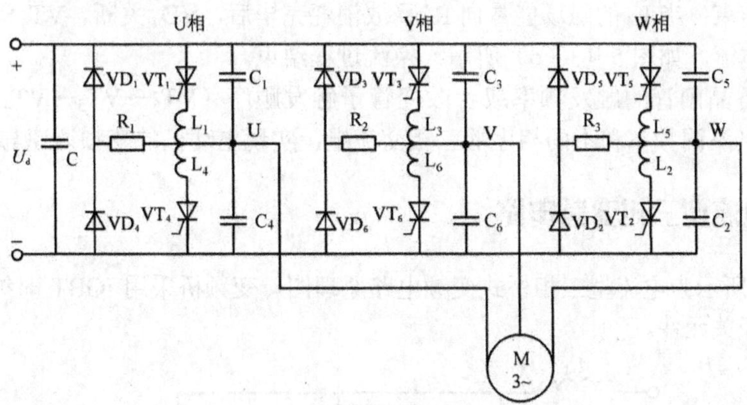

图 5-12　三相串联电感式逆变电路图

（1）导通工作：如图 5-13（a）所示，VT_1 导通，$i_{VT1}=i_U$，C_4 被充电至 U_d，极性为上正下负。

（2）触发 VT_4 换流：VT_4 被触发导通后，电容 C_4 经 L_4 与 VT_4 放电，忽略 VT_4 压降，C_4 电容电压瞬间全部加到 L_4 两端，由于 L_4 与 L_1 全耦合，于是各感应电动势 $E_{L4}=E_{L1}=U_d$，极性为上正下负，如图 5-13（b）所示。电容 C_1 上的电压来不及变化，仍为零，迫使 VT_1 承受反向电压而关断。C_1 即被充电，u_{C1} 电压由零逐渐上升，C_4 放电，u_{C4} 电压由 U_d 逐渐下降，当 $u_{C1}=u_{C4}=U_d/2$ 时，VT_1 不再承受反向电压。VT_1 必须在此期间恢复正向阻断状态，否则会造成换流失败。

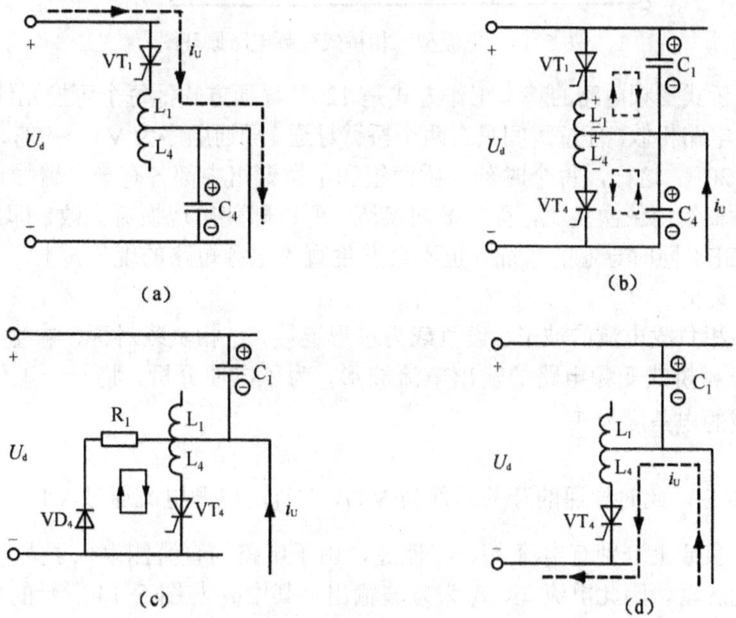

图 5-13　串联电感式变频电路的换流过程

（3）释放能量：C_4对L_4与VT_4放电，电流从i_{VT4}开始不断增加。当C_4放电结束，$u_{C4}=0$时，i_{VT4}达到最大值并开始减小，此后L_4开始释放能量，u_{L4}极性为下正上负，使二极管VD_4导通，构成了如图5-13（c）所示的让L_4的磁场能量经VT_4、VD_4和R_1释放并被R_1所消耗的情况。

（4）换流结束：当L_4的磁场能量向R_1释放消耗完毕后，VD_4关断，VT_4流过的电流为U相负载的反向电流，如图5-13（d）所示，换流过程结束。

改变逆变桥晶闸管的触发频率或者改变管子触发顺序（$VT_6 \to VT_5 \to VT_4 \to VT_3 \to VT_2 \to VT_1$），即能得到不同频率和不同相序的三相交流电，实现电动机的变频调速与正反转。

5.3.2 电流型三相变频电路

如图5-14所示为电流型三相桥式变频电路原理图。变频桥采用IGBT即绝缘栅双极型晶体管作为可控开关元件。

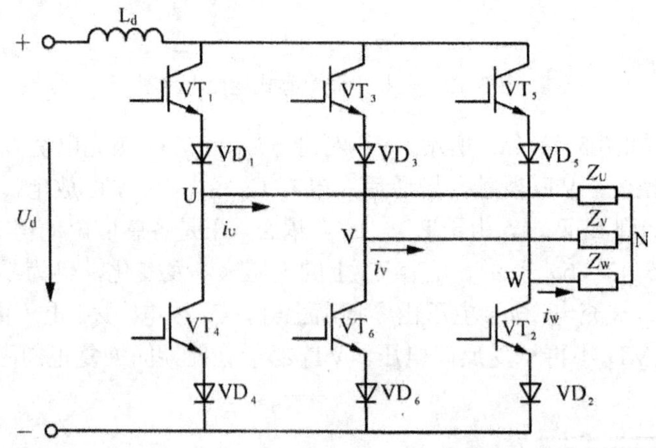

图5-14 电流型三相桥式变频电路原理图

电流型三相桥式变频电路的基本工作方式是120°导通方式，每个可控元件均导通120°，与三相桥式整流电路相似，任意瞬间只有两个桥臂导通。导通顺序为VT_1～VT_6，依次相隔60°，每个桥臂导通120°。这样，每个时刻上桥臂组和下桥臂组中都各有一个臂导通。换流时，在上桥臂组或下桥臂组内依次换流，称为横向换流，所以即使出现换流失败，即出现上桥臂（或下桥臂）两个IGBT同时导通的情况，也不会发生直流电源短路的现象，上、下桥臂的驱动信号之间不必存在死区。

下面分析各相负载电流的波形。设负载为星形连接，三相负载对称，中性点为N，图5-15给出了电流型三相桥式变频电路的输出电流波形，为了方便分析，将一个工作周期分为六个区域，每个区域的电角度为$\frac{\pi}{3}$。

（1）$0<\omega t \leqslant \frac{\pi}{3}$，此时导通的开关元件为$VT_1$、$VT_6$，电源电流通过$VT_1$、$Z_U$、$Z_V$、$VT_6$，构成闭合回路。负载上分别有电流$i_U$、$i_V$流过，由于电路的直流侧串入了大电感$L_d$，使负载电流波形基本无脉动，因此电流$i_U$、$i_V$为方波输出，其中$i_U$与图5-14所示的参考方向一致为正；$i_V$与图示方向相反为负，负载电流$i_W=0$。在$\omega t=\frac{\pi}{3}$时，驱动控制电路使$VT_6$关断、$VT_2$导通，进入下一个时区。

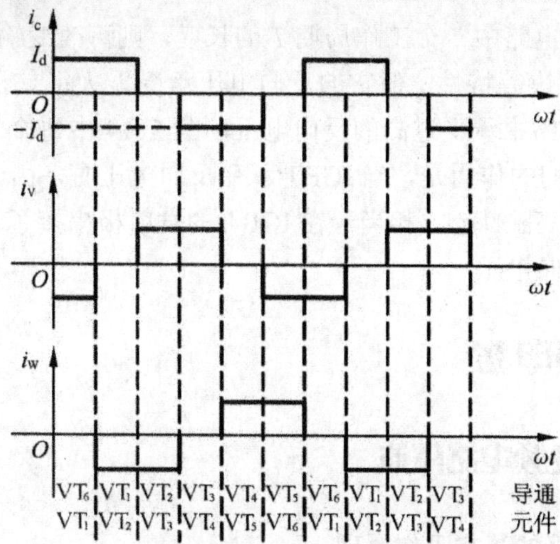

图 5-15　电流型三相桥式变频电路的输出电流波形

（2）$\frac{\pi}{3}<\omega t\leqslant\frac{2\pi}{3}$，此时导通的开关元件为 VT_1、VT_2，电源电流通过 VT_1、Z_U、Z_W、VT_2，构成闭合回路。形成负载电流 i_U、i_W 方波输出，其中 i_U 与图 5-1 4 所示的参考方向一致为正，i_W 与图示方向相反为负，负载电流 $i_V=0$。在 $\omega t=\frac{2\pi}{3}$ 时，驱动控制电路使 VT_1 关断、VT_3 导通，进入下一个时区。

（3）$\frac{2\pi}{3}<\omega t\leqslant\pi$，此时导通的开关元件为 VT_2、VT_3。电源电流通过 VT_3、Z_V、Z_W、VT_2，构成闭合回路。形成负载电流为 i_V、i_W 方波输出，其中 i_V 与图 5-14 所示的参考方向一致为正，i_W 与图示方向相反为负，负载电流 $i_U=0$。在 $\omega t=\pi$ 时，驱动控制电路使 VT_2 关断、VT_4 导通，进入下一个时区。

用同样的思路可以分析出π～2π时负载电流的波形。

由图 5-15 可以看出，每个 IGBT 导通的电角度均为 120°，任意时刻只有两相负载上有电流流过，总有一相负载上的电流为零，所以每相负载电流波形均是断续、正负对称的方波，将此波形的平均值展开成傅里叶级数，即

$$I_0=\frac{2\sqrt{3}I_d}{\pi}\left(\sin\omega t+\frac{1}{3}\sin 3\omega t+\frac{1}{5}\sin 5\omega t+\cdots\right)$$

输出电流的基波有效值 I_1 和直流电流 I_d 的关系为

$$I_1=\frac{\sqrt{6}}{\pi}I_d=0.78I_d$$

由上式可以看出，电流波形正、负半周对称，因此电流谐波中只有奇次谐波，没有偶次谐波，以三次谐波所占比重最大。由于三相负载没有接零线，故无三次谐波电流流过电源，减少了谐波对电源的影响。由于没有偶次谐波，如果三相负载是交流电动机，则对电动机的转矩也无影响。

电流型三相桥式变频电路的输出电流波形与负载性质无关，输出电压波形由负载的性质决定。如果是感性负载，则负载电压的波形超前电流的变化，近似成三角波或正弦波。

同样，如果改变控制电路中一个工作周期 T 的长度，则可改变输出电流的频率。IGBT 具有开关特性好、开关速度快等特性，但它的反向电压承受能力很差，其反向阻断电压只有几十伏。为了避免它们在电路中承受过高的反向电压，图 5-14 中每个 IGBT 的发射极都串有二极管，即 VD_1～VD_6。它们的作用是，当 IGBT 承受反向电压时，由于所串二极管同样也承受反向电压，二极管呈反向高阻状态，相当于在 IGBT 的发射极串接了一个大的分压电阻，从而减小了 IGBT 所承受的反向电压。

5.4 脉宽调制变频电路

5.4.1 脉宽调制变频电路概述

1. 脉宽调制变频电路的基本工作原理

脉宽调制变频电路简称 PWM 变频电路，常采用电压型交–直–交变频电路的形式，其基本原理是利用控制变频电路开关元件的导通和关断时间比（即调节脉冲宽度）来控制交流电压的大小和频率。下面以单相 PWM 变频电路为例来说明其工作原理。图 5-16 为单相桥式 PWM 变频电路的主电路，由三相桥式整流电路获得一个恒定的直流电压，由四个全控型大功率晶体管 VT_1～VT_4 作为开关元件，二极管 VD_1～VD_4 是续流二极管，为无功能量反馈到直流电源提供通路。

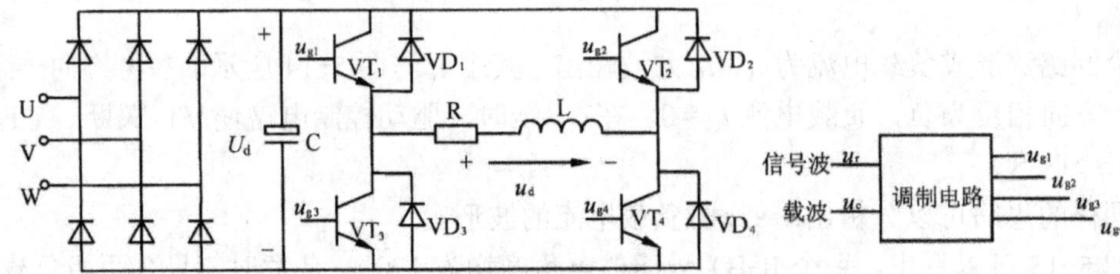

图 5-16 单相桥式 PWM 变频电路的主电路

当改变 VT_1、VT_2、VT_3、VT_4 导通时间的长短和导通的顺序时，可得出如图 5-17 所示的不同的电压波形。图 5-17（a）为 180° 导通型输出方波电压波形，即 VT_1、VT_4 组和 VT_2、VT_3 组各导通 $T/2$ 的时间。

若在正半周内，控制 VT_1、VT_4 组和 VT_2、VT_3 组轮流导通（同理，在负半周内控制 VT_2、VT_3 组和 VT_1、VT_4 组轮流导通），则在 VT_1、VT_4 组和 VT_2、VT_3 组分别导通时，负载上分别获得正、负电压；在正半周 VT_1、VT_4 组不导通，负半周 VT_2、VT_3 组不导通时，负载上所得电压为零，如图 5-17（b）所示。

若在正半周内，控制 VT_1、VT_4 组导通和关断多次，每次导通和关断时间分别相等（负半周则控制 VT_2、VT_3 组导通和关断），则负载上得到如图 5-17（c）所示的电压波形。

若将以上这些波形分解成傅里叶级数，可以看出，其中谐波成分均较大。

如图 5-17（d）所示波形是一组脉冲列，其规律是：每个输出矩形波电压下的面积接近于所对应的正弦波电压下的面积。这种波形称为脉宽调制波形，即 PWM 波。由于它的脉冲宽度接近于正弦规律变化，故又称其为正弦脉宽调制波形，即 SPWM 波。

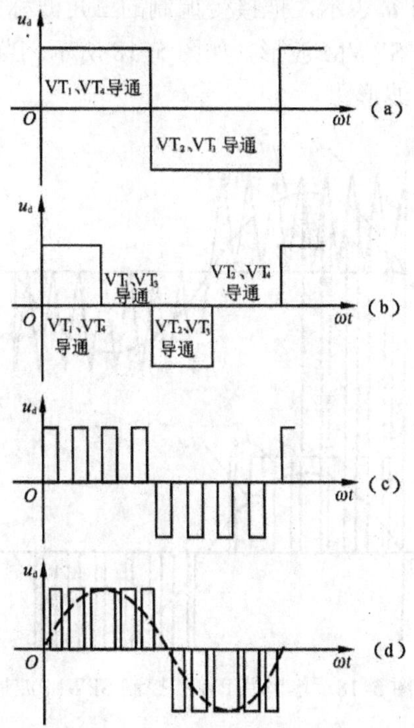

图 5-17 单相桥式 PWM 变频电路的几种电压输出波形

根据采样控制理论，脉冲频率越高，SPWM 波形便越接近于正弦波。变频电路的输出电压为 SPWM 波形时，其低次谐波得到很好的抑制和消除，高次谐波又很容易被滤除，从而可获得畸变率极低的正弦波输出电压。

由图 5-17（d）可看出，在输出波形的正半周，VT_1、VT_4 组导通时有输出电压，VT_1、VT_3 组导通时输出电压为零。因此，改变半个周期内 VT_1、VT_4 组和 VT_2、VT_3 组导通与关断的时间比，即脉冲的宽度，即可实现对输出电压幅值的调节（负半周，调节半个周期内 VT_2、VT_3 组和 VT_1、VT_4 组导通与关断的时间比）。因 VT_1、VT_4 组导通时输出正半周电压，VT_2、VT_3 组导通时输出负半周电压，所以可以通过改变 VT_1、VT_4 组和 VT_2、VT_3 组交替导通的时间来实现对输出电压频率的调节。

2. 脉宽调制的控制方式

PWM 控制方式就是对变频电路开关器件的通断进行控制，使主电路输出端得到一系列幅值相等而宽度不相等的脉冲，用这些脉冲来代替正弦波或者其他所需要的波形。从理论上讲，在给出了正弦波频率、幅值和半个周期内的脉冲数后，脉冲波形的宽度和间隔便可以准确计算出来。然后按照计算的结果控制电路中各开关器件的通断，就可以得到所需要的波形。但在实际应用中，人们常采用正弦波与等腰三角波调制的办法来确定各矩形脉冲的宽度和个数。

等腰三角波上下宽度与高度成线性关系且左右对称，当它与任何一个光滑曲线相交时，

就可得到一组等幅而脉冲宽度正比于该曲线函数值的矩形脉冲，这种方法称为调制方法。希望输出的信号为调制信号，用 u_r 表示，把接受调制的三角波称为载波，用 u_c 表示。当调制信号是正弦波时，所得到的便是 SPWM 波形，如图 5-18 所示。当调制信号不是正弦波时，也能得到与调制信号等效的 PWM 波形。

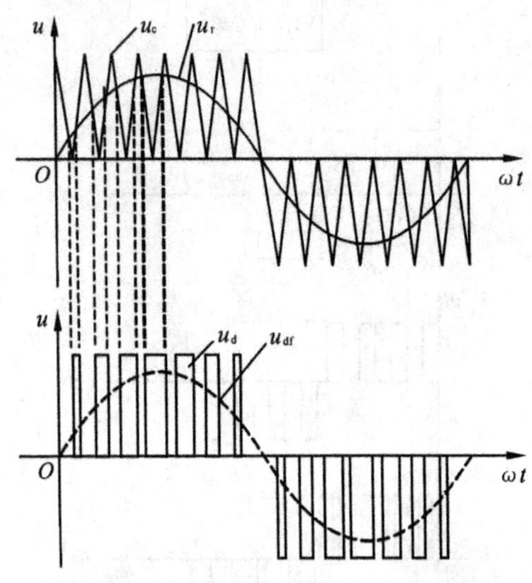

图 5-18　单极性 PWM 控制 SPWM 波形

5.4.2　单相 PWM 变频电路

输出为单相电压的电路称为单相 PWM 变频电路。该电路的原理图如图 5-6 所示。该图中载波信号 u_c 在信号波的正半周时为正极性的三角波，在负半周时为负极性的三角波，调制信号 u_r 和载波 u_c 的交点时刻控制变频电路中大功率晶体管 VT_3、VT_4 的通断。

各晶体管的控制规律如下：

（1）在 u_r 的正半周期，保持 VT_1 导通，VT_4 交替通断。当 $u_r > u_c$ 时，VT_4 导通，负载电压 $u_d = U_d$；当 $u_r \leqslant u_c$ 时，VT_4 关断，由于电感负载中电流不能突变，负载电流将通过 VD_2 续流，负载电压 $u_d = 0$。

（2）在 u_r 的负半周期，保持 VT_2 导通，VT_3 交替通断。当 $u_r < u_c$ 时，VT_3 导通，负载电压 $u_d = U_d$；当 $u_r \geqslant U_c$ 时，VT_d 关断，负载电流将通过 VD_2 续流，负载电压 $u_d = 0$。

这样，便得到 u_d 的 SPWM 波形，如图 5-18 所示，图中 u_{df} 表示 u_d 中的基波分量。像这种在 u_r 的半个周期内三角波只在一个方向变化，所得到的 PWM 波形只在一个方向变化的控制方式称为单极性 PWM 控制方式。

调节调制信号 u_r 的幅值可以使输出调制脉冲宽度作相应变化，这能改变变频电路输出电压的基波幅值，从而可实现对输出电压的平滑调节；改变调制信号 u_r 的频率则可以改变输出电压的频率，这样就实现了电压、频率的同时调节。所以，从调节的角度来看，SPWM 变频电路非常适用于交流变频调速系统。

与单极性 PWM 控制方式对应，另外一种 PWM 控制方式称为双极性 PWM 控制方式。其频率信号是三角波，基准信号是正弦波时，它与单极性正弦波脉宽调制的不同之处在于它们

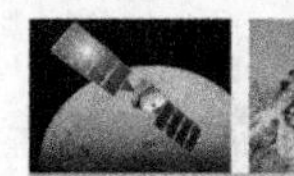

的极性随时间不断地正、负变化，如图 5-19 所示，不需要如上述单极性调制那样加倒向控制信号。

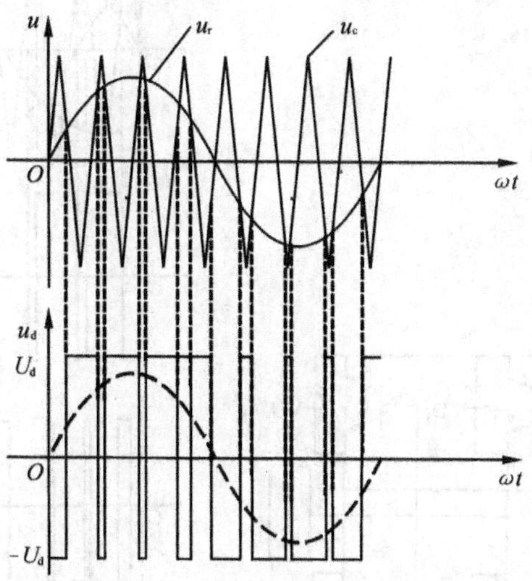

图 5-19 双极性 PWM 控制 SPWM 波形

单相桥式变频电路采用双极性控制方式时，各晶体管控制规律如下：在 u_r 的正、负半周内，对各晶体管控制规律与单极性控制方式相同，同样在调制信号 u_r 和载波信号 u_c 的交点时刻控制各开关器件的通断。当 $u_r > u_c$ 时，晶体管 VT_1、VT_4 导通，VT_2、VT_3 关断，此时 $u_d = U_d$；当 $u_r < u_c$ 时，晶体管 VT_2、VT_3 导通，VT_1、VT_4 关断，此时 $u_d = -U_d$。

在双极性控制方式中，三角载波在正、负两个方向变化，所得到的 PWM 波形也在正、负两个方向变化，在 u_r 的一个周期内，PWM 输出只有$\pm U_d$两种电平，变频电路同一相上、下两臂的驱动信号是互补的。在实际应用时，为了防止上、下两个桥臂同时导通而造成短路，在给一个臂的开关器件加关断信号后，必须延迟Δt 时间，再给另一个臂的开关器件施加导通信号，即有一段四个晶体管都关断的时间。延迟时间Δt 的长短取决于功率开关器件的关断时间。需要指出的是，这个延迟时间将会给输出的 PWM 波形带来不利影响，使输出偏离正弦波。

5.4.3 三相桥式 PWM 变频电路

图 5-20 给出了电压型三相桥式 PWM 变频电路，其控制方式为双极性方式。U、V、W 三相的 PWM 控制共用一个三角波信号 u_c，三相调制信号 u_{rU}、u_{rV}、u_{rW} 分别为三相正弦波信号，三相调制信号的幅值和频率均相等，相位依次相差 120°。U、V、W 三相的 PWM 控制规律相同。现以 U 相为例，当 $u_{rU} > u_c$ 时，使 VT_1 导通，VT_4 关断；当 $u_{rU} < u_c$ 时，VT_1 关断，VT_4 导通。VT_1、VT_4 的驱动信号始终互补。三相正弦波脉宽调制波形如图 5-21 所示。

由图 5-21 可以看出，任何时刻始终都有两相调制信号电压大于载波信号电压，即总有两个晶体管处于导通状态，所以负载上的电压是连续的正弦波。其余两相的控制规律与 U 相相同。

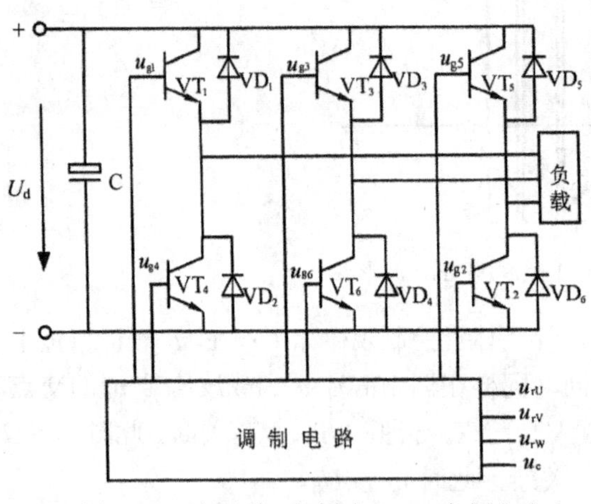

图 5-20　电压型三相桥式 PWM 变频电路

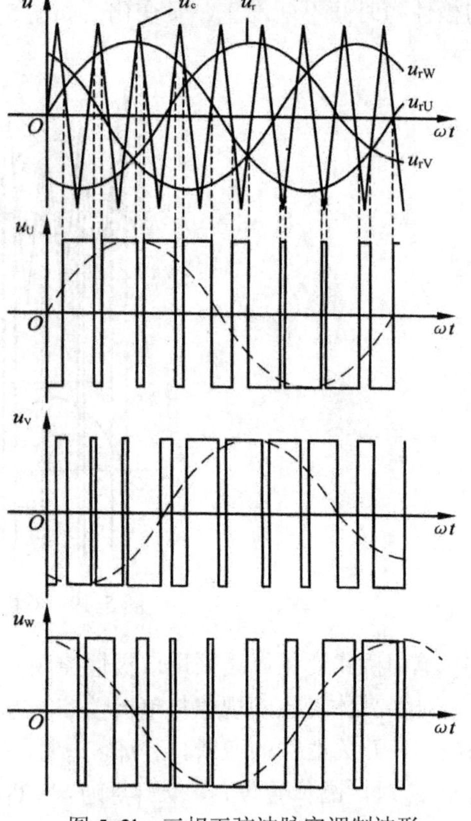

图 5-21　三相正弦波脉宽调制波形

5.4.4　用大规模集成电路芯片形成 SPWM 波

HEF4752 是全数字化生成三相 SPWM 波的集成电路。这种芯片既可用于有换流电路的三相晶闸管变频电路，也可用于由全控型开关器件构成的变频电路。对于后者，可输出三相对称的 SPWM 波控制信号，调频范围为 0～200Hz。由于它生成的 SPWM 波最大开关频率比较低，一般在 1kHz 以下，所以 HEF4752 适用于以 BJT 或 GTO 为开关器件的变频电路，而不适用于 IGBT 变频电路。

HEF4752 采用标准的 28 脚双列直插式封装，芯片用 5V 或 10V 电源，可提供三组相位互差 120° 的互补输出 SPWM 控制脉冲，以驱动变频电路的六个功率开关器件产生对称的三相输出。当用晶闸管时，需附加装置产生三对互补换流脉冲，用于控制换流电路中的辅助晶闸管。

HEF4752 内部逻辑框图和引脚图如图 5-22 所示。它由三个计数器、一个译码器、三个输出口和一个试验电路组成。三个输出口分别对应于变频电路的 R、Y、B（A、B、C）三相，每个输出口包括主开关元件输出端（M1、M2）和换流辅助开关元件输出端（C1、C2）两组信号。换流辅助开关信号是为晶闸管逆变器设置的。由控制输入端 I 选择晶体管或晶闸管方式。当 I 置高电平时，为晶闸管工作方式，主输出为占空比 1∶3 的触发脉冲串，换流输出为单脉冲；当 I 置低电平时，为晶体管工作方式，驱动晶体管变频电路输出波形是双边缘调制的脉宽调制波。为减小低频谐波影响，在低频时适当提高开关频率与输出频率的比值，即载波比，采用多载波比分段自动切换方式，分为八段，载波比分别为 15、21、30、42、60、84、120、168。这种方式不但调制频率范围宽，而且可与输出电压同步。

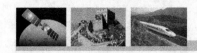

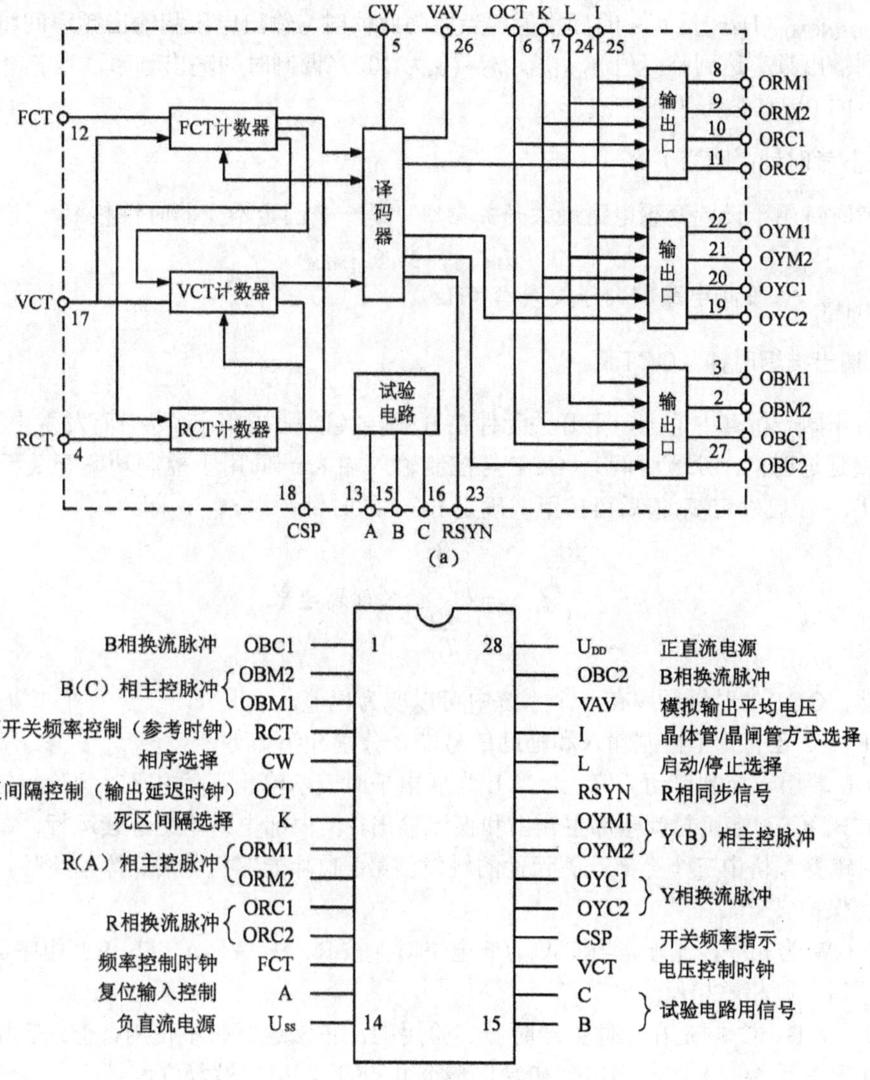

(a)

左侧引脚功能	引脚	引脚	右侧引脚功能
B相换流脉冲	OBC1 (1)	U_{DD} (28)	正直流电源
B（C）相主控脉冲	OBM2	OBC2	B相换流脉冲
	OBM1	VAV	模拟输出平均电压
最高开关频率控制（参考时钟）	RCT	I	晶体管/晶闸管方式选择
相序选择	CW	L	启动/停止选择
死区间隔控制（输出延迟时钟）	OCT	RSYN	R相同步信号
死区间隔选择	K	OYM1	Y(B）相主控脉冲
R(A）相主控脉冲	ORM1	OYM2	
	ORM2	OYC1	Y相换流脉冲
R相换流脉冲	ORC1	OYC2	
	ORC2	CSP	开关频率指示
频率控制时钟	FCT	VCT	电压控制时钟
复位输入控制	A	C	试验电路用信号
负直流电源	U_{ss} (14)	B (15)	

(b)

图 5-22　HEF4752 内部逻辑框图与引脚图

变频电路输出由四个时钟输入来控制。

1．频率控制时钟（FCT）

频率控制时钟用于控制变频电路的输出频率，输出信号一般由线性压控振荡器提供，计算公式为

$$f_{FCT} = 3360 \times f_{OUT}$$

式中　f_{OUT}——变频电路输出频率（Hz）。

2. 电压控制时钟（VCT）

电压控制时钟用于控制变频电路输出的基波电压，即脉冲宽度，计算公式为

$$f_{\mathrm{VCT(NOM)}} = 6720 \times f_{\mathrm{OUT}}$$

其中，$f_{\mathrm{VCT(NOM)}}$（Hz）是 f_{VCT} 的标称值，当取为此值时，输出电压和输出频率间将保持线性关系，直到输出频率达到临界值 $f_{\mathrm{OUT(M)}}$。$f_{\mathrm{OUT(M)}}$为 100％调制时的输出频率，当 $f_{\mathrm{OUT}} < f_{\mathrm{OUT(M)}}$时，经调制后的 PWM 波形为正弦波形。

3. 参考时钟（RCT）

参考时钟用于设置变频电路最大开关频率，是一个固定不变的时钟频率，计算公式为

$$f_{\mathrm{RCT}} = 280 \times f_{\mathrm{TMAX}}$$

式中　f_{TMAX}——变频电路最大开关频率（Hz）。

4. 输出推迟时钟（OCT）

为防止同一桥臂中的上、下开关元件在开关转换过程中因同时导通而发生电源短路事故，必须设置延迟时间（死区时间）。OCT 与控制输入端 K 一同用于控制功率开关元件的互锁推迟时间 T_{D}。在已确定 T_{D} 值后可按下式确定 OCT 的时钟频率 f_{OCT}，即

$$f_{\mathrm{OCT}} = \begin{cases} \dfrac{8}{T_{\mathrm{D}}}，\text{K置高电平} \\ \dfrac{16}{T_{\mathrm{D}}} \end{cases}$$

显然，OCT 的时钟频率在一个系统中可以取为恒值。

HEF4752 还有几个控制输入和辅助信号端，分别介绍如下。

（1）L 端用于控制启动 / 停止，当 L 为低电平时表示停止，高电平时解除封锁而启动。在晶体管方式下，L 端可封锁全部主输出和换流输出，但内部电路始终继续运行；在晶闸管方式下，只封锁变频桥中三个上部开关元件的触发信号。L 除能够控制启、停电路外，还可方便地用于过流保护。

（2）CW 为相序控制端，当 CW 为低电平时，按 R、B、Y（A、C、B）相序运行，当 CW 为高电平时，则相序相反。

（3）A、B、C 端是在元件生产时做实验用的，正常运行时不使用，但这三端必须与 U_{ss} 端（零电平）连接。A 端置高电平初始化整个 IC 芯片，被用做复位信号。

（4）RSYN 是一个脉冲输出端，其频率等于 f_{OUT}，脉宽等于 VCT 时钟的脉宽，主要为触发示波器扫描提供一个稳定的参考信号。

（5）VAV 为模拟变频电路输出线电压值的信号，即当有电压输出时，有信号输出，供测量使用。

（6）变频电路开关输出 CSP 是一脉冲串，不受 L 状态的影响，用于指示变频电路开关频率，其频率为变频电路开关频率的两倍。

根据前面的分析，PWM 变频电路的优点归纳如下。

（1）可以得到接近正弦波的输出电压，满足负载需要。

（2）整流电路采用二极管整流，可获得较高的功率因数。

（3）只用一级可控功率的环节，电路结构简单。

（4）通过对输出脉冲的宽度控制即可改变输出电压的大小，大大加快了变频电路的动态响应速度。

习题与思考题 5

5-1　简述变频电路的作用。

5-2　交交变频电路的最高输出频率是多少？制约输出频率提高的因素是什么？

5-3　交交变频电路的主要特点和不足是什么？其主要用途是什么？

5-4　三相交交变频电路有哪两种接线方式？它们有什么区别？

5-5　在三相交交变频电路中，采用梯形波输出控制的好处是什么？为什么？

5-6　试说明 PWM 控制的工作原理。

5-7　试述矩阵式变频电路的基本原理和优缺点。为什么说这种电路有较好的发展前景？

第6章 交流调压电路

教学导航

教	知识重点	1．单相交流调压电路的工作原理 2．三相交流调压电路的工作原理 3．交流过零调功电路的工作原理 4．调压电路的实践操作
	知识难点	1．三相交流调压电路的工作原理 2．交流过零调功电路的工作原理 3．调压电路的实践操作
	推荐教学方式	先去实训室对调压电路进行连线，用实验测试法让学生对调压电路的组成、工作原理有一个粗略的认知，然后利用多媒体演示结合讲授法让学生掌握各个调压电路的工作原理及应用
	建议学时	6学时
学	推荐学习方法	以实践操作法和分析法为主，结合反复复习法
	必须掌握的理论知识	各个调压电路的工作原理 各个调压电路的应用
	必须掌握的技能	会连接各种调压电路 学会使用示波器观察调压电路输出波形

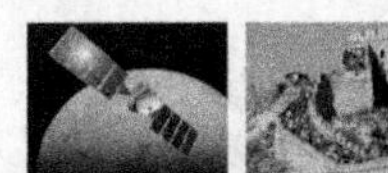

交流调压电路是用来变换交流电压幅值（或有效值）和功率的电路，这种装置又称为交流调压器。它广泛应用于工业加热、灯光控制、感应电动机的启动和调速以及电解电镀的交流侧调压等场合，也可以用于调节整流变压器一次侧绕组电压。采用晶闸管组成的交流调压电路可以方便地调节输出电压的幅值（有效值）。根据对晶闸管的控制方式不同，交流调压电路可分为移相控制和通断周波数控制两种形式。

6.1　单相交流调压电路

单相交流调压电路采用移相控制方式，即在电压的每一个周期中控制晶闸管的导通时刻，以达到控制输出电压的目的。图 6-1 为单相交流调压器的主电路原理图，在负载和交流电源间采用两只反并联的晶闸管 VT_1、VT_2，或连接一只双向晶闸管 VT。当电源处于正半周时，触发 VT_1 导通，电源的正半周电压加到负载上；当电源处于负半周时，触发 VT_2 导通，电源负半周电压便加到负载上；电压过零时晶闸管关断。当交替触发 VT_1、VT_2 时，负载上就可获得正、负半周对称的电源电压。很明显，它可通过控制晶闸管在每一个电源周期内导通角的大小来调节输出电压的大小。

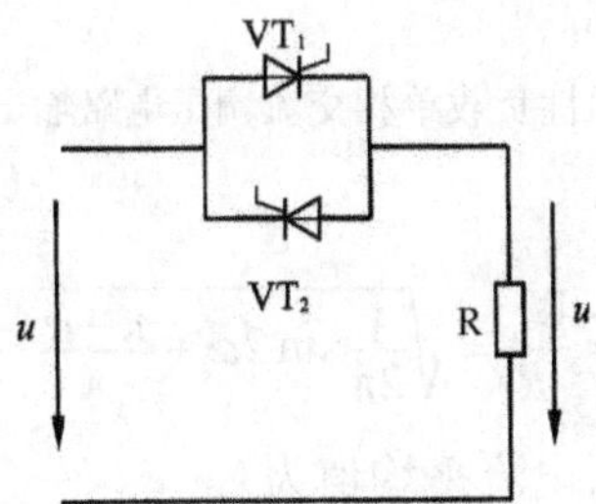

图 6-1　单相交流调压器的主电路原理图

6.1.1　电阻性负载

如图 6-1 所示电路采用相控调压方式，即通过改变晶闸管触发脉冲控制角α来控制交流电压的输出幅值。该电路输出电压波形图如图 6-2 所示。

在电源 u 的正半周，晶闸管 VT_1 承受正向电压，当$\omega t=\alpha$ 时，VT_1 被触发导通，则负载上得到缺α 角的正弦正半波电压；当$\omega t=\pi$时，电源电压过零，VT_1 电流下降为零而关断。在电源电压 u 的负半周，晶闸管 VT_2 承受正向电压；当$\omega t=\pi+\alpha$ 时，VT_2 被触发导通，则负载上又得到缺α 角的正弦负半波电压。持续这样的控制，在负载电阻上便得到每半波缺α 角的正弦电压。改变α 的大小，便改变了输出电压有效值的大小。

设 $u=\sqrt{2U\sin\omega t}$ ，则电压的有效值为

$$U_o=\sqrt{\frac{1}{\pi}\int_{\alpha}^{\pi}\left(\sqrt{2U\sin\omega t}\right)^2\mathrm{d}\omega t}$$

$$=U\sqrt{\frac{1}{2\pi}\sin 2\alpha+\frac{\pi-\alpha}{\pi}}\tag{6-1}$$

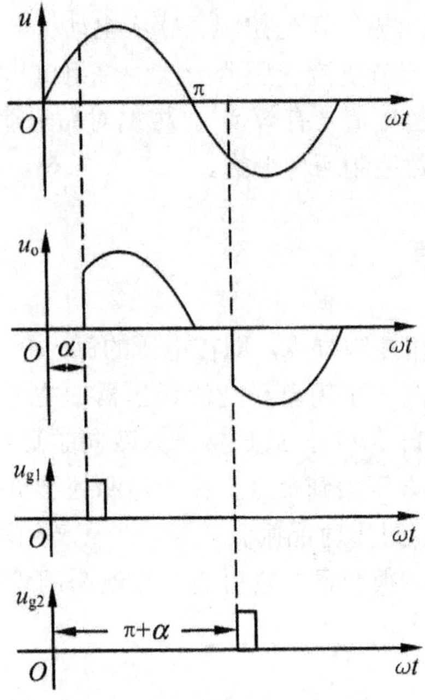

图 6-2 电阻性负载单相交流调压电路输出电压波形图

电流的有效值为

$$I_o = \frac{U_o}{R} = \sqrt{\frac{1}{2\pi}\sin 2\alpha + \frac{\pi - \alpha}{\pi}} \tag{6-2}$$

反并联电路流过每个晶闸管的电流平均值为

$$I_d = \frac{\sqrt{2}U_o}{2\pi R}(1+\cos\alpha) \tag{6-3}$$

功率因数为

$$\lambda = \cos\varphi = \frac{P}{S} = \frac{U_o}{U} = \sqrt{\frac{1}{2\pi}\sin 2\alpha + \frac{\pi - \alpha}{\pi}} \tag{6-4}$$

从式（6-1）中可以看出，随着α的增大，U_o逐渐减小；当$\alpha = \pi$时，$U_o = 0$。因此，单相交流调压器对于电阻性负载，其电压的输出调节范围为 0～U，控制角α的移相范围为 0～π。

6.1.2 电感性负载

电感性负载单相交流调压电路原理及波形图如图 6-3 所示。图中 u_{g1}、u_{g2} 分别为晶闸管 VT_1、VT_2 的宽触发脉冲波形。电感性负载是交流调压器的一般负载，其工作情况与可控整流电路的电感性负载相似。

在电源电压 u 的正半周内，晶闸管 VT_1 承受正向电压，当$\omega t=\alpha$时，VT_1 被触发导通，则负载上得到缺α角的正弦正半波电压，由于是感性负载，因此负载电流 i_o 的变化滞后电压的变化，电流 i_o 不能突变，只能从零逐渐增大。当电源电压过零时，电流 i_o 则会滞后于电源电压一定的相位角减小到零，VT_1 才能关断，所以在电源电压过零点后 VT_1 继续导通一段时间，输出电压出现负值，此时晶闸管的导通角 θ 大于相同控制角情况下电阻性负载的导通角。

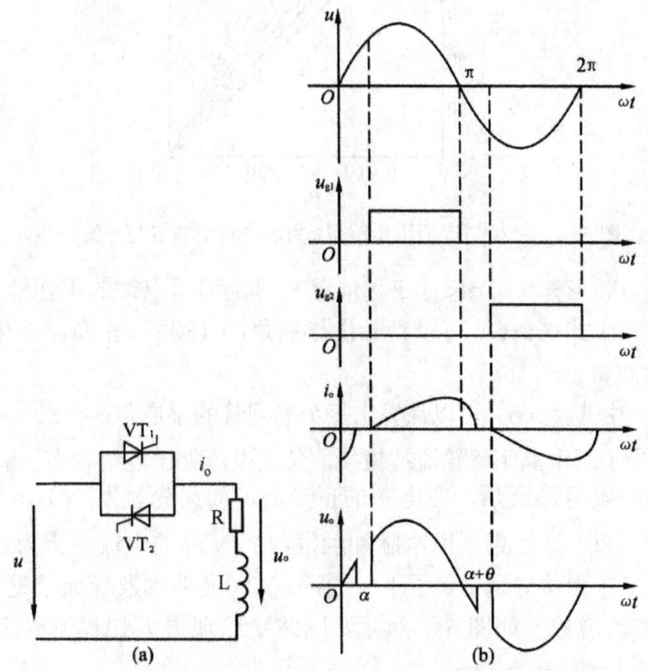

图 6-3　电感性负载单相交流调压电路原理及波形图

在电源电压 u 的负半周，晶闸管 VT_2 承受正向电压，当 $\omega t=\pi+\alpha$ 时，VT_2 被触发导通，则负载上又得到缺 α 角的正弦负半波电压。由于负载电感产生感应电动势阻止电流的变化，因而电流 i_o 只能反方向从零开始逐渐增大。当电源电压过零时，电流 i_o 则会滞后于电源电压一定的相位角，减小到零，VT_2 才能关断，所以在电源电压过零点后 VT_2 继续导通一段时间，输出电压出现正值。

由图 6-3（b）可知，晶闸管导通角 θ 的大小不但与控制角 α 有关，而且还与负载阻抗角 φ 有关。一个晶闸管导通时，其负载电流 i_o 的表达式为

$$i_o=\frac{\sqrt{2}U}{Z}\left[\sin(\omega t-\varphi)-\sin(\alpha-\varphi)e^{\frac{\alpha-\omega t}{\tan\varphi}}\right] \tag{6-5}$$

其中，$\alpha\leqslant\omega t\leqslant\alpha+\theta$；$Z=\left[R^2+(\omega L)^2\right]^{\frac{1}{2}}$；$\varphi=\arctan\dfrac{\omega L}{R}$。

当 $\omega t=\alpha+\theta$ 时，$i_o=0$。将此条件代入式（6-5），可得导通角 θ、控制角 α 与负载阻抗角 φ 之间的定量关系表达式为

$$\sin(\alpha+\theta-\varphi)=\sin(\alpha-\varphi)e^{-\frac{\theta}{\tan\varphi}} \tag{6-6}$$

针对交流调压器，其导通角 $\theta\leqslant180°$，再根据式（6-6），可绘出 $\theta=f(\alpha,\varphi)$ 曲线，如图 6-4 所示。

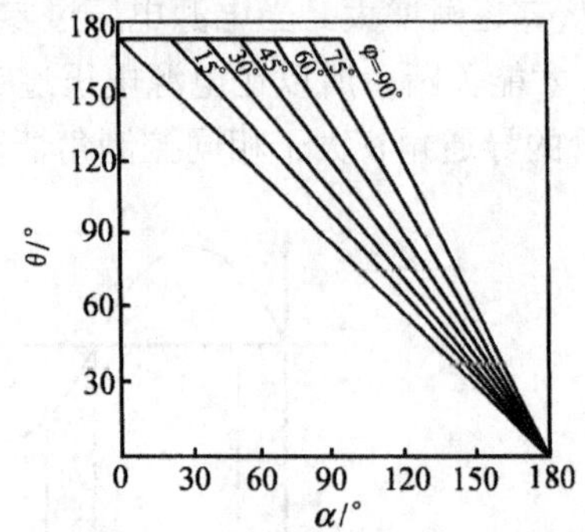

图 6-4　单相交流调压电路以φ为参变量时，θ与α的关系

下面分别就$\alpha > \varphi$、$\alpha = \varphi$、$\alpha < \varphi$三种情况来讨论调压电路的工作情况。

（1）当$\alpha < \varphi$时，由式（6-6）可以判断出导通角θ<180°，正负半波电流断续。α越大，θ越小，波形断续越严重。

（2）当$\alpha = \varphi$时，由式（6-6）可以计算出每个晶闸管的导通角θ= 180°。此时，每个晶闸管轮流导通 180°，相当于两个晶闸管轮流被短接，负载电流处于连续状态，输出完整的正弦波。

（3）当$\alpha < \varphi$时，电源接通后，在电源的正半周，如果先触发 VT_1，则根据式（6-6）可判断出它的导通角θ>180°。如果采用窄脉冲触发，当 VT_1 的电流下降为零而关断时，VT_2 的门极脉冲已经消失，VT_2 无法导通。到了下一周期，VT_1 又被触发导通并重复上一周期的工作，结果形成单向半波整流现象，如图 6-5 所示，回路中出现很大的直流电流分量，无法维持电路的正常工作。

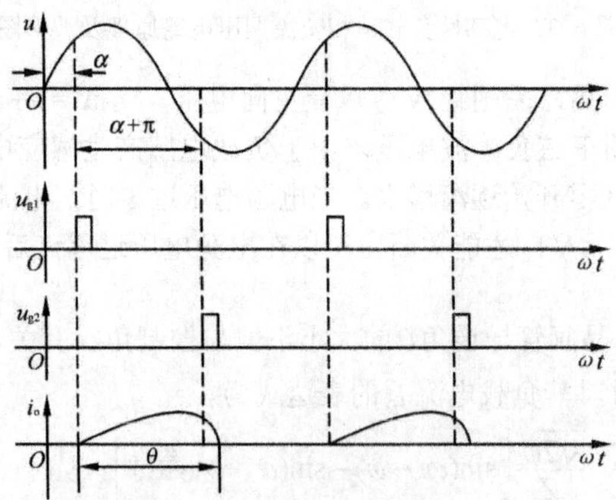

图 6-5　感性负载窄脉冲触发时的工作波形

解决上述失控现象的办法是：采用宽脉冲或脉冲列触发，以保证 VT_1 电流下降到零时，VT_2 的触发脉冲信号还未消失，VT_2 可在 VT_1 电流为零并关断后接着导通。但 VT_2 的初始触发控制角$\alpha+\theta-\pi>\varphi$。即 VT_2 的导通角θ<180°。从第二周期开始，由于 VT_2 的关断时刻向后移，因此 VT_1 的导通角逐渐减小，VT_2 的导通角逐渐增大，直到两个晶闸管的导通角θ= 180°时负载达到平衡。

根据以上分析，当$\alpha \leqslant \varphi$并采用宽脉冲触发时，负载电压、电流波形总是完整的正弦波，改变控制角α，负载电压、电流的有效值不变，即电路失去交流调压作用。在感性负载时，要实现交流调压的目的，则要求最小控制角$\alpha=\varphi$（负载的功率因数角），所以α的移相范围为φ～180°。

例 6.1　由晶闸管反并联组成的单相交流调压器，电源电压有效值$U_o=2300$V。

（1）电阻负载时，阻值在1.15～2.3Ω之间变化，预计最大的输出功率为2300kW，计算晶闸管所承受的电压的最大值，以及输出最大功率时晶闸管电流的平均值和有效值。

（2）如果负载为感性负载，$R=2.3\Omega$，$\omega L=2.3\Omega$，求控制角范围和最大输出电流的有效值。

解：（1）① 当$R=2.3\Omega$时，如果触发角$\alpha=0°$，负载电流的有效值为

$$I_o=\frac{U_o}{R}=\frac{2300}{2.3}=1000\text{A}$$

此时，最大输出功率$P_o=I_o^2R=1000^2\times2.3=2300$kW，满足要求。

晶闸管电流的有效值为

$$I_{VT}=\frac{I_o}{2}=\frac{1000}{2}=500\text{A}$$

输出最大功率时，由于$\alpha=0$，$\theta=180°$，负载电流连续，所以负载电流的瞬时值为

$$i_o=\frac{\sqrt{2}U_o}{R}\sin\omega t$$

此时晶闸管电流的平均值为

$$I_{dt}=\frac{1}{2\pi}\int_0^{\pi}\frac{\sqrt{2}U_o}{R}\sin\omega t\text{d}(\omega t)=\frac{\sqrt{2}U_o}{\pi R}=\frac{1.414\times2300}{3.1415\times2.3}=450\text{A}$$

② 当$R=1.15\Omega$时，由于电阻减小，调压电路向负载送出原先规定的最大功率保持不变，则此时负载电流的有效值计算如下：

由

$$P_o=I_o^2R=1000^2\times2.3=2300\text{kW}$$

得

$$I_o=1414\text{A}$$

因为I_o大于$R=2.3\Omega$时的电流，所以$\alpha>0$。

晶闸管电流的有效值为

$$I_{VT}=\frac{I_o}{2}=\frac{1414}{2}=707\text{A}$$

③ 加在晶闸管上正、反向最大电压为电源电压的最大值，即

$$\sqrt{2}\times2300=3253\text{V}$$

（2）电感性负载的功率因数角为

$$\varphi=\arctan\frac{\omega L}{R}=\arctan\frac{2.3}{2.3}=\frac{\pi}{4}$$

最小控制角为

$$\alpha_{\min}=\varphi=\frac{\pi}{4}$$

故控制角的范围为$\frac{\pi}{4}\leqslant\alpha\leqslant\pi$。

最大输出电流发生在$\alpha=\varphi=\frac{\pi}{4}$处，负载电流为正弦波，其有效值为

$$I_o=\frac{U_o}{\sqrt{R^2+(\omega L)^2}}=\frac{2300}{\sqrt{2.3^2+2.3^2}}=707\text{A}$$

6.2　三相交流调压电路

单相交流调压器的主电路和控制电路都比较简单，因此成本低，但只适用于单相负载和中、小容量负载的应用场合。如果单相负载容量过大，就会造成三相不平衡，影响电网供电质量，因而容量较大的负载大部分为三相负载。要适应三相负载的要求，就需用三相交流调压电路。三相交流调压电路有各种各样的形式，下面分别介绍较为常用的三种接线方式。

6.2.1　带中线星形连接的三相交流调压电路

带中线的三相交流调压电路，实际上就是三个单相交流调压电路的组合，如图 6-6 所示。工作原理和波形分析与单相交流调压电路完全相同。晶闸管如果按图 6-6 排列，则导通顺序为 $VT_1 \rightarrow VT_2 \rightarrow VT_3 \rightarrow VT_4 \rightarrow VT_5 \rightarrow VT_6$。触发脉冲间隔为 60°，其触发电路可以套用三相全控桥式整流电路的触发电路。由于有中线，故不一定要采用宽脉冲或双窄脉冲触发，触发移相范围为 0～180°。

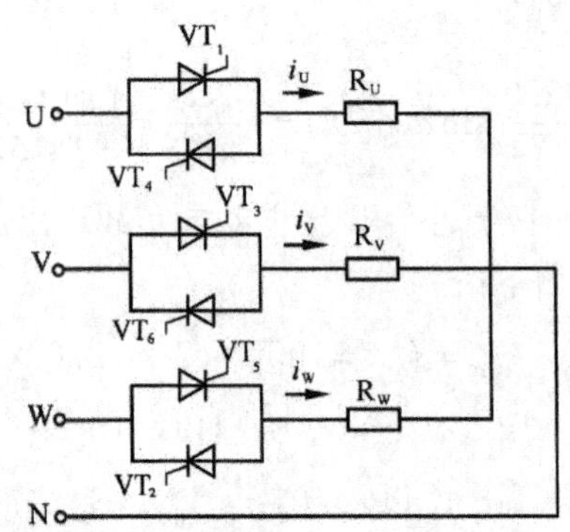

图 6-6　带中线星形连接的三相交流调压电路

在三相正弦交流电路中，由于各相电流相位互差 120°，故中线电流为零。在交流调压电路中，每相负载电流为正负对称的缺角正弦波，这包含有较大的奇次谐波电流，主要是三次谐波电流。这种缺角正弦波的谐波分量与控制角 α 有关。当 $\alpha = 90°$ 时，三次谐波电流最大。在三相电路中各相三次谐波是同相的，因此中线电流为一相三次谐波电流的 3 倍，数值较大。如果电源变压器为三柱式，则三次谐波磁通不能在铁芯中形成通路，会出现较大的漏磁通，引起变压器的发热和产生噪声，对线路和电网均带来不利影响，因此工业上应用较少。

6.2.2　晶闸管与负载连接成内三角形的三相交流调压电路

晶闸管与负载连接成内三角形的三相交流调压电路如图 6-7 所示，它实际上也是三个单相交流调压电路的组合，其优点是由于晶闸管串联在三角形内部，流过晶闸管的电流是相电流，故在同样线电流情况下，晶闸管电流容量可以降低。其线电流三次谐波分量为零，触发移相范围为 0～180°。缺点是负载必须为三个单相负载才能接成此种电路形式，不能接成 Y 形和 D 形，故应用较少。

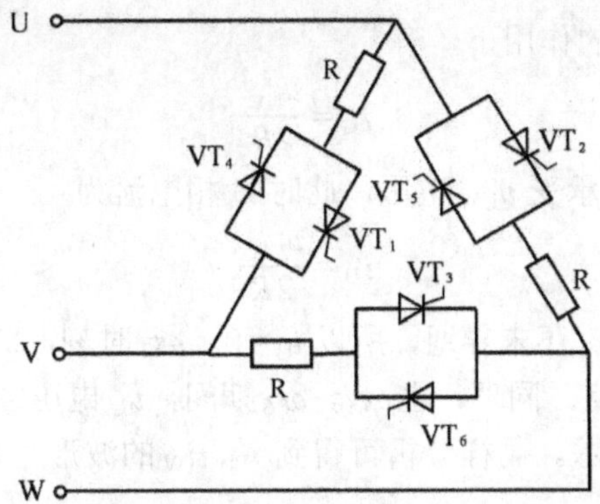

图 6-7　晶闸管与负载连接成内三角形的三相交流调压电路

6.2.3　用三对反并联晶闸管连接的三相三线交流调压电路

用三对反并联晶闸管连接的三相三线交流调压电路如图 6-8 所示，负载可以连接成 Y 形，也可以连接成 D 形。触发电路和三相全控式整流电路一样，需采用宽脉冲或双窄脉冲触发。

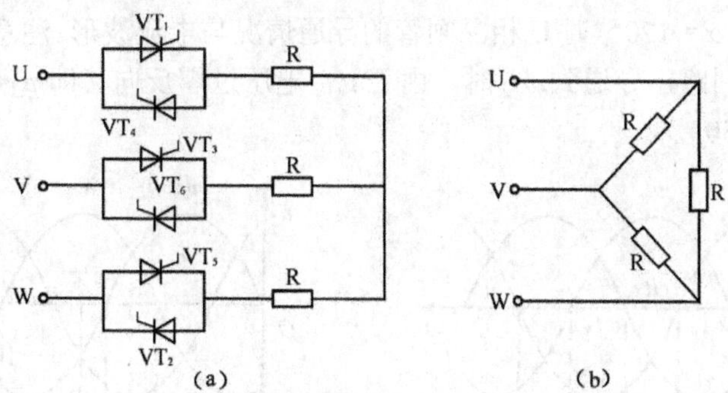

图 6-8　用三对反并联晶闸管连接的三相三线交流调压电路

现以 Y 形电阻负载连接为例，分析其工作原理。

1．控制角 $\alpha = 0°$

$\alpha = 0°$ 即在相应的每相电压过零处给晶闸管加触发脉冲，这就相当于将六只晶闸管换成六只整流二极管，因而三相正、反向电流都畅通，相当于一般的三相交流电路。当每相的负载电阻为 R 时，各相的电流为

$$i_\varphi = \frac{u_{2\varphi}}{R}$$

式中　$u_{2\varphi}$——各相电压值。

在如图 6-8 所示电路中，晶闸管的导通顺序为 $VT_1 \rightarrow VT_2 \rightarrow VT_3 \rightarrow VT_4 \rightarrow VT_5 \rightarrow VT_6$。触发电路的脉冲间隔为 60°，每只晶闸管的导通角为 θ=180°。除换流点外，每时刻均有三只晶闸管导通。

2．控制角 $\alpha = 60°$

U 相晶闸管导通情况与电流波形如图 6-9 所示。ωt_1 时刻触发 VT_1 导通，与导通的 VT_6 组

成电流回路，此时在线电压的作用下，有

$$i_U = \frac{u_{UV}}{2R}$$

ωt_2 时刻，VT_2 被触发，承受 u_{UW} 电压，此时 U 相电流为

$$i_U = \frac{u_{UW}}{2R}$$

ωt_3 时刻，VT_1 关断，VT_4 还未导通，所以 $i_U=0$。ωt_4 时刻，VT_4 被触发，i_U 在电压 u_{UV} 作用下，经 VT_3、VT_4 构成回路。同理，在 ωt_5～ωt_6 期间，u_U 电压经 VT_4～VT_5 构成回路，i_U 电流波形如图 6-9 中剖面线所示。同样分析可得到 i_V、i_W 的波形，其形状与 i_U 相同，只是相位互差 120°。

3．控制角 α=90°

当 $\alpha=90°$ 时，电流开始断续。

4．控制角 α=120°

如图 6-10 所示为 $\alpha=120°$ 时 U 相晶闸管的导通情况与电流波形。注意，ωt_1 时刻触发 VT_1，VT_1 与 VT_6 构成电流回路，导通到 ωt_2 时，由于 u_{UV} 电压过零反向（即 $\varphi_U<\varphi_V$），因此强迫 VT_1 关断（VT_1 先导通了 30°）。

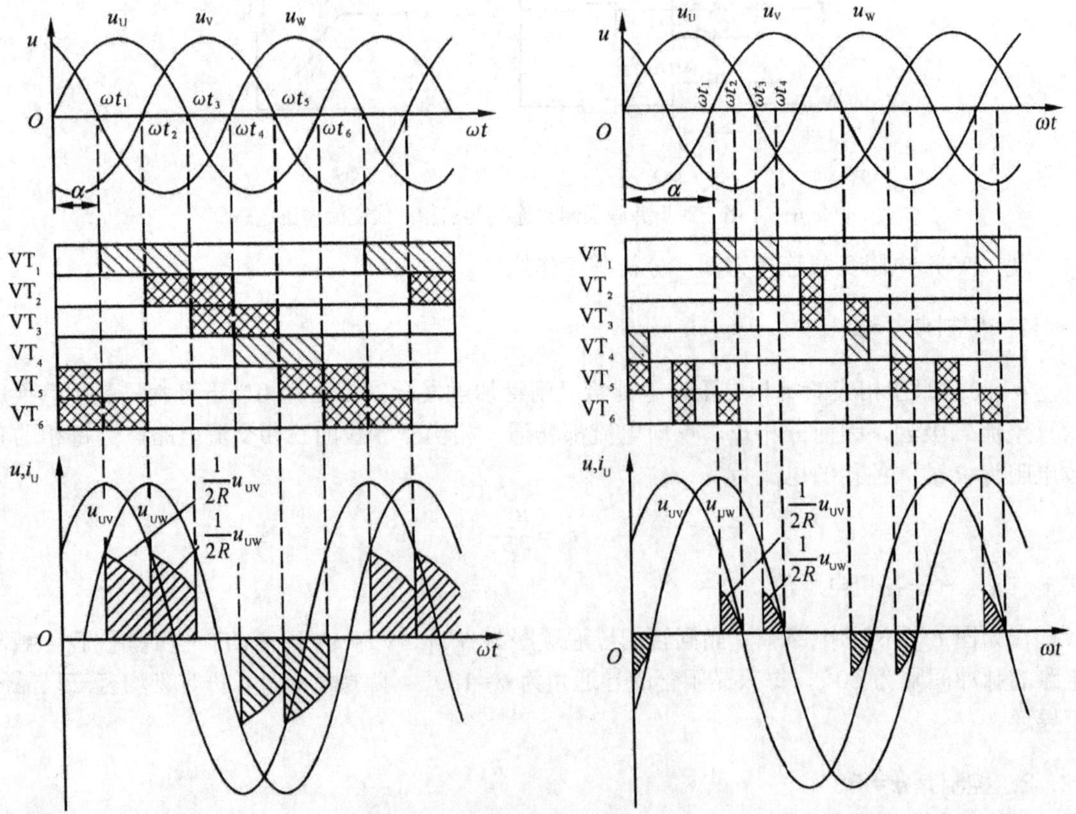

图 6-9　$\alpha=60°$ 时 U 相晶闸管导通情况与电流波形　图 6-10　$\alpha=120°$ 时 U 相晶闸管导通情况与电流波形

6.3 交流过零调功电路

晶闸管过零调功电路采用通断周波数控制方式，利用过零触发，以调节晶闸管通断周波数的方式来控制输出功率，简称调功器或周波控制器。调功器主要器件既可以用双向晶闸管，也可以用两只普通晶闸管反并联连接。

晶闸管移相触发通过改变触发脉冲的相位来控制晶闸管的导通时刻，从而使负载得到所需的电压。这种控制方式的优点是输出电压和电流可连续平滑调节，但存在的明显缺点是这种触发方式会使电路中出现缺角的正弦波形，它包含着高次谐波。在电路接电阻负载时，以控制角α触发，使晶闸管以微秒级的速度由关断转入导通，电流变化率很大。即使电路中的电压量很小，也会产生较高的反电动势，造成电源波形畸变和高频辐射，直接影响接在同一电网上的其他用电设备（特别是精密仪表、通信设备等）的正常运行。因此，移相触发控制的晶闸管装置在实用中受到一定的限制。在要求较高的场合，采用移相触发装置就必须采取滤波和防干扰措施。

晶闸管过零触发则不同，晶闸管作为开关元件接在交流电源与负载之间，在电源过零的瞬间使晶闸管触发导通，仅当电流接近零时才关断，从而使负载能够得到完整的正弦波电压和电流。在设定周期内将电路接通若干周波，然后再断开相应的周波，通过改变晶闸管在设定周期内通断时间的比例，即可达到调节负载两端电压的目的。

6.3.1 调功器的工作原理

如图 6-11 所示为单相交流调功器和三相交流调功器电路，交流电源电压 u、VT_1 的触发脉冲 u_{g1} 和 VT_2 的触发脉冲 u_{g2} 的波形如图 6-12 所示。由于晶闸管是在电源电压过零瞬时被触发导通的，因此负载得到的是完整的正弦波电压和电流，可以保证减小瞬态负载浪涌电流和触发导通电流的变化率，从而减小晶闸管由于电流变化率过大而失效或换相失败的概率。

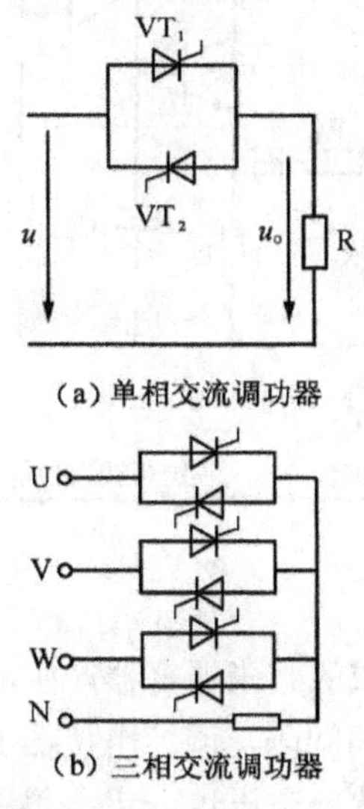

图 6-11 交流调功器电路

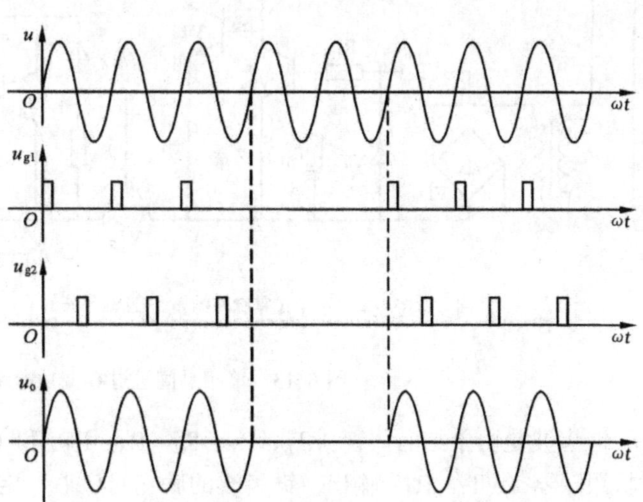

图 6-12 单相交流过零触发开关电路的工作波形

设定运行周期 T_c 内的周波数为 n，每个周波的频率为 50Hz，周期为 T（20ms），则调功器的输出功率为

$$P_o = \frac{n \cdot T}{T_c} P_N \tag{6-7}$$

调功器输出电压的有效值为

$$U = \sqrt{\frac{n \cdot T}{T_c}} U_N \tag{6-8}$$

其中，P_N 与 U_N 分别为设定运行周期 T_c 内全导通时装置的输出功率与电压有效值。T_c 应大于电源电压一个周波的时间，且远远小于负载的热时间常数，一般取 1s 左右即可满足工业要求。

由输出功率 P_o 的表达式可知，控制调功电路的导通周波数即可实现对被调对象（如电阻炉）输出功率的调节控制。

6.3.2 实例——单相晶闸管过零调功电路

如图 6-13 所示电路中，两只晶闸管反并联组成交流开关，该电路是一个包括控制电路在内的单相全波连续式过零触发电路。触发电路由锯齿波发生器、信号综合、直流开关、过零脉冲触发与同步电压五个环节组成。工作原理如下：

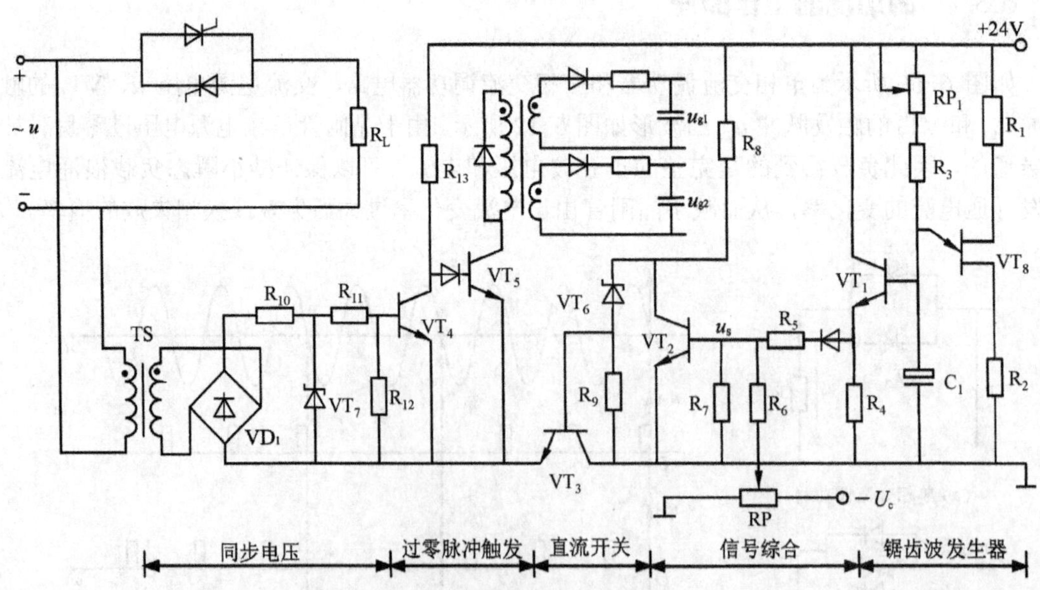

图 6-13 单相晶闸管过零调功电路

（1）锯齿波是由单结晶体管 VT_8、R_1、R_2、R_3、RP_1 和 C_1 组成的弛张振荡器产生的。然后经射极跟随器（VT_1，R_4）输出。锯齿波的底宽对应着一定的时间间隔，调节电位器 RP_1 即可改变锯齿波的斜率。由于单结晶体管的分压比一定，故电容 C 放电电压也一定，斜率的减

小意味着锯齿波底宽增大，反之底宽减小。

（2）控制电压 U_c 与锯齿波电压进行电流叠加后送到 VT_2 的基极，合成电压为 u_s，当 $u_s>0$ 时，VT_2 导通；当 $u_s<0$ 时，VT_2 截止。

（3）由 VT_2、VT_3 及 R_8、R_9、VT_6 组成一个直流开关，当 VT_2 的基极电压 $U_{be2}>0$（0.7V）时 VT_2 导通，VT_3 的基极电压 U_{be3} 接近零电位，VT_3 截止，直流开关阻断。当 $U_{be}<0$ 时，VT_2 截止，由 R_8、VT_6 和 R_9 组成的分压电路使 VT_3 导通，直流开关导通。

（4）由同步变压器 TS、整流桥 VD_1、R_{10}、R_{11} 及 VT_7 组成一个削波同步电源，这个电源与直流开关的输出电压共同控制 VT_4 与 VT_5。只有在直流开关导通期间，VT_4 与 VT_5 的集电极和发射极之间才有工作电压，两个管子才能工作。在此期间，同步电压每次过零时，VT_4 截止，其集电极输出一个正电压，使 VT_5 由截止转为导通，经脉冲变压器输出触发脉冲，而此脉冲使晶闸管在需要导通的时刻导通。

该电路中各主要点的波形如图 6-14 所示。

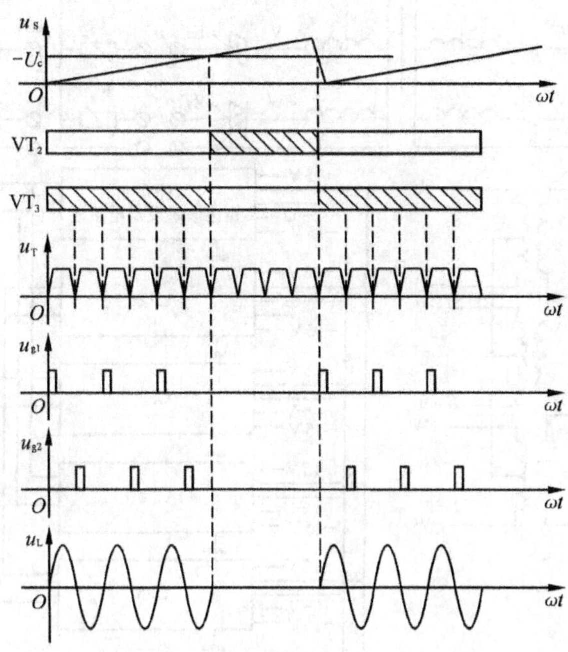

图 6-14　单相过零调功电路的工作波形

在直流开关导通期间输出连续的正弦波，控制电压 U_c 的大小决定了直流开关导通时间的长短，也就决定了在设定周期内电路输出的周波数，从而实现对输出功率的调节。

显然，控制电压 U_c 越大，导通的周波数越多，输出的功率就越大。设负载为电阻加热炉，则电阻炉的温度也就越高；反之，电阻炉的温度就越低。利用这种系统可实现对电阻炉炉温的控制。

由于图 6-13 所示的温度调节系统是手动开环控制方式，因此炉温波动大，控温精度低。故这种系统只能用于对控温精度要求不高且热惯性较大的电热负载，当要求控温精度较高时，必须采用闭环控制的自动调节装置。

实训 9　三相交流调压电路的连接与测试

一、目的

（1）熟悉三相交流调压电路的工作原理。

（2）了解三相三线制和三相四线制交流调压电路在电阻负载、电阻电感负载时输出电压、电流的波形及移相特性。

二、电路

电路如图 6-15 所示。

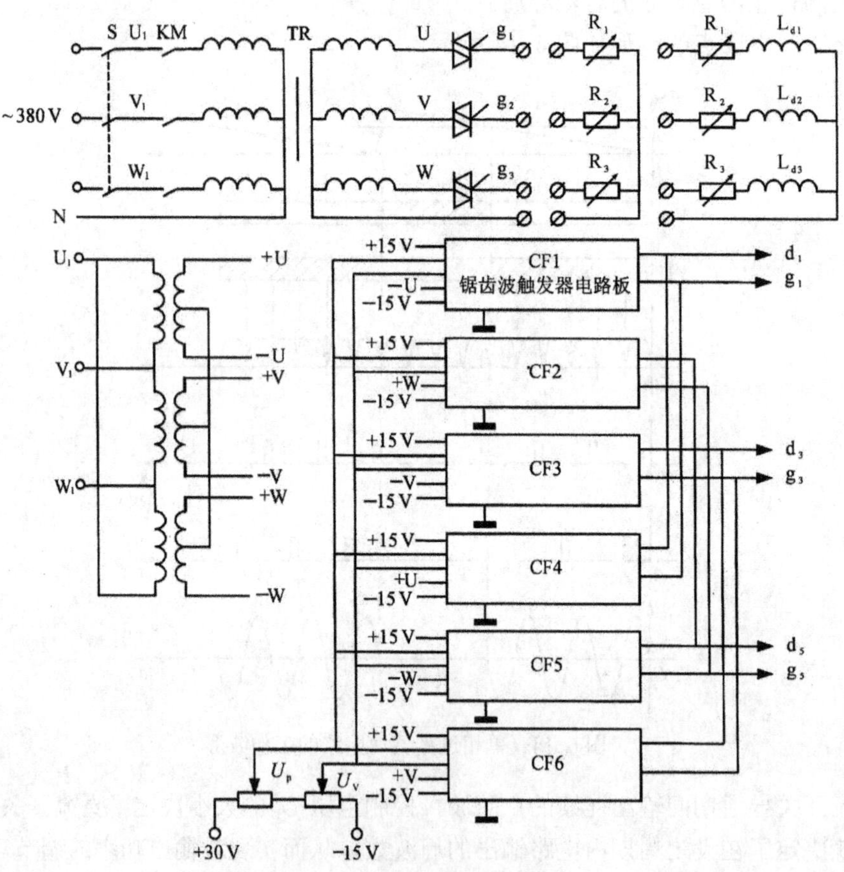

图 6-15　三相交流调压电路

三、设备

变阻器、电抗器、双踪示波器和万用表。

四、实验原理

带中线星形连接的三相交流调压电路实际上就是三个单相交流调压电路的组合，其工作

原理和波形均与单相交流调压电路相同。

对于三相三线制交流调压电路，由于没有中线，每相电流必须与另一相构成回路。与三相全控桥一样，三相三线制调压电路应采用宽脉冲或双窄脉冲触发。与三相整流电路不同的是，控制角$\alpha=0°$ 为相应相电压过零点，而不是自然换相点。在采用锯齿波同步触发电路时，为满足α时的移相要求，同步电压应超前相应的主电路电源电压 30°。

由图 6-15 看出，主电路整流变压器采用 yn,yn(y)接法、同步变压器采用 D,yn-yn 接法即可满足上述两种调压电路的需要。

五、内容及步骤

（1）按照如图 6-15 所示将电路接好（暂不接负载），闭合 S，按下启动按钮，主电路接通电源。用示波器检查同步电压是否对应超前主电路电源电压 30°，即 u_{+a}超前 u_V 30°。

（2）切断主电路电源，在带中线星形连接的三相交流调压电路中接上电阻负载，并按下启动按钮接通主电路，用示波器观察$\alpha=0°$、30°、60°、90°、120°、150°时 u 的波形，并把波形和输出电压有效值记入表 6-1 中。

表 6-1　电阻负载时三相交流调压电路实验记录

接法	α	0°	30°	60°	90°	120°	150°
yn	U						
	u 波形						
y	U						
	u 波形						

（3）切断主电路电源，在带中线星形连接的三相交流调压电路中换接上电阻电感负载，再接通主电路。调变阻器（三相一起调），使阻抗角$\varphi=60°$，用示波器观察$\alpha=0°$、30°、60°、90°、120°时的波形，并将输出电压 u、电流 i 的波形和输出电压有效值记入表 6-2 中。

表 6-2　电阻电感负载时三相交流调压电路实验记录

接法	α	0°	30°	60°	90°	120°	150°
yn	U						
	u 波形						
	i 波形						
y	U						
	u 波形						
	i 波形						

（4）按停止按钮，切断主电路，断开负载中线，做三相四线制交流调压实验，其步骤与（1）、（2）、（3）相同，并将波形和数值分别记录于表 6-1 和表 6-2 中。

六、实训报告要求

（1）讨论分析三相三线制交流调压电路中如何确定触发电路的同步电压。

（2）整理记录波形并作出不同接线方法、不同负载时 $U=f(\alpha)$曲线。

（3）对两种接线方式的输出电压、电流波形进行分析比较。

习题与思考题 6

6-1　一个调光台灯由单相交流调压电路供电，设该台灯可看作电阻负载，在 $\alpha=0$ 时输出功率为最大值，试求功率为最大输出功率的 80%、50%时的开通角 α。

6-2　一台单相交流调压器，电源为工频 220V，电阻电感串联作为负载，其中 $R=0.5\Omega$、$L=2\text{mH}$。试求：（1）开通角 α 的变化范围；

（2）负载电流的最大有效值；

（3）最大输出功率及此时电源侧的功率因数；

（4）当 $\alpha=\dfrac{\pi}{2}$ 时，晶闸管电流有效值、晶闸管导通角和电源侧功率因数。

6-3　交流调压电路和交流调功电路有什么区别？二者各应用于什么样的负载？为什么？

6-4　什么是 TCR，什么是 TSC？它们的基本原理是什么？各有何特点？

6-5　单相交交变频电路和直流电动机传动用的反并联可控整流电路有什么不同？

第7章 直流变换电路

教学导航

教	知识重点	1. 直流电压变换电路的工作原理及其分类 2. 单象限直流电压变换电路的工作原理 3. 全桥式直流变换器电路的工作原理 4. 直流变换电路的实践操作
	知识难点	1. 直流电压变换电路的工作原理及其分类 2. 单象限直流电压变换电路的工作原理 3. 直流变换电路的实践操作
	推荐教学方式	先去实训室对斩波电路进行连接，用实验测试法让学生对斩波电路的组成、工作原理有一个粗略的认知，然后利用多媒体演示结合讲授法让学生掌握斩波电路工作原理及应用
	建议学时	6学时
学	推荐学习方法	以实践操作法和分析法为主，结合反复复习法
	必须掌握的理论知识	各个斩波电路的工作原理 各个斩波电路的应用
	必须掌握的技能	会连接各种斩波电路 学会使用示波器观察斩波电路输出波形

将直流电转换为另一固定电压或电压可调的直流电的电路称为直流变换电路。它利用电力开关器件周期性的开通与关断来改变输出电压的大小，因此也称为开关型DC/DC变换电路或直流斩波器。

直流变换电路主要以全控型电力器件（如GTO、GTR、VDMOS和IGBT等）作为开关器件，通过变换电路控制输出电压的大小。开关频率越高，越容易用滤波器抑制输出电压的纹波，减少"电力公害"。近年来功率器件以及各种控制技术的涌现极大地促进了直流变换技术的发展，以实现硬开关或软开关（ZCS、ZVS）为目标的各类新型变换电路不断出现，这进一步为改善直流变换电路的动态性能、降低开关损耗、减少电磁干扰开辟了有效的新途径。

直流变换技术广泛应用于地铁车辆、工矿电力机车、城市无轨电车、高速电动车组以及由蓄电池供电的搬运车、叉车、电动汽车等，还有电动汽车的调速与控制，由于上述供电均是固定直流电压供电，采用直流变换技术，可以使上述各种车辆的控制更加先进灵活，尤其是加/减速过程更加平稳，运行更加快捷高效，由直流变换电路实现调压调速代替老式的变电阻调速还可节能20%～30%。

7.1 直流电压变换电路的工作原理及其分类

7.1.1 直流电压变换电路的工作原理

基本的直流变换电路如图7-1（a）所示，图中T是可控开关，R为纯电阻负载，当开关T在t_{on}时刻接通时，电流i_d经过负载电阻R，R两端就有电压u_o；开关T在t_{on}时刻断开时，R中电流i_o为零，电压u_o也就变为零。直流变换电路的负载电压、电流的波形如图7-1（b）所示。

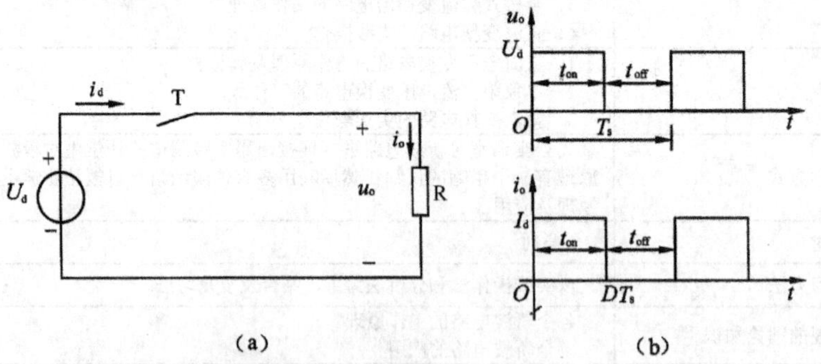

图7-1　基本的直流变换电路及其负载电压、电流波形

可以定义上述电路中开关的占空比为

$$D=\frac{t_{on}}{T_s} \tag{7-1}$$

式中　T_s——开关T的工作周期；

t_{on}——开关T的导通时间。

由波形图可得到输出电压平均值为

$$U_o=\frac{1}{T_s}\int_0^{t_{on}}U_d\mathrm{d}t=\frac{t_{on}}{T_s}U_d=DU_d \tag{7-2}$$

若认为开关 T 无损耗，则输入功率为

$$P=\int_0^{DT_s}u_o i_o \mathrm{d}t = DT_s\frac{U_d^2}{R} \tag{7-3}$$

式（7-2）中，U_d 为输入电压。因为 D 是 0～1 之间变化的系数，因此在 D 变化范围内输出电压 U 总是小于输入电压 U_d，改变 D 值就可以改变输出电压平均值的大小。而占空比的改变可以通过改变 t_{on} 或 T_s 来实现。通常直流变换电路的工作方式有以下三种：

（1）脉冲频率调制工作方式：即维持 t_{on} 不变，改变 T_s。在这种调制方式中，由于输出电压波形的周期是变化的，因此输出谐波的频率也是变化的，这使得滤波器的设计比较困难，输出波形谐波干扰严重，一般很少采用。

（2）脉宽调制工作方式：即维持 T_s 不变，改变 t_{on}。在这种调制方式中，输出电压波形的周期是不变的，因此输出谐波的频率也是不变的，这使得滤波器的设计变得较为容易。

（3）调频调宽混合控制：这种控制方式不但改变 t_{on} 也改变 T_s。这种控制方式的可以大幅度地变化输出，但也存在着由于频率变化所引起的设计滤波器难度较大的问题。

7.1.2　直流电压变换电路的分类

随着生产实际的需要和技术的发展，产生了多种直流变换电路。直流变换电路按照稳压控制方式可分为脉冲宽度调制直流变换电路、脉冲频率调制直流变换电路和调频调宽混合控制直流变换电路；按变换器的功能可分为降压变换电路（Buck）、升压变换电路（Boost）、升降压变换电路（Buck-Boost）、库克变换电路（Cuk）、全桥直流变换电路等；根据直流变换电路的工作范围可以分为第一象限直流变换电路、第二象限（再生电路）直流变换电路、两象限（A 型和 B 型）直流变换电路、四象限直流变换电路等。

7.2　单象限直流电压变换电路

降压变换电路（Buck）、升压变换电路（Boost）、库克变换电路（Cuk）等直流变换电路只能实现功率的单方向传输，即电压极性和电流的方向是固定的，一般把这些电路称为单象限直流电压变换电路。

7.2.1　降压变换电路

降压变换电路是一种输出电压的平均值低于输入电压的变换电路，又称为 Buck 型变换器。它主要用于直流电源电路和直流电动机的调速。降压变换电路的基本形式如图 7-2（a）所示。图中开关 T 可以是各种全控型电力器件，VD 为续流二极管，其开关速度应与开关 T 同等级，常用快恢复二极管。L、C 分别为滤波电感和电容，组成低通滤波器，R 为负载。为了简化分析，假设 T、VD 是无损耗的理想开关，输入直流电源 U_d 是理想电压源，其内阻为零，L、C 中的损耗可忽略，R 为理想负载。

在图 7-2（a）所示的电路中，触发脉冲在 $t=0$ 时，使开关 T 导通，在 t_{on} 即导通期间电感 L 中有电流流过，且二极管 VD 反向偏置，使电感两端呈现正电压 $u_L=U_d-u_o$，在该电压作用下，电感中的电流 i_L 线性增加，其等效电路如图 7-2（b）所示。当触发脉冲在 $t=DT_s$ 时刻使

开关 T 断开后而处于 t_{off} 期间时，由于电感已储存了能量，VD 导通，i_L 经 VD 续流，此时 $u_L=-u_o$，电感 L 中的电流 i_L 线性衰减，其等效电路如图 7-2（c）所示，各电量的波形图如图 7-2（d）所示。

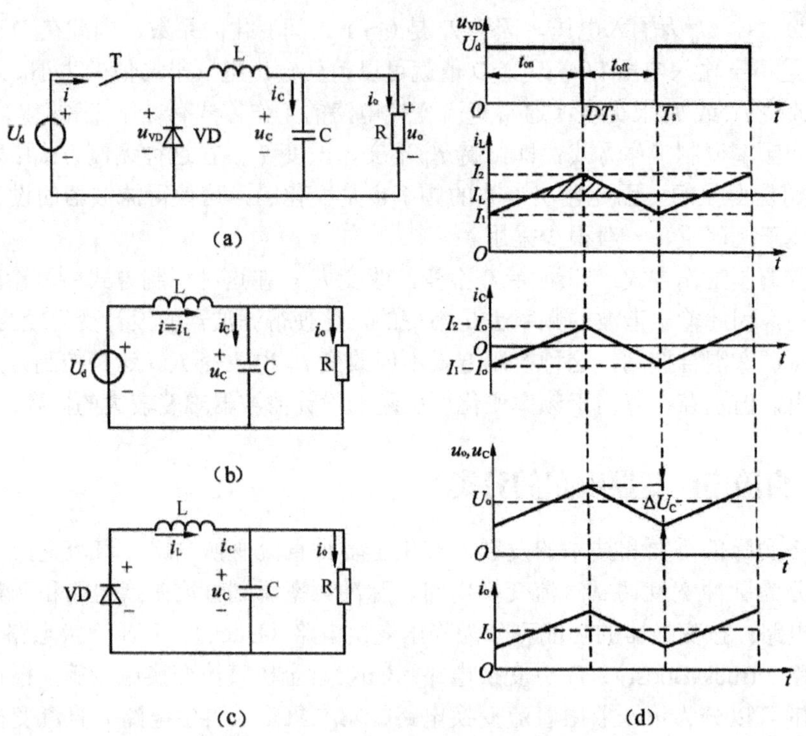

图 7-2　降压变换电路及其各电量波形图

由图 7-2（d）所示波形可以计算输出电压的平均值为

$$U_o=\frac{1}{T_S}\int_0^{T_s}u_o(t)\mathrm{d}t=\frac{1}{T_s}\left(\int_0^{t_{on}}u_o(t)\mathrm{d}t+\int_{t_{on}}^{T_s}u_o(t)\mathrm{d}t\right)=\frac{t_{on}}{T_s}U_d=DU_d \tag{7-4}$$

式（7-4）中 U_d 为输入直流电压，因为 D 是 0～1 之间变化的系数，因此在 D 变化的范围内，输出电压 U_o 总是小于输入电压 U_d，输出功率等于输入功率，即

$$P_o=P_d$$

可得

$$U_oI_o=U_dI_d \tag{7-5}$$

因此，输入电流 I_d 与负载电流 I_o 的关系为

$$I_o=\frac{U_d}{U_o}I_d=\frac{1}{D}I_d \tag{7-6}$$

降压变换电路有两种可能的运行情况，即电感电流连续模式和电感电流断流模式。电感电流连续模式是指如图 7-2（a）所示的电路，电感电流在整个开关周期 T_s 中都存在，如图 7-3（a）所示；电感电流断流是指在开关管 T 断开的 t 期间后期内，输出电感的电流已降为零，如图 7-3（c）所示，处于这两种工作情况的临界点称为电感电流临界连续状态。在开关管阻断期结束时，电感电流刚好降为零，如图 7-3（b）所示。电感中的电流 i_L 是否连续取决于开关频率、滤波电感 L 和电容 C 的数值。下面讨论电感电流连续时的工作情况。

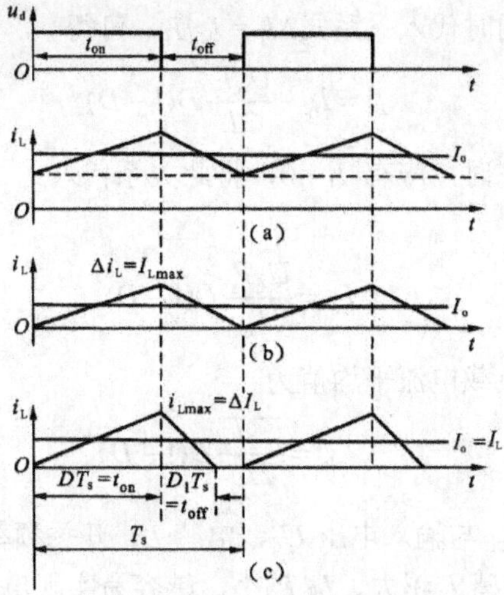

图 7-3 电感电流波形图

在 t_{on} 期间，开关 T 导通，根据图 7-2（b）所示等效电路，可得出电感上的电压为

$$u_L = L\frac{di_L}{dt}$$

在这期间由于电感 L 和电容 C 无损耗，因此 i_L 从 I_1 线性增加至 I_2，上式可以写成

$$U_d - U_o = L\frac{I_2 - I_1}{t_{on}} = L\frac{\Delta I_L}{t_{on}}$$

$$t_{on} = \frac{\Delta I_L L}{U_d - U_o} \tag{7-7}$$

其中，$\Delta I_L = I_2 - I_1$ 为电感上电流的变化量；U_o 为输出电压平均值。

在 t_{off} 期间，T 关断，VD 导通续流。依据假设条件，电感中的电流 i_L 从 I_2 线性下降至 I_1，则有

$$U_o = L\frac{\Delta I_L}{t_{off}}$$

$$t_{off} = L\frac{\Delta I_L}{U_o} \tag{7-8}$$

根据式（7-7）和式（7-8）可求出开关周期为

$$T_s = \frac{1}{f} = t_{on} + t_{off} = \frac{\Delta I_L L U_d}{U_o(U_d - U_o)} \tag{7-9}$$

由式（7-9）可求出

$$\Delta I_L = \frac{U_o(U_d - U_o)}{fLU_d} = \frac{U_d D(1-D)}{fL} \tag{7-10}$$

其中，ΔI_L 为流过电感电流的峰-峰值，最大为 I_2，最小为 I_1。电感电流周期内的平均值与负载电流 I_o 相等，即

$$I_o = \frac{I_2 + I_1}{2} \tag{7-11}$$

将式（7-10）和式（7-11）同时代入关系式$\Delta I_L = I_2 - I_1$，可得

$$I_1 = I_o - \frac{U_d T_s}{2L} D(1-D) \tag{7-12}$$

当电感电流处于临界状态时，应有 $I_1 = 0$，将此关系代入式（7-12）中可求出维持电流临界连续的电感值，即

$$L_o = \frac{U_d T_s}{2L_{ok}} D(1-D) \tag{7-13}$$

电感电流临界连续时的负载电流平均值为

$$I_{ok} = \frac{U_d T_s}{2L_o} D(1-D) \tag{7-14}$$

很明显，临界负载电流 I_{ok} 与输入电压 U_d、电感 L、开关频率 f 以及开关管 T 的占空比 D 都有关。开关频率 f 越高、电感 L 越大、I_{ok} 越小，越容易实现电感电流连续工作。

当实际负载电流 $I_o > I_{ok}$ 时，电感电流连续，如图 7-3（a）所示。

当实际负载电流 $I_o = I_{ok}$ 时，电感电流处于临界连续（有断流临界点）状态，如 7-3（b）所示。

当实际负载电流 $I_o < I_{ok}$ 时，电感电流断流，如图 7-3（c）所示（断流工作情况比较复杂，这里不作分析）。

在降压变换电路中，如果滤波电容 C 足够大，则输出电压 U_o 为常数，然而在电容 C 为有限值的情况下，直流输出电压将会有纹波成分。假定 i_L 中所有纹波分量都流过电容，而其平均分量流过负载电阻。在图 7-2（d）所示的波形中，当 $i_L < I_L$ 时，C 对负载放电；在 $i_L > I_L$ 时，C 被充电。因为流过电容的电流在一周期内的平均值为零，那么在 $T_s/2$ 时间内，电容充电或放电的电荷量可用波形图中的阴影面积来表示，即

$$\Delta Q = \frac{1}{2}\left(\frac{DT_s}{2} + \frac{T_s - DT_s}{2}\right)\frac{\Delta I_L}{2} = \frac{T_s}{8}\Delta I_L \tag{7-15}$$

纹波电压的峰-峰值为

$$\Delta U_o = \frac{\Delta Q}{C}$$

将上式代入式（7-15）得

$$\Delta U_o = \frac{\Delta I_L}{8fC}$$

结合式（7-10），得

$$\Delta U_o = \frac{U_o(U_d - U_o)}{8LCf^2 U_d} = \frac{U_d D(1-D)}{8LCf^2} = \frac{U_o(1-D)}{8LCf^2} \tag{7-16}$$

所以电流连续时的输出电压纹波系数为

$$\frac{\Delta U_o}{U_o} = \frac{1-D}{8LCf^2} = \frac{\pi^2}{2}(1-D)\left(\frac{f_c}{f}\right)^2 \tag{7-17}$$

其中，$f = \frac{1}{T_s}$，是降压变换电路的开关频率；$f_c = \frac{1}{2\pi\sqrt{LC}}$，是电路的截止频率。它表明通过选择合适的 L、C 的参数值，当满足 $f_c < f$ 时，可以限制输出纹波电压的大小，而且纹波电压的

大小与负载无关。

7.2.2　升压变换电路

直流输出电压的平均值高于输入电压值的变换电路称为升压变换电路，又称 Boost 电路。

升压变换电路的基本形式如图 7-4（a）所示。图中 T 为全控型电力器件组成的开关，VD 是快恢复二极管。在理想条件下，当电感 L 中的电流 i_L 连续时，电路的工作波形如图 7-4（d）所示。

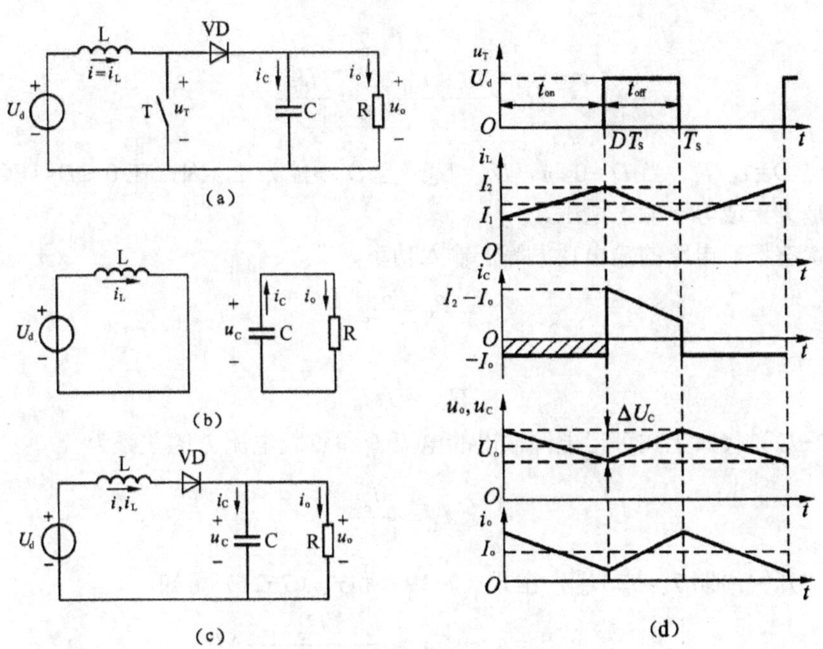

图 7-4　升压变换电路及其波形

当开关 T 在触发信号作用下导通时，电路处于 t_{on} 工作期间，二极管截止。一方面，能量从直流电源输入并储存到电感 L 中，电感电流 i_L 从 I_1 线性增加至 I_2；另一方面，负载 R 由电容 C 提供能量，等效电路如图 7-4（b）所示。很明显，L 中的感应电动势与 U_d 相等。

$$U_d = L\frac{I_2 - I_1}{t_{on}} = L\frac{\Delta I_L}{t_{on}} \tag{7-18}$$

或

$$t_{on} = \frac{L}{U_d}\Delta I_L \tag{7-19}$$

其中，$\Delta I_L = I_2 - I_1$ 为电感 L 中电流的变化量。

当 T 被控制信号关断时，电路处于 t_{off} 工作期间，二极管 VD 导通，由于电感 L 中的电流不能突变，产生感应电动势阻止电流减小，此时电感中储存的能量经二极管 VD 给电容充电，同时也向负载 R 提供能量。在无损耗的前提下，电感电流 i_L 从 I_2 线性下降至 I_1，等效电路如图 7-4（c）所示。由于电感上的电压等于 $U_o - U_d$，因此很容易得出下列关系

$$U_o - U_d = L\frac{\Delta I_L}{t_{off}} \tag{7-20}$$

或

$$t_{off} = \frac{L}{U_o - U_d}\Delta I_L \tag{7-21}$$

同时结合式（7-18）和式（7-20），得

$$\frac{U_d t_{on}}{L} = \frac{U_o - U_d}{L}t_{off}$$

即

$$U_o = \frac{t_{on} + t_{off}}{t_{off}}U_d = \frac{U_d}{1-D} \tag{7-22}$$

其中，占空比 $D=t_{on}/T_s$。当 $D=0$ 时，$U_o=U_d$，但 D 不能为 1，因此在 $0\leqslant D<1$ 变化范围内，输出电压总是大于或等于输入电压。

在理想状态下，电路的输出功率等于输入功率，即

$$P_o = P_d$$

可得

$$U_oI_o=U_d I_d$$

将式（7-22）代入上式可得电源输出的电流 I_d 和负载电流 I_o 的关系为

$$I_d = \frac{I_o}{1-D} \tag{7-23}$$

变换器的开关周期 $T_s=t_{on}+t_{off}$，由式（7-19）和式（7-21）可知

$$T_s = t_{on} + t_{off} = \frac{LU_o}{U_d(U_o - U_d)}\Delta I_L \tag{7-24}$$

$$\Delta I_L = \frac{U_d(U_o - U_d)}{fLU_o} = \frac{U_d D}{fL} \tag{7-25}$$

其中，$\Delta I_L= I_2-I_1$ 为电感电流的峰-峰值，因此输出电流的平均值为

$$I_o = \frac{I_2 + I_1}{2}$$

将ΔI_L、I_o 的关系式代入式（7-25）中，有

$$I_1 = I_o - \frac{DT_s}{2L}U_d \tag{7-26}$$

当电流处于临界状态时，$I_1=0$，可求出电流临界连续状态时的电感值为

$$L_o = \frac{DT_s}{2I_{ok}}U_d \tag{7-27}$$

电感电流临界连续状态时的负载电流平均值为

$$I_{ok} = \frac{DT_s}{2L_o}U_d = \frac{D}{2fL_o}U_d \tag{7-28}$$

很明显，临界负载电流 I_{ok} 与输入电压 U_d、电感 L、开关频率 f 及开关管 T 的占空比 D 都有关。开关频率 f 越高、电感 L 越大、I_{ok} 越小，越容易实现电感电流连续工作。

当实际负载电流 $I_o>I_{ok}$ 时，电感电流连续。

当实际负载电流 $I_o=I_{ok}$ 时，电感电流处于临界连续（有断，流临界点）状态。

当实际负载电流 $I_o<I_{ok}$ 时，电感电流断流（断流工作情况比较复杂，这里不作分析）。

由此可见，电感电流连续时升压变换电路的工作分为两个阶段：开关管 T 导通时为电感 L 储能阶段，此时电源不向负载提供能量，负载靠存储于电容 C 的能量维持工作；T 关断时，电源和电感共同向负载供电，同时还给电容 C 充电。升压变换电路电源的输入电流就是经过升压电感 L 的电流，电流平均值 $I_o=\dfrac{I_2+I_1}{2}$，开关管 T 和二极管 VD 轮流工作，T 导通时，电感电流 i_L 流过 T；T 关断时，VD 导通，电感电流 i_L 流过 VD。电感电流 i_L 是 T 导通时的电流和 VD 导通时的电流的合成。在周期 T_s 的任何时刻 i_L 都不为零，即电感电流连续。稳态工作时，电容 C 充电量等于放电量，通过电容的平均电流为零，故通过二极管 VD 的电流平均值就是负载电流 I_o。

经分析可知，输出电压的纹波为三角波，假设二极管电流 i_{VD} 中所有纹波分量流过电容器，其平均电流流过负载电阻。稳态工作时，电容 C 充电量等于放电量，通过电容的平均电流为零，图 7-4（d）中，i_c 波形阴影部分的面积反映了一个周期内电容 C 中电荷的泄放量。因此电压纹波峰-峰值为

$$\Delta U_o=\Delta U_C=\frac{\Delta Q}{C}=\frac{1}{C}\int_0^{t_{on}} i_c\mathrm{d}t=\frac{1}{C}\int_0^{t_{on}} i_o\mathrm{d}t=\frac{I_o}{C}t_{on}$$

$$=\frac{I_o}{C}DT_s=\frac{U_o}{R}\cdot\frac{DT_s}{C} \tag{7-29}$$

所以

$$\frac{\Delta U_o}{U_o}=\frac{DT_s}{RC}=D\frac{T_s}{\tau} \tag{7-30}$$

其中，$\tau=RC$ 为时间常数。

实际应用中，选择电感电流的增量ΔI_L 时，应使电感的峰值电流（$I_d+\Delta I_L$）不大于最大平均直流输入电流 I_d 的 20%，以防止电感 L 饱和失效。

稳态运行时，开关管 T 导通期间（$t_{on}=DT_s$），电源输入到电感 L 中的磁能在开关管 T 截止期间通过二极管 VD 转移到输出端，如果负载电流很小，就会出现电流断流情况。如果负载电阻变得很大，负载电流太小，这时如果占空比 D 仍不减小，t_{on} 不变，电源输入到电感的磁能必使输出电压 U 不断增加，因此没有电压闭环调节的升压变换电路不宜在输出端开路的情况下工作。

升压变换电路的变换效率很高，一般可达 92%以上。

7.2.3　库克变换电路

前面介绍的变换电路都具有直流电压变换功能，但输出与输入端都含有较大的纹波，尤其是在电流不能连续的情况下，电路输入端和输出端的电流是脉动的。因此，谐波会使电路

的变换效率降低，大电流的高次谐波还会产生辐射而干扰周围的电子设备，使它们不能正常工作。

库克（Cuk）变换电路属升降压型直流变换电路，如图 7-5（a）所示。图中 L_1 和 L_2 为储能电感，VD 为快恢复续流二极管，C_1 为传送能量的耦合电容，C_2 为滤波电容。这种电路的特点是，输出电压与输入电压极性相反，输入端电流纹波小，输出直流电压平稳，降低了对外部滤波器的要求。在忽略所有元器件损耗的前提下，电路的工作波形如图 7-5（d）所示。

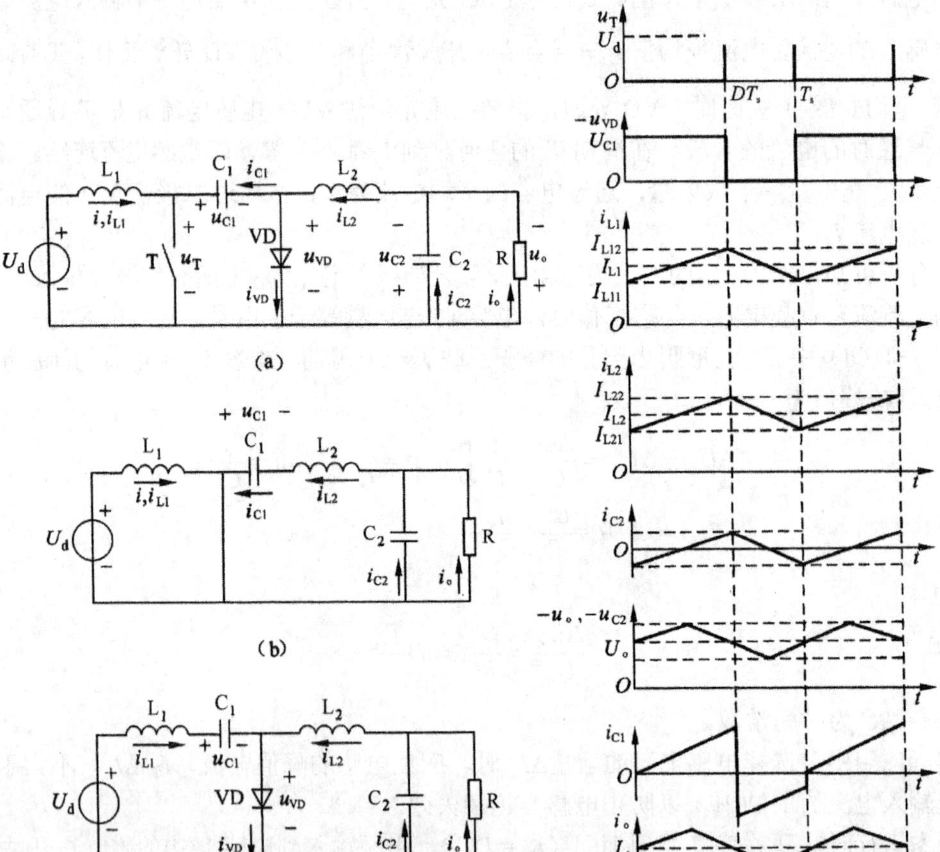

图 7-5　库克电路及其工作波形

在 t_{on} 期间，开关 T 导通，电容 C_1 上的电压 U_{C1} 使二极管 VD 反偏而截止，输入直流电压 U_d 向电感 L_1 输送能量，电感 L_1 中的电流 i_{L1} 呈线性增加。与此同时，原来储存在 C_1 中的能量通过开关管 T（电流 i_{L2}）向负载和 C_2、L_2 释放，负载获得反极性电压。在此期间流过开关管 T 的电流为 $i_{L1}+i_{L2}$，其等效电路如图 7-5（b）所示。

在 t_{off} 期间，开关管 T 关断，L_1 中的感应电动势 u_{L1} 改变方向，使二极管 VD 正偏而导通。电感 L_1 中的电流 i_{L1} 经电容 C_1 和二极管 VD 续流，电源 U_d 与 L_1 的感应电动势 $u_{L1}=-L\mathrm{d}i_{L1}/\mathrm{d}t$ 串联相加，对 C_1 充电储能并经二极管 VD 续流。与此同时，i_{L2} 也经二极管 VD 续流，L_2 的磁能转换为电能向负载释放能量，其等效电路如图 7-5（c）所示。

在 i_{L1}、i_{L2} 经二极管 VD 续流期间（$i_{L1}+i_{L2}$）已逐渐减小，如果在开关管 T 关断时间 t_{off} 结束前二极管 VD 的电流已减为 0，则从此时起到下次开关管 T 导通这一段时间里，开关管 T 和二极管 VD 都不导电，二极管 VD 电流断流。因此库克变换电路也有电流连续和断流两种工作情况，但这里不是指电感电流的断流，而是指流过二极管 VD 的电流连续或断流。在开关管 T 的关断时间内，若二极管电流总是大于零，则称为电流连续；若二极管电流在一段时间内为零，则称为电流断流工作情况；若二极管电流经 t_{off} 后，在下个开关周期 T_s 的开通时刻，二极管电流正好降为零，则为临界连续。图 7-5（d）为电流连续时的主要波形图。

通过上述分析可知，在整个周期 $T_s=t_{on}+t_{off}$ 中，电容 C_1 从输入端向输出端传递能量，只要 L_1、L_2 和 C_1 足够大，则可保证输入、输出电流是平稳的，即在忽略所有元件损耗时，C_1 上的电压基本不变，而电感 L_1 和 L_2 上的电压在一个周期内的积分都等于零。对于电感 L_1，有

$$\int_0^{t_{on}} u_{L1}\mathrm{d}t + \int_{t_{on}}^{T_s} u'_{L1}\mathrm{d}t = 0 \tag{7-31}$$

根据图 7-5（b）和图 7-5（c）可知，式（7-31）中，$u_{L1}=U_d$（在 t_{on} 期间），$u'_{L1}=u_d-u_{C1}$（在 t_{off} 期间）。注意到 $t_{on}=DT_s$，$t_{off}=(1-D)T_s$。则式（7-31）可变成

$$U_dDT_s+(U_d-U_{C1})(1-D)T_s=0$$

因此

$$U_{C1}=\frac{1}{1-D}U_d \tag{7-32}$$

对于电感 L_2，同样有

$$\int_0^{t_{on}} u_{L2}\mathrm{d}t + \int_{t_{on}}^{T_s} u'_{L2}\mathrm{d}t = 0 \tag{7-33}$$

根据图 7-5（b）和图 7-5（c）可知，上式中 $u_{L2}=U_{C1}-U_o$；在 t_{off} 期间 $u_{L2}=-U_o$，则式（7-33）变成

$$(U_{C1}-U_o)DT_s+(-U_o)(1-D)T_s=0$$

所以

$$U_{C1}=\frac{1}{D}U_o \tag{7-34}$$

同时考虑式（7-32）和式（7-34），并根据 U_d 和 U_o 的极性可得

$$U_o=-\frac{D}{1-D}U_d \tag{7-35}$$

式中，负号表示输出与输入反相，当 $D=0.5$ 时，$U_o=U_d$；当 $0.5<D<1$ 时，$U_o>U_d$，为升压变换；$0\leqslant D<0.5$ 时，$U_o<U_d$，为降压变换。

在不计器件损耗时，输出功率等于电路输入功率，即

$$P_o=P_d \tag{7-36}$$

则

$$U_o I_o = U_d I_d$$

得出

$$I_o = -\frac{1-D}{D} I_d \tag{7-37}$$

式中，负号表示电流的方向与图 7-5 中标记的电流正方向相反。

在库克变换电路中，只要 C_1 足够大，输入、输出电流都是连续平滑的，有效地降低了纹波，降低了对滤波电路的要求，使其得到了广泛的应用。

7.3 全桥式直流变换器电路

全桥式直流变换器的电路结构图如图 7-6 所示。

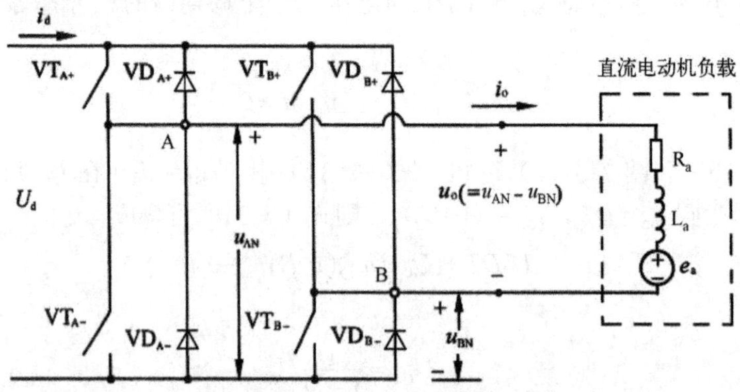

图 7-6 全桥式直流变换器的电路结构图

在全桥式直流变换器中，变换器的输入是直流电压 U_d，输出电压 u_o 是极性可变、幅值可控的直流电，输出电流 i_o 的幅值和方向也是可变的。因此，全桥式直流变换器可以在 i_o-u_o 平面的四个象限内运行。

全桥式变换器有两个桥臂，每个桥臂由两个开关管及与它们反并联的二极管组成。同一桥臂中两个开关管不能同时处于导通状态，否则就会造成直流短路。在实际情况中，由于开关管有一定的关断时间，因此它们在一个短间隙中都断开，该间隙称为逻辑延迟时间。在下面的分析中，假设开关管是理想器件，有瞬时关断能力，忽略延迟时间的影响。

在任意时刻，如果变换器的同一桥臂的两个开关管都不同时处于断开状态，则输出电压 u_o 由开关管的状态决定。如图 7-6 所示的桥臂 A，以负直流母线为参考点，A 点的电压由如下的开关状态决定：当 VT_{A+}导通时，正的负载电流 i_o 将流过 VT_{A+}；或 VD_{A+}导通时，负的负载电流 io 流过，则 A 点的电压为

$$u_{AN} = U_d \tag{7-38a}$$

类似地，当 VT_{A-}导通时，负的负载电流 i_o 将流入 VT_{A-}；或 VD_{A-}导通时，正的负载电流 i_o，流入 VD_{A-}，则 A 点的电压为

$$u_{AN} = 0 \tag{7-38b}$$

综上所述，u_{AN} 仅取决于桥臂 A 是上半部分导通还是下半部分导通，而与负载电流 i_o 的方

向无关，因此变换器桥臂 A 的输出电压平均值 U_{AN} 为

$$U_{AN}=\frac{U_d t_{on}+0\cdot t_{off}}{T_s}=U_d\cdot D_{VT_{A+}} \tag{7-39}$$

式中　t_{on}——VT_{A+}的导通时间；

t_{off}——VT_{A+}的截止时间；

$D_{VT_{A+}}$——VT_{A+}的占空比。

式（7-39）表示输出电压平均值 U_{AN} 仅取决于输入电压 U_d 和 VT_{A+}的占空比。

类似地，变换器桥臂 B 的输出电压平均值 U_{BN}，也仅取决于输入电压 U_d 和 VT_{B+}的占空比，即

$$U_{BN}=U_d\cdot D_{VT_{B+}} \tag{7-40}$$

因此，输出电压平均值 $U_o=(U_{AN}-U_{BN})$与变换器的开关占空比有关，而与负载电流的大小和方向无关。

如果变换器同一桥臂的两个开关管同时处于断开状态，则输出电压 u_o 由输出电流 i_o 的方向决定。这将引起输出电压平均值和控制电压之间的非线性关系，所以应该避免两个开关管同时处于断开状态的情况发生。

全桥式直流变换器的脉宽调制是用三角波和控制电压比较产生 PWM 的，包括以下两种 PWM 控制方式。

（1）双极性 PWM 控制方式。在该控制方式下，图 7-6 中的 VT_{A+}、VT_{B-}和 VT_{A-}、VT_{B+}被当做两对开关管，每对开关管都是同时导通或断开的。

（2）单极性 PWM 控制方式。在该控制方式下，每个桥臂的开关管是单独控制的。

与前面讨论过的开关变换器不同，全桥式直流变换器的输出电流在低负载时，也没有电流断续模式。输入电流 i_d 的方向是瞬时变化的，因此，变换器的输入电源应该是有低内阻的直流电压源。在实际应用中，输入端的大电容滤波器可以为 i_d 提供低内阻的通道。

7.3.1　双极性电压开关 PWM 控制方式

在双极性控制方式中，开关管 VT_{A+}、VT_{B-}和 VT_{A-}、VT_{B+}被当做两对开关管，即两个开关管 VT_{A+}、VT_{B-}是同时导通和断开的。同一桥臂的两个开关管中，总有一个是开通的。

开关控制信号是由正、负两个方向变化的三角波 u_{st} 与控制电压 u_{co} 比较得到的。如图 7-7 所示，当 $u_{co}>u_{st}$ 时，VT_{B+}和 VT_{A-}断开，VT_{A+}和 VT_{B-}导通；否则，VT_{A+}和 VT_{B-}断开，VT_{B+}和 VT_{A-}导通。

双极性控制方式下的工作过程为：以图 7-6 所示电路为例，在负载电流比较大的情况下，当 $u_{co}>u_{st}$ 时，控制信号触发 VT_{A+}和 VT_{B-}导通，直流输入电源 U_d 经过 VT_{A+}、负载和 VT_{B-}构成电流回路，输出电压 $u_o=U_d$，电流上升；当 $U_{co}<u_{st}$ 时，控制信号使 VT_{A+}和 VT_{B-}断开，触发 VT_{B+}和 VT_{A-}导通，但由于是感性负载，电流不能突变，因此负载电流经 VD_{B+}和 VD_{A-}续流，使 VT_{B+}和 VT_{A-}不能导通，输出电压 $u_o=-U_d$，同时电流下降，直至下一个周期触发 VT_{A+}和 VT_{B-}导通，如此循环往复周期性地工作。

在负载电流较小的情况下，当 $u_{co}<u_{St}$ 时，负载电流经 VD_{B+}和 VD_{A-}续流，$u_o=-U_d$，续流

过程中，电流会下降为 0，VD_{B+}和 VD_{A-}断开，则 VT_{B+}和 VT_{A-}导通，故直流输入电源 u_d 经过 VT_{B+}、负载和 VT_{A-}构成电流回路，电流变负，如图 7-7（e）所示。当 $u_{co}>u_{st}$ 时，控制信号使 VT_{B+}和 VT_{A-}断开，触发 VT_{A+}和 VT_{B-}导通，由于电感电流不能突变，因此负载电流经 VD_{A+}和 VD_{B-}续流，使 VT_{A+}和 VT_{B-}不能导通，$u_o=U_d$，同时电流上升，直至电流上升到 0，VD_{A+}和 VD_{B-}断开，VT_{A+}和 VT_{B-}导通。如此循环往复周期性地工作。

下面推导输出电压 u_o、占空比 D、控制电压 u_{co}之间的函数关系。开关占空比可从图 7-7 所示的波形获得。

$$u_{st}=U_{stm}\cdot\frac{t}{T_s/4}\text{，}0<t<\frac{T_s}{4} \tag{7-41}$$

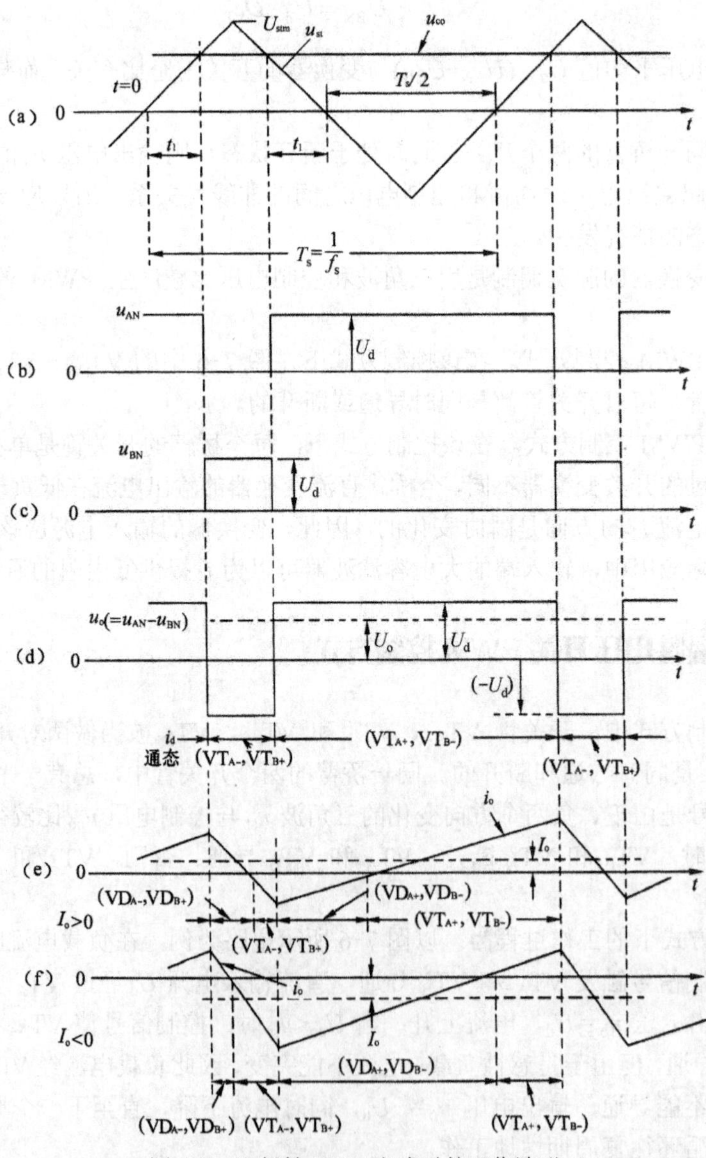

图 7-7　双极性 PWM 方式时的工作波形

在图 7-7（a）中，当 $t=t_1$ 时，$u_{st}=u_{co}$，代入式（7-41）得

$$u_1=\frac{u_{co}}{U_{stm}}\cdot\frac{T_s}{4} \tag{7-42}$$

由图 7-7 可得，VT_{A+}和 VT_{B-}这对开关管导通的持续时间为

$$t_{on}=2t_1+\frac{1}{2}T_s \tag{7-43}$$

因此，由式（7-41）和式（7-42）得到 VT_{A+}和 V_{TB-}的占空比是

$$D_1=\frac{t_{on}}{T_s}=\frac{1}{2}\left(1+\frac{u_{co}}{U_{stm}}\right) \tag{7-44}$$

而 VT_{B+}和 VT_{A-}这对开关管的占空比 D_2 为

$$D_2=1-D_1 \tag{7-45}$$

根据式（7-39）、式（7-40）和式（7-44），得输出电压平均值为

$$U_o=U_{AN}-U_{BN}=D_1U_d-D_2U_d=(2D_1-1)U_d \tag{7-46}$$

将式（7-44）代入式（7-46）中可得

$$U_o=\frac{U_d}{U_{stm}}u_{co}=ku_{co} \tag{7-47}$$

其中，$k=\dfrac{U_d}{U_{stm}}$，为常数。

式（7-47）表明，与前面介绍的变换器相似，全桥式开关模式变换器输出电压平均值与输入控制信号是线性关系。事实上，当考虑同一桥臂的两个开关管有导通延迟时间时，输出电压 U_o 与控制电压 u_{co} 的关系有轻微的非线性。

在图 7-7（d）中，输出电压的波形显示输出电压从$+U_d$ 降到$-U_d$，这就是称这种控制方式为双极性 PWM 控制方式的原因。

当控制电压 u_{co} 的大小和极性变化时，式（7-44）中的占空比 D_1 在 0～1 之间变化，输出电压平均值 U_o 在$-U_d$～$+U_d$之间变化。

输出电流平均值 I_o 可以为正或者为负。当 I_o 不大时，一个周期内，i_o 在正负间变化。当 $I_o>0$ 时，平均功率从输入 U_d 向输出 U_o 传递，如图 7-7（e）所示；当 $I_o<0$ 时，平均功率从输出 U_o 向输入 U_d 传递，如图 7-7（f）所示。

7.3.2　单极性电压开关 PWM 控制方式

结合图 7-6，如果不考虑负载电流的方向，当两个上桥臂的两个开关管 VT_{A+}和 VD_{B+}同时导通或 VD_{A+}和 VT_{B+}同时导通，则 $u_o=0$。同样，如果 VT_{A-}和 VD_{B-}同时导通或 VD_{A-}和 VT_{B-}同时导通，也有 $u_o=0$，因此可以利用这种情况改善输出电压的波形。

在图 7-8 中，三角波 u_{st} 与控制电压 u_{co} 和$-u_{co}$ 进行比较，以便分别确定桥臂 A 和桥臂 B 的开关信号。其控制规则为：如果 $u_{co}>u_{st}$ 则关断 VT_{A-}，触发 VT_{A+}导通；如果 $u_{co}<u_{st}$ 则关断 VT_{A+}，触发 VT_{A-}导通；如果$-u_{co}>u_{st}$ 则关断 VT_{B-}，触发 VT_{B+}导通；如果$-u_{co}<u_{st}$ 则关断 VT_{B+}，触发 VT_{B-}导通。

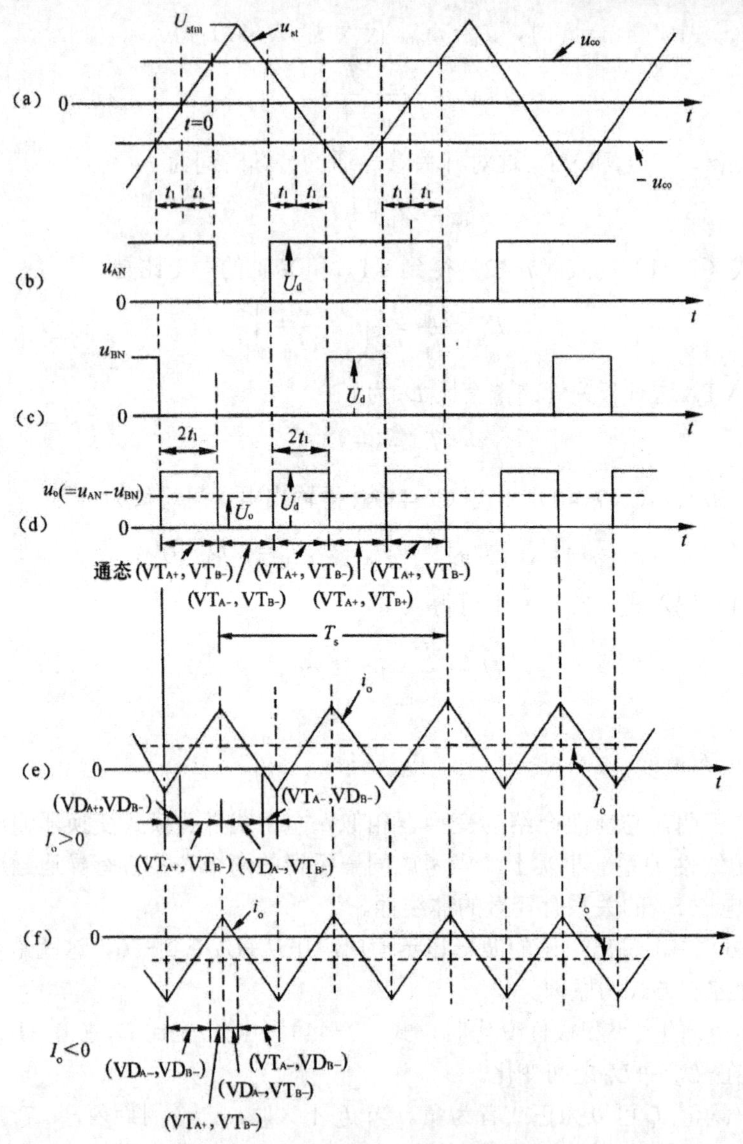

图 7-8 单极性 PWM 方式时的工作波形

单极性控制方式的工作过程为：以图 7-6 所示电路为例，在负载电流比较大的情况下，当 $u_{co}>u_{st}$ 且 $-u_{co}<u_{st}$ 时，控制信号触发 VT_{A+} 和 VT_{B-} 导通，直流输入电源 U_d 经过 VT_{A+}、负载和 VT_{B-} 构成电流回路，$u_o=U_d$，电流上升；当 $u_{co}<u_{st}$ 时，控制信号使 VT_{A+} 断开，触发 VT_{A-} 导通，但由于是感性负载，电流不能突变，因此负载电流经 VD_{A-} 和 VT_{B-} 续流，使 VT_{A-} 不能导通，$u_o=0$，同时电流下降；当 $u_{co}<u_{st}$ 且 $-u_{co}>u_{st}$ 时，控制信号触发 VT_{A-} 和 VT_{B+} 导通，直流输入电源 U_d 经过 VT_{A-}、负载和 VT_{B+} 构成电流回路，$u_o=-U_d$，电流上升；当 $-u_{co}>u_{st}$ 时，控制信号使 VT_{B-} 断开，触发 VT_{B+} 导通，由于是感性负载，电流不能突变，因此负载电流经 VT_{A+} 和 VD_{B+} 续流，使 VT_{B+} 不能导通，$u_o=0$，同时电流下降；直至下一个周期触发 VT_{A+} 和 VT_{B-} 导通。如此循环往复周期性地工作。

在负载电流较小的情况下，在 $u_{co}<u_{st}$ 且 $-u_{co}<u_{st}$ 时，负载电流经 VD_{A-} 和 VT_{B-} 续流，使

VT_{A-}不能导通，$u_o=0$，同时电流下降，由于电流较小，在续流过程中，电流会下降为 0，VD_{A-}断开，VT_{A-}导通，负载电流经 VT_{A-}和 VD_{B-}构成电流回路，电流变负。当 $u_{co}>u_{st}$时，控制信号使 VT_{A-}断开，触发 VT_{A+}导通，由于电感电流不能突变，因此负载电流经 VD_{A+}和 VD_{B-}续流，使 VT_{A+}不能导通，$u_o=U_d$，同时电流上升，直至电流上升到 0，VD_{A+}和 VD_{B-}断开，VT_{A+}和 VT_{B-}导通。当$-u_{co}>u_{st}$时，控制信号使 VT_{B-}断开，触发 VT_{B+}导通，由于电流不能突变，因此，负载电流经 VT_{A+}和 VD_{B+}续流，使 VT_{B+}不能导通，$u_o=0$，同时电流下降，由于电流小，电流会降到 0，VD_{B+}断开，负载电流经 VT_{B+}和 VD_{A+}构成电流回路，电流变负；直到$-u_{co}<u_{st}$，控制信号使 VT_{B+}断开，触发 VT_{B-}导通，由于电感电流不能突变，因此负载电流经 VD_{A+}和 VD_{B-}续流，使 VT_{B-}不能导通，$u_o=U_d$，同时电流上升，直至电流上升到 0，VT_{A+}和 VT_{B-}导通。如此循环往复周期性地工作，如图 7-8（e）所示。

图 7-8（b）和图 7-8（c）给出了每个桥臂的电压的波形，开关管 VT_{A+}的占空比为

$$D_1=\frac{1}{2}\left(\frac{u_{co}}{U_{stm}}+1\right) \tag{7-48}$$

开关管 VT_{B+}的占空比为

$$D_2=1-D_1 \tag{7-49}$$

图 7-8（d）给出了输出电压 u_o 的波形，输出电压平均值为

$$U_o=U_{AN}-U_{BN}=D_1U_d-D_2U_d=(2D_1-1)U_d=\frac{U_d}{U_{stm}}U_{co} \tag{7-50}$$

由式（7-50）可以看出，单极性控制方式的输出电压平均值 u_o 与控制电压 u_{co} 呈线性关系。

输出电流平均值 I_o 可以为正或者为负。当 I_o 比较小时，一个周期内，i_o 在正负间变化。当 $I_o>0$ 时，平均功率从输入 U_d 向输出 U_o 传递，如图 7-8（e）所示；当 $I_o<0$ 时，平均功率从输出 U_o 向输入 U_d 传递，如图 7-8（f）所示。

如果两种控制方式的开关频率相同，由于单极性脉宽调制控制方式输出电压波形的频率是双极性脉宽调制控制方式的两倍，因此前者有着较好的频率响应和较小的输出电压纹波。

实训 10　IGBT 斩波电路的连接与测试

一、目的

（1）进一步掌握斩波电路的工作原理。

（2）熟悉 IGBT 器件的应用。

（3）熟悉 W494 集成脉宽调制器电路。

（4）了解斩波器电路的调试步骤和方法。

二、电路

IGBT 斩波器实验电路如图 7-9 所示。

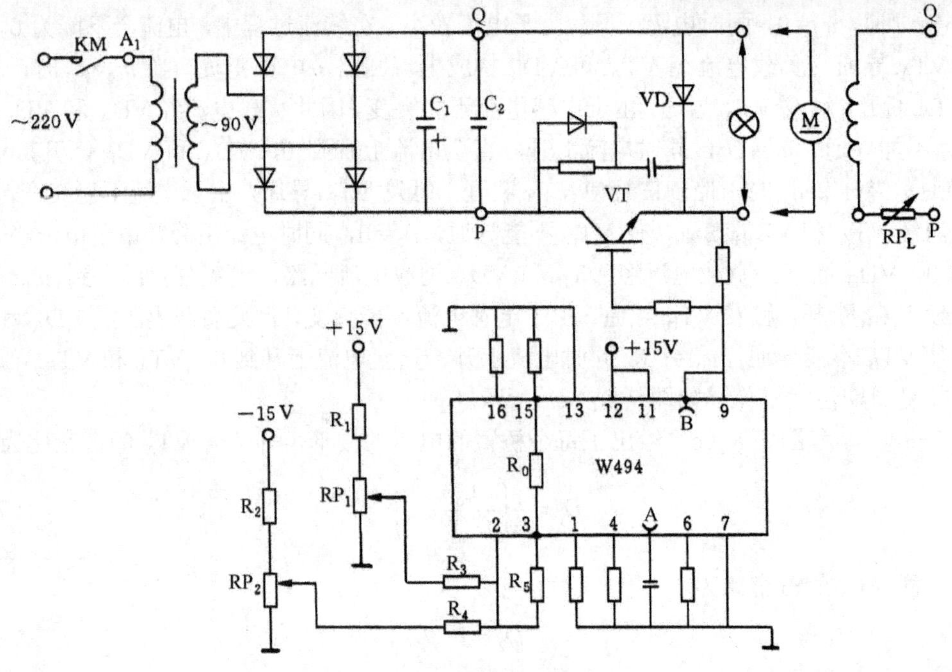

图 7-9 IGBT 斩波器实验电路

三、设备

JZB—I 或 BT—I 型实验装置	1 台
灯板	1 块
直流伺服电动机（电枢电压 110V，励磁电压 110V）	1 台
变阻器	1 只
双踪示波器	1 台
万用表	1 块

四、实验原理

如图 7-9 所示，220V 电源经变压器减压到 90V，再由二极管桥式整流、电容滤波获得直流电源。控制 IGBT 的通断就可调节占空比，从而使输出直流电压得到调节。

控制电路采用 W494 PWM 集成脉宽调制器，其引脚排列和内部功能框图如图 7-10 所示。电源电压 V_{CC} 的工作范围为 $7V \leqslant V_{CC} \leqslant 40V$，实验电路中 V_{CC} 引脚已接+15V 电源。W494 内部还提供一个+5V 基准电压，由 14 脚引出，除差动放大器外，所有内部电路均由它提供电源。PWM 的开关频率由 CT 端和 RT 端决定，对地分别接入电容 C 和电阻 R，便可产生锯齿波自激振荡，所产生的锯齿波稳定、线性度好，振荡频率为 $f \approx \frac{1}{RC}$。输出控制端（13 脚）用于控制 W494 的输出方式，当其接地时，两路输出三极管同时导通或截止，形成单端工作状态，可以用于提高输出电流。当输出控制端接 V_{REF}（14 脚）时，W494 形成双端工作状态，两路输出三极管可接成两路对称反相的工作状态，交替导通。本实验采用 13 脚接地的控制方式。两个误差放大器，一个可以作为电压控制使用，用于各种不同的 PWM 控制，另一个可以用

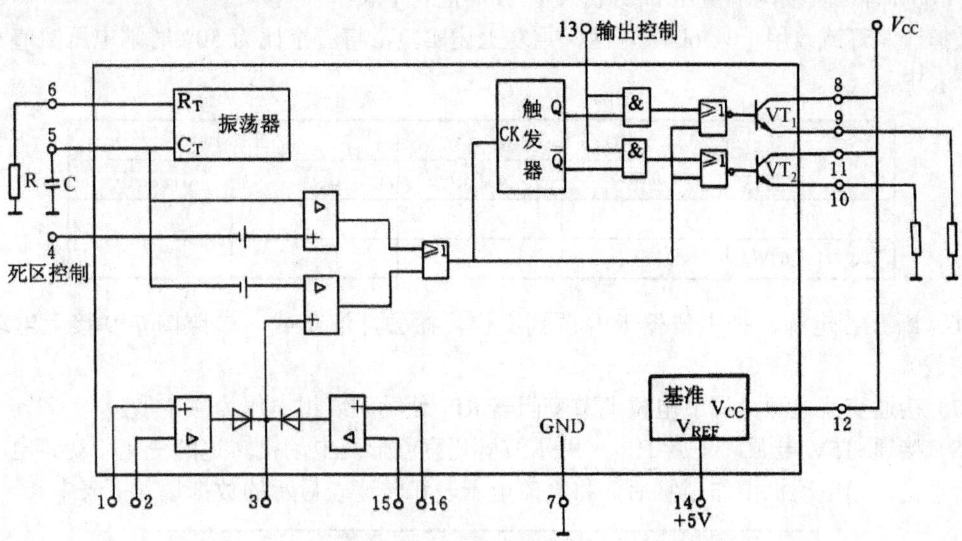

图 7-10　W494 PWM 引脚排列和内部功能框图

于保护。采用适当连接方式可实现 0～100%和 50%～100%占空比脉冲输出，脉冲输出波形如图 7-11 所示。

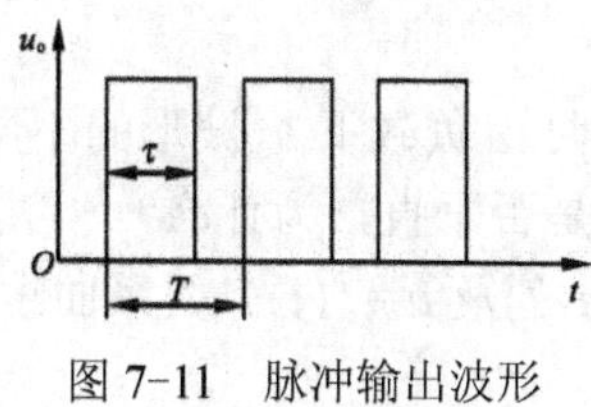

图 7-11　脉冲输出波形

五、内容及步骤

（1）对照图 7-9 在实验装置中找出主电路和控制电路插板的位置，熟悉电路接线，找出 IGBT 和 W494 等主要元器件。

（2）按照如图 7-9 所示把线接好，将电位器调到零位，接通±l5V 电源，用示波器观察 A 点波形（应为锯齿波），调节 RP_2，B 点应有脉宽可调的脉冲输出。

（3）调节 RP_2 使输出脉冲宽度为零。正向旋转 RP_1 使控制电压由零上升，用示波器观察脉冲（应逐渐变宽）。调节 RP_1 应使占空比由 0～100%（近似）连续可调，这样则说明控制电路工作正常，将占空比为 50%时，A、B 两点电压波形记入下表中。

u_A 波形		u_B 波形	

（4）断开±15V 电源，并将电位器 RP_1 调到零位，接上灯泡负载（可用 200W 灯泡），按下启动按钮接通主电路交流电源，此时用万用表测量 C_1（即 P、Q）两端直流电压，在 120V 左右，说明变压器、整流桥及滤波电容工作正常。

（5）再次接通±15V 电源，正向旋转 RP_1，用示波器观察负载两端的电压波形，占空比是否由 0～100%（近似）连续可调，若为连续可调方波说明电路工作正常，此时可将占空比为

50%及 100%时，负载两端电压 u_o 数值及 u_o 波形记入下表中。

关掉一盏灯或改用一只 60W 灯泡，重复上述实验，将占空比为 50%时端电压数值及波形记入下表中。

负载	占空比 50%		占空比 100%	
	u_o/V	u_o 波形	u_o/V	u_o 波形
200W				
100W（或 60W）				

（6）断开各电源，把电位器 RP_1 调到零位，撤去灯泡负载，参照图 7-9 接上电动机负载（空载）。

（7）接通交流电源，调节电位调节变阻器 RP_L 使励磁绕组电压为额定值。

（8）接通±15V 电源，正旋 RP_1，用示波器观察波形及电动机转速的变化，观察电动机运行是否平稳。当电动机工作正常后，将直流电压表和转速表显示的数据填入下表中。

τ/T	25%	50%	75%	100%
U_o/V				
$n/(\mathrm{r \cdot min^{-1}})$				

六、实训报告要求

（1）整理记录波形，比较两种灯泡负载下 u_o 波形的不同，并分析原因。

（2）占空比为 100%时 u_o 波形是否平直，为什么？

（3）画出电动机负载时 $u_o=f(\tau/T)$及 $n=f(\tau/T)$关系曲线。

习题与思考题 7

7-1　简述图 7-2 所示的降压斩波电路的基本工作原理。

7-2　在降压斩波电路中，已知 E=200V，R=10Ω，L 值极大，E_M=30V，T=50μs，t_{on}=20μs，计算输出电压平均值 U_o、输出电流平均值 I_o。

7-3　开关型直流斩波变换电路的三个基本元件是什么？

7-4　在降压斩波电路中，E=100V，L=1mH，R=0.5Ω，E_M=10V，采用脉宽调制控制方式，T=20μs，当 t_{on}=5μs 时：

（1）计算输出电压平均值 U_o、输出电流平均值 I_o；

（2）计算输出电流的最大和最小值瞬时值；

（3）判断负载电流是否连续；

（4）当 t_{on}=3μs 时，重新进行（1）和（2）的计算。

7-5　简述图 7-4 所示升压斩波电路的基本工作原理。

7-6　在图 7-4 所示的升压斩波电路中，已知 E=50V，L 值和 C 值极大，R=20Ω，采用脉宽调制控制方式，当 T=40μs、t_{on}=25μs 时，计算输出电压平均值 U_o、输出电流平均值 I_o。

7-7　试分别简述升降压斩波电路和库克斩波电路的基本原理，并比较其异同点。

7-8　在升压变换电路中，已知 $U_d=50V$，L 和 C 较大，$R=20\Omega$。若采用脉宽调制方式，当 $T_s=40\mu s$、$t_{on}=20\mu s$ 时，计算输出电压平均值 U_o 和输出电流平均值 I_o。

7-9　有一个开关频率为 50kHz 的库克变换电路，其中 $L_1=L_2=1mH$，$C_1=5pF$。假设输出端电容足够大，使输出电压保持恒定，并且元件的功率损耗可忽略，输入电压 $U_d=10V$，输出电压 U_o 为 5V 不变，输出功率为 5W，试求电容器 C_1 两端的电压 u_{C1}，或电感电流 i_{L1}、i_{L2} 为恒定值时的百分比误差。

第 8 章 电力电子装置的典型应用

教学导航

教	知识重点	1．开关稳压电源的工作原理、特点及应用 2．有源功率因数校正装置的工作原理、特点及应用 3．UPS 的工作原理、特点及应用 4．变频调速装置的工作原理、特点及应用
	知识难点	1．开关稳压电源的工作原理、特点及应用 2．有源功率因数校正装置的工作原理、特点及应用 3．UPS 的工作原理、特点及应用
	推荐教学方式	先把电力电子装置的作用介绍给学生，让学生对其产生兴趣，然后利用多媒体演示结合讲授法让学生掌握电力电子装置的工作原理、特点及应用
	建议学时	6 学时
学	推荐学习方法	以分析法为主，结合元件的作用，对电路进行整体分析
	必须掌握的理论知识	1．开关稳压电源的工作原理、特点及应用 2．有源功率因数校正装置的工作原理、特点及应用
	必须掌握的技能	会分析综合性电路，把电路拆分成几个部分 学会分析电路中各个元件的作用

电力电子电路和特定的控制技术组成的实用装置即为电力电子装置。随着电力电子技术的发展，电力电子装置正朝着智能化、模块化、小型化、高效化和高可靠性方向发展，应用领域不断扩大。本章主要介绍目前应用最为广泛的几种电力电子装置的电路结构、工作原理、控制技术和性能特点。

8.1 稳压电源

8.1.1 稳压电源的基本工作原理

稳压电源通常分为线性稳压电源和开关稳压电源。

1. 线性稳压电源的基本工作原理及其特点

电子技术课程中所介绍的直流稳压电源一般是线性稳压电源，由 50Hz 工频变压器、整流滤波器和串联调整稳压器等组成。它的特点是起电压调整功能的三极管始终工作在线性放大区，其原理框图如图 8-1 所示。

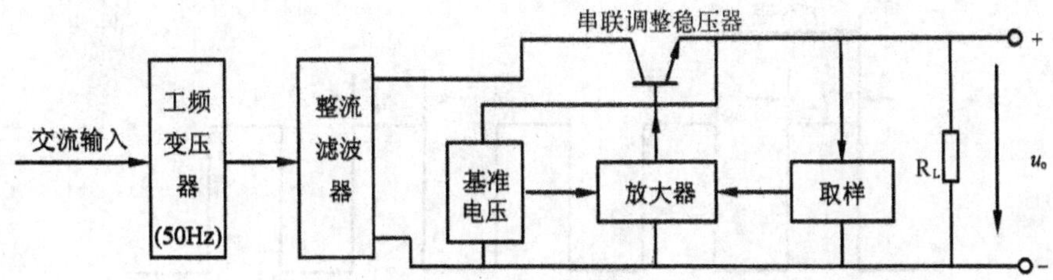

图 8-1　线性稳压电源原理框图

其基本工作原理为：工频交流电源经过变压器降压、整流、滤波后，通过电压负反馈组成闭环控制，使工频交流电源成为稳定的直流电源。

这种稳压电源具有优良的纹波及动态响应特性，但同时存在以下缺点：

（1）输入采用 50Hz 工频变压器，体积庞大。

（2）串联调整稳压器（如图 8-1 所示的三极管）工作在线性放大区内，损耗大、效率低。

（3）过载能力差。

2. 开关稳压电源的基本工作原理

开关稳压电源简称开关电源（Switching Power Supply），在这种电源中，起电压调整，实现稳压控制功能的器件始终以开关方式工作。图 8-2 为输入/输出隔离的开关电源原理框图。

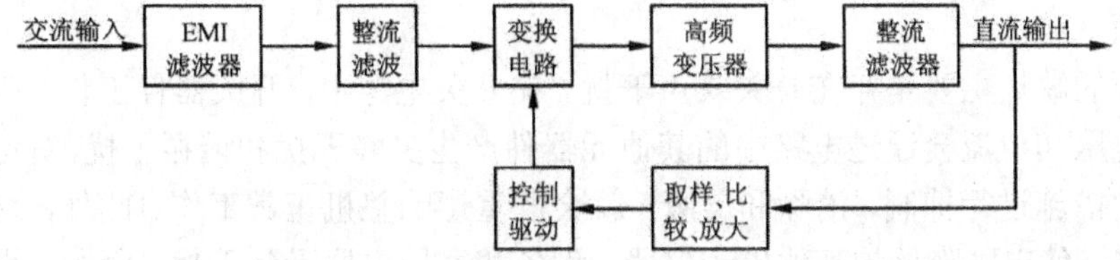

图 8-2　输入/输出隔离的开关电源原理框图

其主电路的工作原理为：50Hz 单相交流 220V 电压或三相交流 220V/380V 电压首先经防电磁干扰的电源滤波器滤波滤除电源的高次谐波后，直接整流滤波（不经过工频变压器降压，滤波电路主要滤除整流后的低频脉动谐波），获得直流电压，然后再将此直流电压经变换电路变换为数十或数百千赫兹的高频方波电压或准方波电压，通过高频变压器隔离并降压（或升压）后，再经高频整流、滤波电路，最后输出直流电压。

控制电路的工作原理是：电源接上负载后，通过取样电路获得其输出电压，将此电压与基准电压进行比较后，将其误差值放大，用于控制驱动电路，控制变换器中功率开关管的占空比，使输出电压升高（或降低），以获得稳定的输出电压。

3．开关稳压电源的控制原理

在开关稳压电源中，变换电路起主要的调节稳压作用，这是通过调节功率开关管的占空比来实现的。设开关管的开关周期为 T，在一个周期内，导通时间为 t_{on}，则占空比定义为 $D=t_{on}/T$。保持开关频率（开关周期 T）不变，通过改变 t_{on} 来改变占空比 D，从而达到改变输出电压的目的，即 D 越大，滤波后输出电压也就越大；D 越小，滤波后输出电压越小。这种控制方式称为脉冲宽度调制（PWM），如图 8-3 所示。

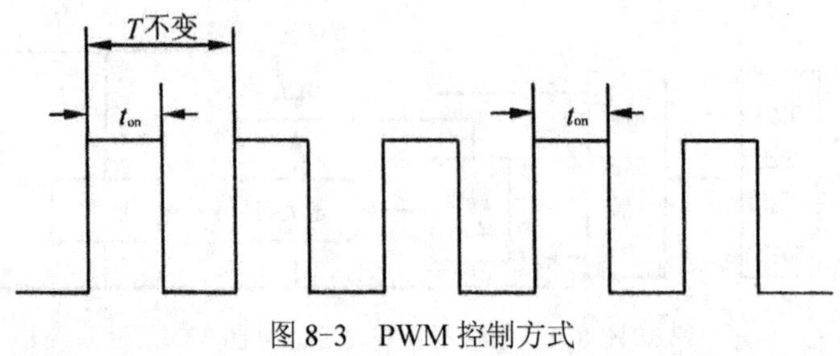

图 8-3　PWM 控制方式

4．开关稳压电源的特点

（1）功耗小、效率高。开关管中的开关器件交替工作在导通—截止—导通的开关状态下，转换速度快，这使得功率损耗小，电源的转换效率可以大幅度提高，可达 90%～95%。

（2）体积小、重量轻。开关电源效率高，损耗小，可以省去较大体积的散热器。采用起隔离作用的高频变压器取代工频变压器，可大大减小体积，降低重量。因为开关频率高，输出滤波电容的容量和体积也可大为减小。

（3）稳压范围宽。开关电源的输出电压由占空比来调节，输入电压的变化可以通过调节占空比的大小来补偿。这样，在工频电网电压变化较大时，它仍能保证有较稳定的输出电压。

（4）电路形式灵活多样。设计者可以发挥各种类型电路的特点，设计出能满足不同应用场合的开关电源。

开关电源的缺点主要是存在开关噪声干扰。在开关电源中，开关器件工作在开关状态，它产生的交流电压和电流会通过电路中的其他元器件产生尖峰干扰和谐振干扰，对这些干扰如果不采取一定的措施进行抑制、消除和屏蔽，就会严重影响整机正常工作。此外，这些干扰还会串入工频电网，使电网附近的其他电子仪器、设备和家用电器受到干扰。因此，设计开关电源时，必须采取合理的措施来抑制其本身产生的干扰。

8.1.2　隔离式高频变换电路

在开关稳压电源的主电路中，调频变换电路是核心部分，其电路形式多种多样，下面介绍输入/输出隔离的开关电源常用的几种高频变换电路的结构和工作原理。

1．正激式变换电路

所谓正激式变换电路，是指开关电源中的变换器不仅起着调节输出电压使其稳定的作用，而且还作为振荡器产生恒定周期 T 的方波，后续电路中的脉冲变压器也具有振荡器的作用。

正激式变换电路图如图 8-4（a）所示。工频交流电源通过电源滤波器、整流滤波器后转换成该图中所示的直流电压 U_i；VT_1 为功率开关管，多为绝缘栅双极型晶体管 IGBT（其基极的驱动电路图中未画出）；TR 为高频变压器；L 和 C 组成 LC 滤波器；二极管 VD_1 为半波整流元件，VD_2 为续流二极管；R_L 为负载电阻；U_o 为输出稳定的直流电压。

当控制电路使 VT_1 导通时，变压器一次侧、二次侧绕组均有电压输出，且电压方向与图示参考方向一致，所以二极管 VD_1 导通，VD_2 截止，此时电源经变压器耦合向负载传输能量，负载上获得电压，滤波电感 L 储能。

当控制电路使 VT_1 截止时，变压器一次侧、二次侧绕组输出电压为零。此时，变压器一次侧绕组在 VT_1 导通时储存的能量经过线圈 N_3 和二极管 VD_3 返送回电源。变压器的二次侧绕组由于输出电压为零，所以二极管 VD_1 截止，电感 L 通过二极管 VD_2 续流并向负载释放能量，由于电容 C 的滤波作用，此时负载上所获得的电压保持不变。其输出电压为

$$U_o = \frac{N_2}{N_1} D U_i = \frac{1}{k} D U_i \tag{8-1}$$

式中　k——变压器的变压比；

D——方波的占空比；

N_1、N_2——分别为变压器一次侧绕组、二次侧绕组的匝数。

由式（8-1）可看出，输出电压 U_o 仅由电源电压 U_i 和占空比 D 决定。

这种电路适合的功率范围为数瓦至数千瓦，其波形如图 8-4（b）和图 8-4（c）所示。

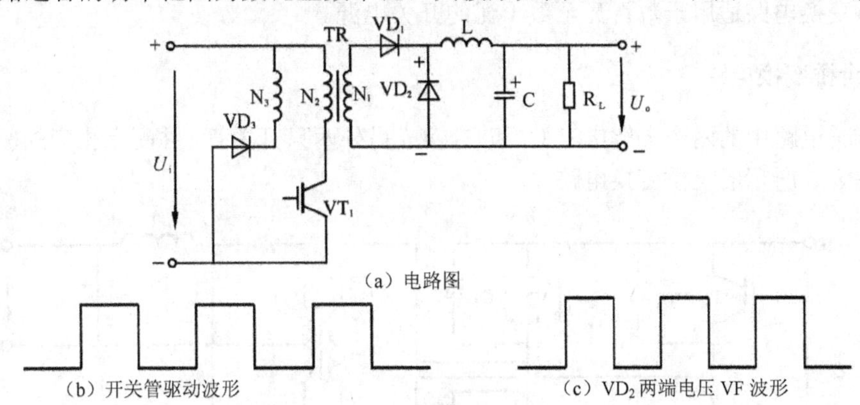

（a）电路图

（b）开关管驱动波形　　（c）VD_2 两端电压 VF 波形

图 8-4　正激式变换电路及波形

2．半桥变换电路

半桥变换电路又可称为半桥逆变电路，如图 8-5（a）所示。工频交流电源通过电源滤波

器、整流滤波器后转换成图中所示的直流电压 U_i。

半桥变换电路的工作原理为：两个输入电容 C_1、C_2 的容量相同，其中 A 点的电压 U_A 是输入电压 U_i 的一半，即有 $U_{C1}=U_{C2}=U_i/2$。VT_1 和 VT_2 的驱动信号 u_{g1} 和 u_{g2} 是互为反相的 PWM 信号，如图 8-5（b）所示。当 u_{g1} 为高电平时，u_{g2} 为低电平，VT_1 导通，VT_2 关断。电容 C_1 两端的电压通过 VD_1 施加在高频变压器的一次侧绕组，此时 $u_1=U_i/2$，在 VT_1 和 VT_2 共同关断期间，一次侧绕组上的电压为零，即 $u_1=0$。当 u_{g2} 为高电平期间，VT_2 导通，VT_1 关断，电容 C_2 两端的电压施加在高频变压器的一次侧绕组，此时 $u_1=-U_i/2$，其波形如图 8-5（b）所示。可以看出，在一个开关周期 T 内，变压器上的电压分别为正、负、零值，这一点与正激式变换电路不同。为了防止开关管 VT_1、VT_2 同时导通造成电源短路，驱动信号 u_{g1}、u_{g2} 之间必须具有一定的死区时间，即两者同时为零的时间。

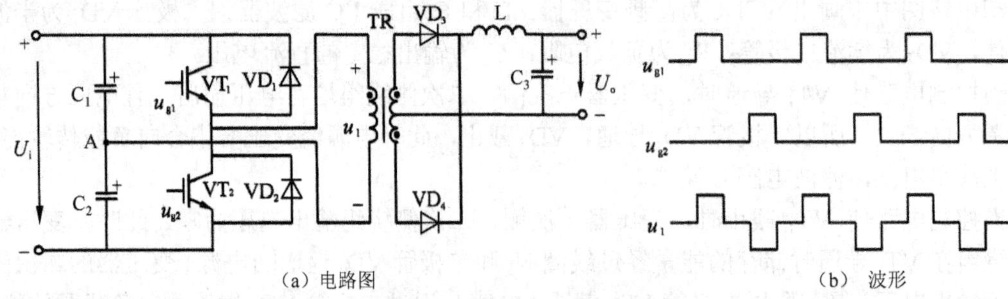

图 8-5　半桥变换电路及波形

TR 二次侧绕组为全波整流，在开关管 VT_1、VT_2 同时截止期间，虽然变压器二次侧绕组电压为零，但此时电感 L 释放能量，又由于电容 C_3 的作用使输出电压恒定不变。

半桥变换电路的特点如下：

（1）磁芯得到充分利用；

（2）开关管所承受的电压不会超过输入电压；

（3）二极管 VD_1、VD_2 作为续流二极管具有续流作用，施加在高频变压器上的电压只是输入电压的一半。

半桥变换电路适用于数百瓦至数千瓦的开关电源。

3．全桥变换电路

将半桥电路中的两个电解电容 C_1 和 C_2 换成另外两只开关管，并配上相应的驱动电路即可组成如图 8-6 所示的全桥变换电路。

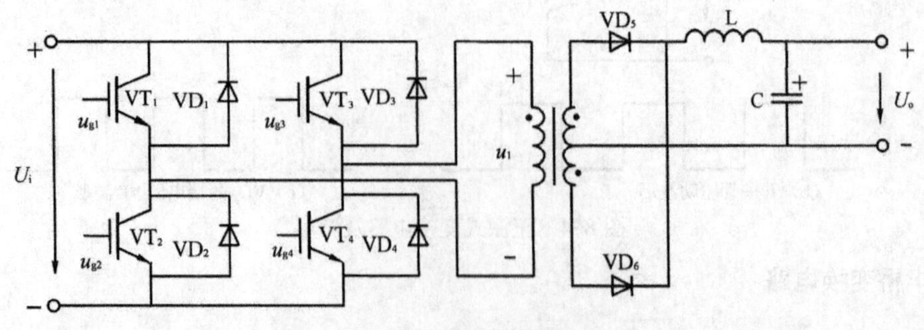

图 8-6　全桥变换电路

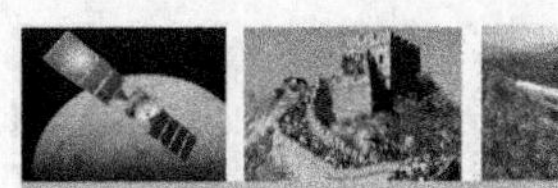

在如图 8-6 所示电路中，驱动信号 u_{g1} 与 u_{g4} 相同，u_{g2} 与 u_{g3} 相同，且 u_{g1}、u_{g4} 与 u_{g2}、u_{g3} 互为反相。其工作原理为：当 u_{g1} 和 u_{g4} 为高电平，u_{g2} 和 u_{g3} 为低电平时，开关管 VT_1 和 VT_4 导通，VT_2 和 VT_3 关断，电源电压通过 VT_1 和 VT4 施加在高频变压器的原边，此时变压器一次侧绕组电压为 $u_1=-U_i$。当 u_{g1} 和 u_{g4} 为低电平，u_{g2} 和 u_{g3} 为高电平时，开关管 VT_2、VT_3 导通，VT_1、VT_4 关断，变压器一次侧绕组电压为 $u_1=U_i$。与半桥电路相比，一次侧绕组上的电压增加了一倍，而每个开关管的耐压仍为输入电压。

全桥变换电路适用于容量为数百瓦至数千瓦的开关电源。

除了上述变换电路外，常用的隔离型高频电路还有反激式变换电路、推挽式变换电路和双正激式变换电路。

8.1.3　开关电源的应用

图 8-7 给出了由开关电源构成的电力系统用直流操作电源的电路原理图，其中图 8-7（a）为主电路，图 8-7（b）为控制电路。主电路采用半桥变换电路，额定输出直流电压为 220V，输出电流为 10A。它包含图 8-2 中所有的基本功能模块。下面简单介绍各功能模块的具体电路。

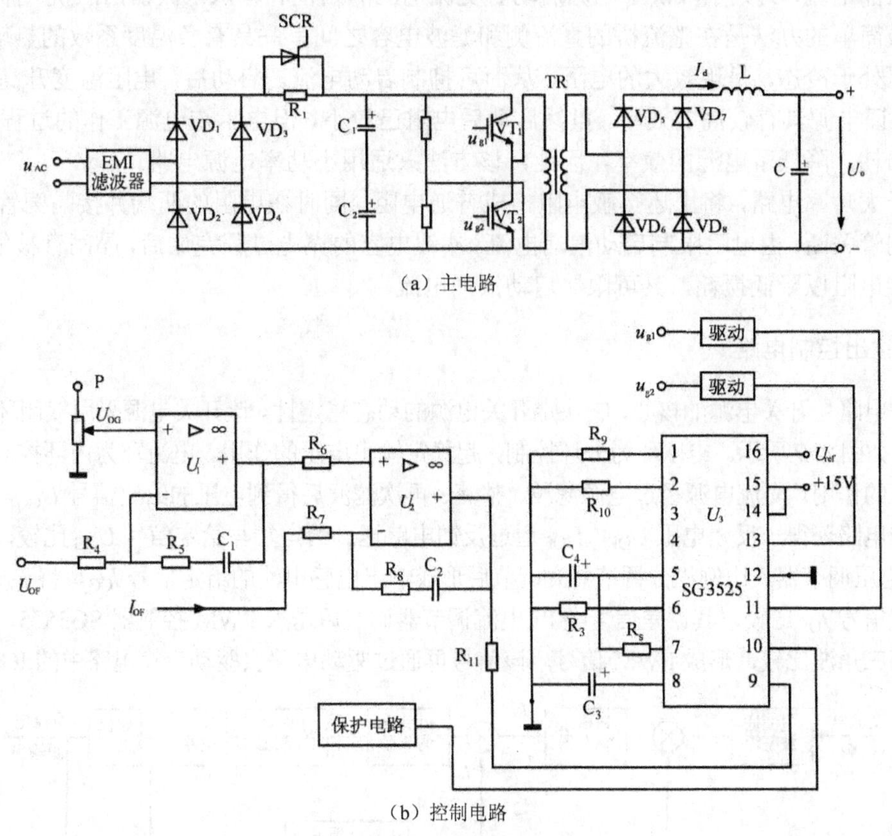

（a）主电路

（b）控制电路

图 8-7　直流操作电源的电路原理图

1. 交流进线 EMI 滤波器

电磁干扰 EMI 为英文 Electro Magnetic Interference 的缩写。为了防止开关电源产生的噪声

进入电网或者电网的噪声进入开关电源内部干扰开关电源的正常工作，必须在开关电源的输入端施加EMI滤波器，有时又称此滤波器为电源滤波器，用于滤除电源输入/输出中的高频噪声（150kHz～30MHz）。图8-8给出了一种常用的高性能EMI滤波器电路，该滤波器能同时抑制共模和差模干扰信号。

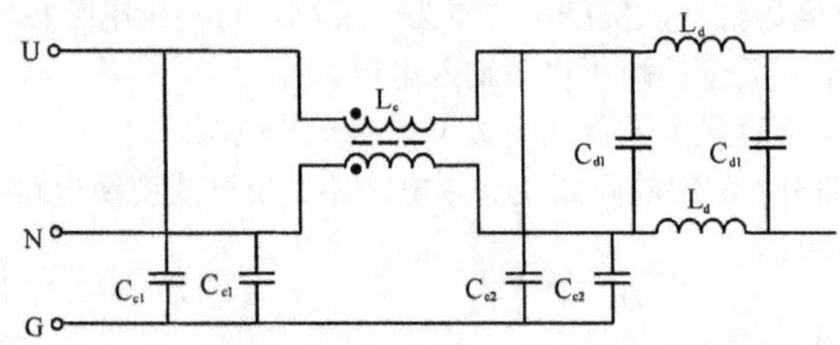

图8-8 常用的高性能EMI滤波器

2．启动浪涌电流抑制电路

开启电源时，由于对滤波电容 C_1 和 C_2 充电，接通电源瞬间电容相当于短路，因而会产生很大的浪涌电流，其大小取决于电源启动时交流电压的相位和输入滤波器的阻抗。抑制启动浪涌电流最简单的办法是在整流桥的直流侧和滤波电容之间串联具有负温度系数的热敏电阻。启动时电阻处于冷态，呈现较大的电阻，从而可抑制启动电流。启动后，电阻温度升高，阻值降低，以保证电源具有较高的效率。虽然启动后电阻已较小，但电阻在电源工作的过程中仍具有一定的损耗，降低了电源的效率，因此，该方法只适用小功率电源电路。

对于大功率电路，将上述热敏电阻换成普通电阻，同时在电阻的两端并接晶闸管，电源启动时晶闸管关断，由电阻限制启动浪涌电流。滤波电容的充电过程完成后，晶闸管被触发导通，既可短接电阻以降低损耗，又可限制启动浪涌电流。

3．输出控制电路

控制电路是开关电源的核心，它决定开关电源的动态稳定性。该开关电源采用双闭环负反馈控制方式，如图8-9所示。电压环为外环控制，起稳定输出电压的作用。电流环为内环控制，起稳定输出电流的作用。交流电源经过电源滤波、整流、再次滤波后得到电压的给定信号 U_{OG}，输出电压经过取样电路获得一反馈电压 U_{OF}。U_{OF} 通过反馈电路送到给定端与给定信号 U_{OG} 比较，其误差信号经PI电压调节器（比例积分调节器）调节后形成输出电感电流的给定信号 I_{OG}。将 I_{OG} 与电感电流的反馈信号 I_{OF} 比较，其误差信号经PI电流调节器调节后送入PWM控制器SG3525，然后与控制器内部三角波比较，形成PWM信号，该信号再通过驱动电路去驱动变换电路中的IGBT。

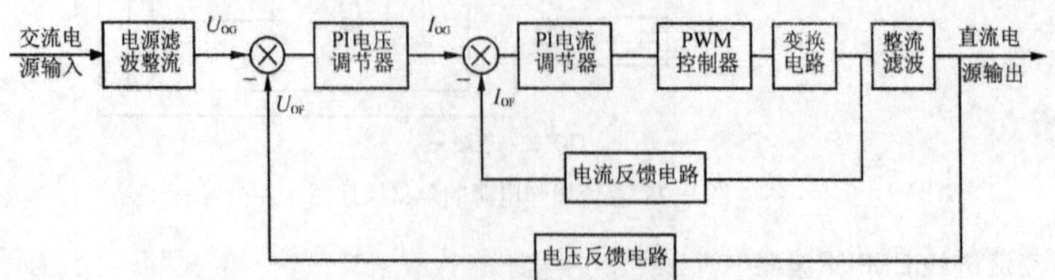

图8-9 直流开关电源控制系统原理框图

4．SG3525 的引脚功能

SG3525 系列开关电源 PWM 控制集成电路是美国硅通用公司设计的第二代 PWM 控制器，工作性能好，外部元件用量少，适用于各种开关电源。图 8-10 给出了 SG3525 的内部结构，其引脚说明如下。

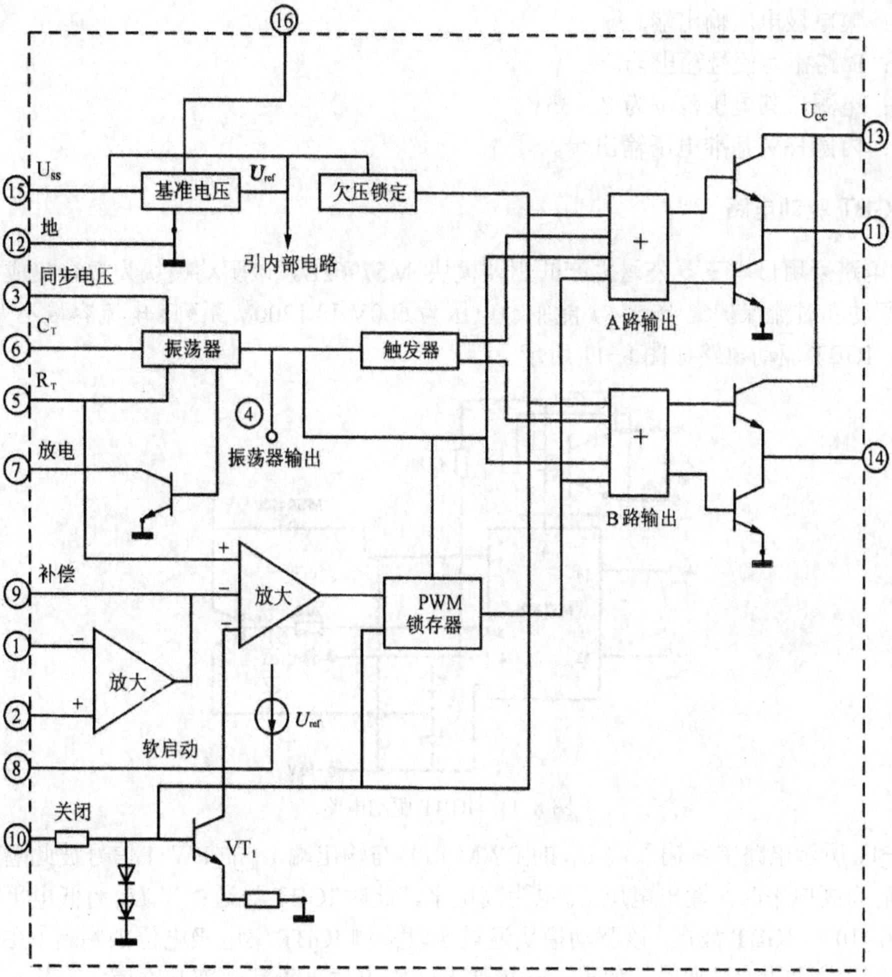

图 8-10　SG3525 内部结构图

①脚：误差放大器的反相输入端。

②脚：误差放大器的同相输入端。

③脚：同步信号输入端，同步脉冲的频率应比振荡器频率要低一些。

④脚：振荡器输出端。

⑤脚：振荡器外接定时电阻 R_T 端，R_T 的阻值为 2～150kΩ。

⑥脚：振荡器外接电容 C_T 端，振荡器频率 $f_s=1/C_T(0.7R_T+3R_0)$，R_0 为⑥脚与⑦脚之间跨接的电阻值，用于调节死区时间，定时电容范围为 0.001～0.1μF。

⑦脚：振荡器放电端，用外接电阻来控制死区时间，电阻范围为 0～500Ω。

⑧脚：软启动端，外接软启动电容，该电容由内部 U_{ref} 的 50μA 恒流源充电。

⑨脚：误差放大器的输出端。

⑩脚：PWM 信号封锁端，当该引脚为高电平时，输出驱动脉冲信号被封锁，该引脚主要用于故障保护。

⑪脚：A 路驱动信号输出端。

⑫脚：接地端。

⑬脚：集电极电压输出端。

⑭脚：B 路驱动信号输出端。

⑮脚：电源，其电压范围为 8～35V。

⑯脚：内部+5V 基准电压输出端。

5. IGBT 驱动电路

驱动电路采用日本三菱公司生产的驱动模块 M57962L。该驱动模块为混合集成电路，将 IGBT 的驱动和过流保护集于一体，能驱动电压为 600V 和 1200V 系列、电流容量不大于 400A 的 IGBT。IGBT 驱动电路如图 8-11 所示。

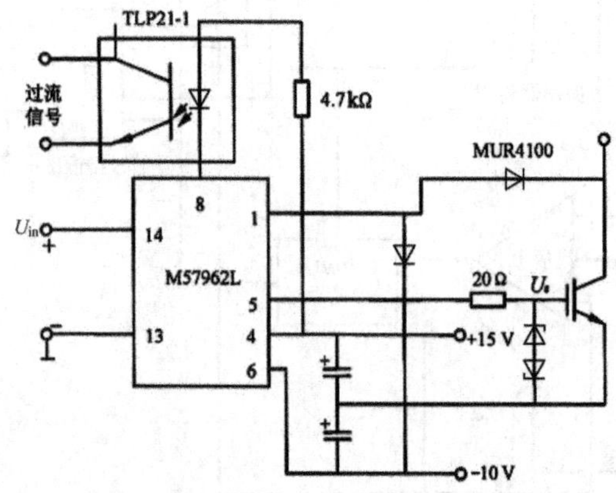

图 8-11 IGBT 驱动电路

图 8-11 所示电路中，输入端 U_{in} 的 PWM 信号与输出端 U_g 的 PWM 信号彼此隔离。当输入电压 U_{in} 为高电平时，输出电压 U_g 也为高电平，此时 IGBT 导通；当 U_{in} 为低电平时，输出电压 U_g 为−10V，IGBT 截止。该驱动模块通过实时检测 IGBT 集电极电位来判断 IGBT 是否发生过流故障。当 IGBT 导通时，如果驱动模块的 1 脚电位高于其内部基准值，则其 8 脚输出为低电平，通过光耦合，发出过流信号，使输出信号 U_g 变为−10V，关断 IGBT。

8.2 有源功率因数校正装置

随着电力电子技术的发展，越来越多的电力电子设备被接入电网。这些设备的输入端往往包含不可控或相控的单相或三相整流桥，造成交流输入电流严重畸变，由此产生大量的谐波注入电网。电网谐波电流不仅引起变压器和供电线路过热，降低电器的额定值，并且产生电磁干扰，影响其他电子设备正常运行。因此，许多国家和组织制定了限制用电设备谐波的标准，对用电设备注入电网的谐波和功率因数都有明确具体的限制。这就要求生产电力电子装置的厂家必须采取措施来抑制其产品注入电网的谐波，以提高其产品的功率因数。

抑制谐波的传统方法是采用无源校正，即在电路中串入无源 LC 滤波器。该方法虽然简单可靠，且在稳态条件下不会产生电磁干扰，但是，它有以下缺点：

（1）滤波效果取决于电网阻抗与 LC 滤波器阻抗之比，当电网阻抗或频率发生变化时，滤波效果不能得到保证，动态特性较差。

（2）可能会与电网阻抗发生并联谐振，将谐波电流放大，从而导致系统无法正常工作。

（3）LC 滤波器体积大。

因此，无源校正技术目前一般用于抑制高次谐波，如需进一步抑制装置的低次谐波，提高装置的功率因数，目前大多采用有源功率因数校正技术。

8.2.1　有源功率因数校正的工作原理

有源功率因数校正技术（Active Power Factor Correction，APFC）就是在传统的整流电路中加入有源开关，通过控制有源开关的通/断来强迫输入电流跟随输入电压的变化，从而获得接近正弦波的输入电流和接近 1 的功率因数。目前，单相电路 APFC 技术已经成熟，其产品开始进入实用化阶段。

下面以单相电路为例，介绍 APFC 技术的工作原理。

从原理上说，任何一种直流变换电路，如升压变换电路、降压变换电路、升降压变换电路、反激电路、单端初级电感转换电路和库克变换电路等，均可用做 APFC 主电路。但是，由于升压变换电路的特殊优点，将其用于 APFC 主电路更为广泛。本节以升压变换电路为例，说明有源功率因数校正电路的工作原理。图 8-12 为升压变换有源功率因数校正电路。主电路由单相桥式整流电路和升压变换电路组成，图形下半部分为控制电路，包含电压误差放大器 VA、脉宽调制器 PWM 和驱动电路。

APFC 的工作原理为：输出电压 U_o 和基准电压 U_r 比较后，误差信号经电压误差放大器 VA 后送入乘法器，与全波整流电压取样信号相乘以后形成基准电流信号。基准电流信号与电流反馈信号相减，误差信号经电流误差放大器 CA 后再与锯齿波相比较形成 PWM 信号，然后经驱动电路控制主电路开关 S 的通/断，使电流跟随基准电流信号的变化。由于基准电流信号同时受输入交流电压和输出直流电压调控，因此，当电路的实际电流与基准电流一致时，既能实现输出电压恒定，又能保证输入电流为正弦波，并且与电网电压同相，从而获得接近 1 的功率因数。

根据以上的分析，APFC 电路与一般开关电源的区别在于：APFC 电路不仅反馈输出电压，还反馈输入平均电流；APFC 电路的电流环基准信号为电压环误差信号与全波整流电压取样信号的乘积。

8.2.2　APFC 集成控制电路 UC3854 及其应用

UC3854 是美国 Unitrode 公司生产的 APFC 控制专用集成电路，也是目前使用较为广泛的一种 APFC 集成控制电路，用于控制如图 8-12 所示的 APFC 变换电路。该电路内部集成了 APFC 控制电路所需要的所有功能，只需增添少量的外围电路，便可构成完整的 APFC 控制电路。

图 8-13 为 UC3854 内部结构框图。从图中可见，UC3854 包含电压放大器 VA、模拟乘法/除法器 M、电流放大器 CA、固定频率 PWM 脉宽调制器、功率 MOSFET 的门极驱动电路、7.5V 基准电压源等。其中，模拟乘法/除法器 M 的输出信号 I_M 为基准电流信号，它与乘法器

的输入电流的关系为（与图中 I_M=AB/C 对应）

$$I_M = I_{AC}(U_{AO} - 1.5)KU_{rms}^2$$

其中，U_{AO} 为电压放大器的输入信号；U_{rms} 为 1.5～4.7V，由 APFC 的输入电压经分压器后提供，比例系数 K=−1，其中量纲为[伏]$^{-1}$。I_{AC} 约为 250μA，取自输入电压，故与输入电压的瞬时值成比例。从 U_{AO} 中减去 1.5V 是芯片设计的要求。图 8-13 所示电路中，平方器和除法器（除以 U_{rms}^2）起电压前馈的作用，保证输入电压变化时输入功率稳定。

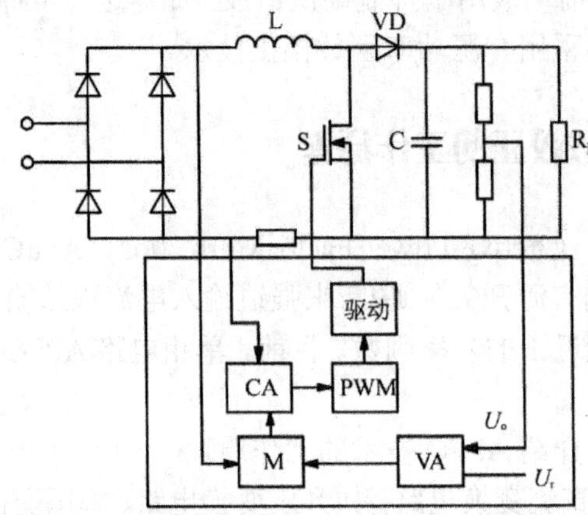

图 8-12　升压变换有源功率因数校正（Boost-APFC）电路

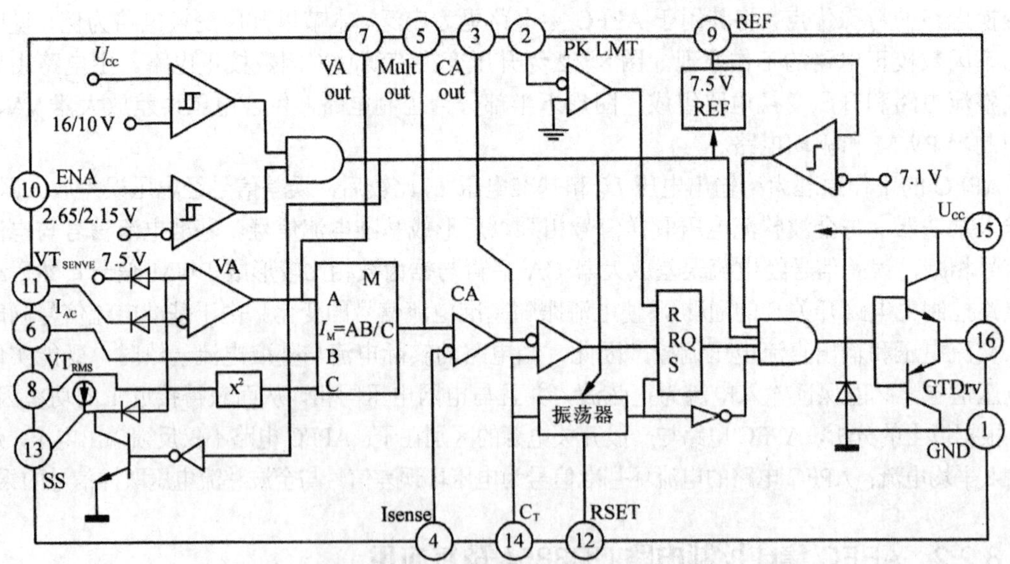

图 8-13　UC3854 内部结构框图

UC3854 有 16 个引脚，各引脚功能如下。

①（GND）：接地端。

②（PK LMT）：峰值限制端，接电流检测电阻的电压负端。电压负端的门限值为 0V，利用该端可以限定主电路的最大电流值。

③（CA out）：电流放大器 CA 输出端。

④（Isense）：电流检测端。它内部接 CA 输入负端，外部经电阻接电流检测电阻的电压正端。

⑤（Mult out）：乘法/除法器输出端。内部接乘法/除法器输出端和 CA 输入正端，外部经电阻接电流检测电阻的电压负端。

⑥（I_{AC}）：输入电流端。内部接乘法/除法器的输入端 B，外部经电阻接整流输入电压的正端。

⑦（VA out）：电压放大器输出端。内部接乘法/除法器输入端 A，外部接 RC 反馈网络。

⑧（VT_{RMS}）：电源电压有效值输入端。内部经过平方器接乘法/除法器的输入端 C，起前馈作用，该端口的电压数值范围为 1.5～4.7V。

⑨（REF）：基准电压端，产生 7.5V 基准电压。

⑩（ENA）：使能端。它是一个逻辑输入端，使能控制 PWM 输出、电压基准和振荡器。当它不用时，可接到+5V 电源或 22kΩ的电阻，使 ENA 置于高电平。

⑪（VT_{SENVE}）：输出电压检测端，接电压放大器 VA 的输入负端。

⑫（RSET）：外接电阻 Rset 端，控制振荡器充电电流及限制乘法/除法器最大输出。

⑬（SS）：软启动端。

⑭（C_T）：外接振荡电容 C_T 端。振荡频率为

$$f=\frac{1.25}{R_{set}C_T}$$

⑮（Ucc）：电源端。正常工作期间 U_{cc} 的值应大于 17V，但最大不能超过 35V。Ucc 对 GND 端应接入旁路电容。

⑯（GTDrv）：门极驱动端。

控制芯片 UC3854 适用的功率范围比较宽，5kW 以下的单相 Boost-APFC 电路均可采用该芯片作为控制器。图 8-14 给出了输出功率为 250W 时，由 UC3854 构成的 APFC 电路原理图。输出功率不同时，只需改变主电路中的电感 L_1、电流检测电阻 R_s 和控制电路中的电流控制环参数。输出电压为

$$U_o=\frac{R_1+R_2}{R_2}\times 7.5$$

其中，U_o 一般为 380～400V。

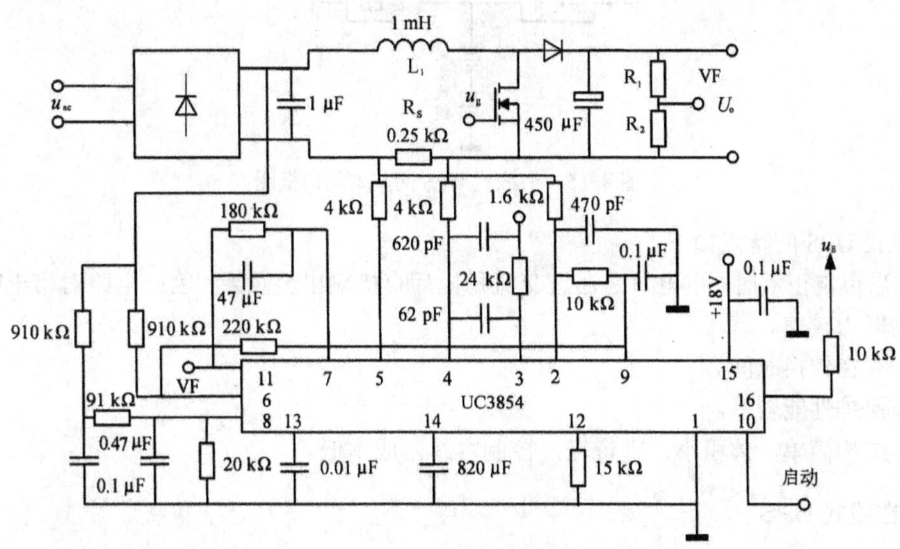

图 8-14　由 UC3854 构成的 APFC 电路原理图

8.3 不间断电源

随着计算机网络的日益发展和广泛应用，对高质量供电设备的需求也越来越大，“需要是社会发展的第一推动力”，不间断电源（Uninterruptible Power Supply，UPS）正是为满足这种需要而发展起来的电力电子设备。伴随电力电子技术的发展，UPS 不断推陈出新，不仅能保证不间断供电，同时还能提供稳压、稳频和波形失真度极小的高质量正弦波电源。目前，UPS 在计算机网络系统、邮电通信、银行证券、电力系统、工业控制、医疗、交通及航空等领域得到了广泛应用。

8.3.1 UPS 的分类

UPS 可分为离线式、在线式和在线交互式三种形式。

1. 离线式 UPS

离线式 UPS 的基本结构框图如图 8-15 所示，它由充电器、蓄电池组、逆变器、交流稳压器和转换开关等部分组成。市电存在时，逆变器不工作，市电经交流稳压器稳压后，通过转换开关向负载供电，同时充电器工作，对蓄电池组充电；市电掉电时，逆变器工作，将蓄电池提供的直流电压变换成稳压、稳频的交流电压，转换开关同时断开市电通路，接通逆变器，继续向负载供电。当市电掉电时，输出有转换时间。目前市场上销售的这种电源均为小功率电源，一般在 2kVA 以下。

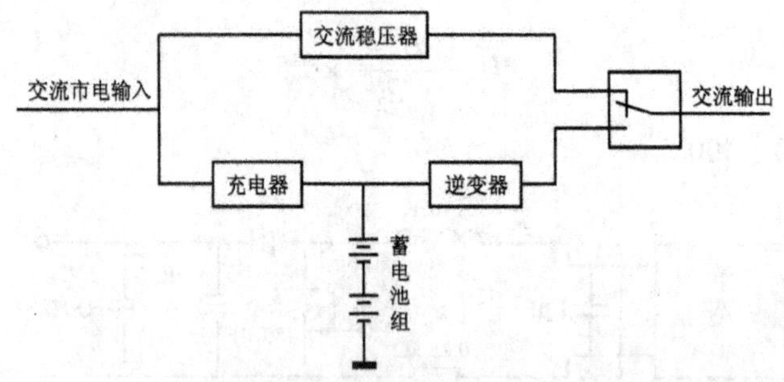

图 8-15 离线式 UPS 的基本结构框图

离线式 UPS 的特点如下：

（1）当市电正常时，市电只是通过交流稳压后直接输出至负载，因此电路对市电噪声及浪涌的抑制能力较差。

（2）存在转换时间。

（3）保护性能较差。

（4）结构简单，体积小，重量轻，控制容易，成本低。

2. 在线式 UPS

在线式 UPS 的基本结构框图如图 8-16 所示，它由整流器、逆变器、蓄电池组及静态转换

开关管等部分组成。正常工作时，市电经整流器变成直流电后，再经逆变器变换成稳压、稳频的正弦波交流电压供给负载。当市电掉电时，由蓄电池组向逆变器供电，以保证负载不间断供电。如果逆变器发生故障，UPS 则通过静态开关切换到旁路，直接由市电供电。故障消失后，UPS 又重新切换到由逆变器向负载供电。由于在线式 UPS 总是处于稳压、稳频供电状态，输出电压动态响应特性好，波形畸变小，其供电质量明显优于离线式 UPS。目前大多数 UPS，特别是大功率 UPS 均为在线式。

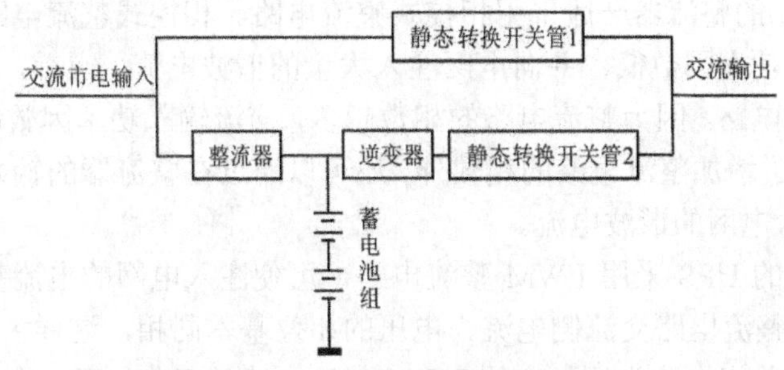

图 8-16　在线式 UPS 的基本结构框图

在线式 UPS 的特点如下。

(1) 输出的电压经过 UPS 处理，输出电源品质较高。

(2) 无转换时间。

(3) 结构复杂，成本较高。

(4) 保护性能好，对市电噪声及浪涌的抑制能力强。

3. 在线交互式 UPS

在线交互式 UPS 的结构框图如图 8-17 所示。它由交流稳压器、交流开关、逆变器、整流器、蓄电池组等组成。市电正常时，经交流稳压器后直接输出给负载。此时，逆变器工作在整流状态，作为充电器向蓄电池组充电。当市电掉电时，逆变器则将电池能量转换为交流电输出给负载。

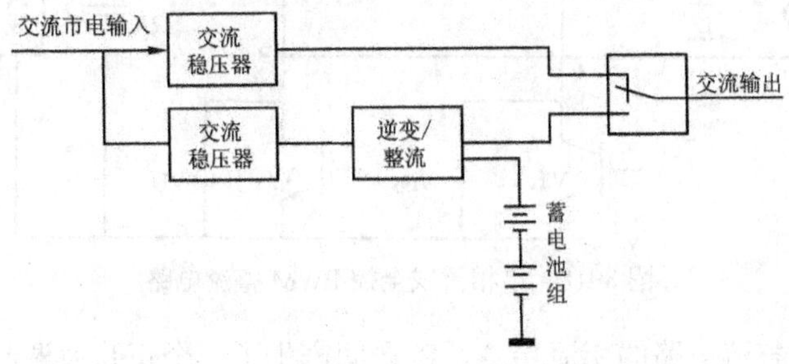

图 8-17　在线交互式 UPS 的结构框图

在线交互式 UPS 的特点如下。

(1) 具有双向转换器，UPS 电池充电时间较短。

(2) 存在转换时间。

(3) 控制结构复杂，成本较高。

(4) 保护性能介于在线式 UPS 与离线式 UPS 之间，对市电噪声和浪涌的抑制能力较差。

8.3.2 UPS 整流器

对于小功率 UPS，其整流器一般采用二极管整流电路，它的作用是向逆变器提供直流电源，由专门的充电器给蓄电池充电。而对于中、大功率 UPS，它的整流器具有双重功能，在向逆变器提供直流电源的同时还要对蓄电池进行充电，因此，整流器的输出电压必须是可控的。

中、大功率 UPS 的整流器一般采用相控式整流电路。相控式整流电路结构简单，控制技术成熟，但交流输入功率因数低，并向电网注入大量的谐波电流。目前，大功率 UPS 大多采用 12 相或 24 相整流电路。因为整流电路的相数越多，交流输入功率因数越高，注入电网的谐波含量也就越低。除了增加整流电路的相数外，还可以通过在整流器的输入侧增加有源或无源滤波器滤除 UPS 注入电网的谐波电流。

目前，比较先进的 UPS 采用 PWM 整流电路，可使注入电网的电流基本接近正弦波，且功率因数接近 1，即整流电路交流侧电流、电压的相位基本同相，这样大大降低 UPS 对电网的谐波污染。下面以单相电路为例，介绍 PWM 整流电路的工作原理。

图 8-18 为单相桥式全控PWM整流电路，其中起整流作用的开关器件采用全控器件 IGBT。电路的工作原理为：在交流电源 u_s 的正半周，控制电路令晶闸管 VT_2、VT_3 关断，而在 VT_1、VT_4 的控制极输入 SPWM 控制脉冲序列，则在 A、B 两点间获得正半周的 SPWM 波形，如图 8-19 所示。同理，在交流电源 u_s 的负半周，控制电路关断晶闸管 VT_1、VT_4，而在 VT_2、VT_3 的控制极输入 SPWM 控制脉冲序列，则在 A、B 两点间获得负半周的 SPWM 波形，通过电容 C 滤波，在负载上可获得稳定的直流电压。调节加在 VT_1、VT_2、VT_3、VT_4 控制极上的脉冲序列的宽度，即可调节整流电路输出直流电压的大小，实现可控整流。

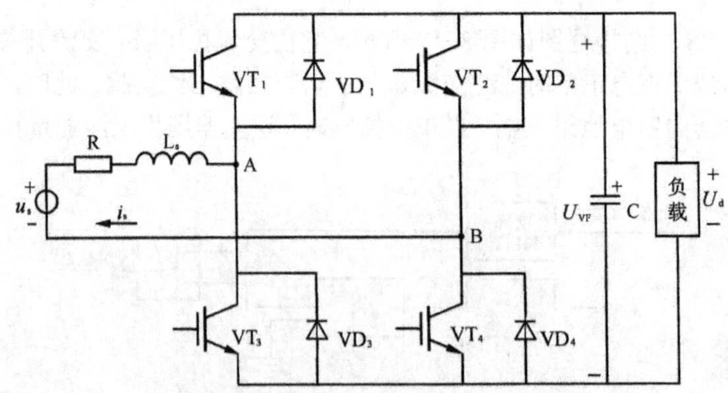

图 8-18 单相桥式全控 PWM 整流电路

可见，在 PWM 整流电路的交流端 A、B 之间产生了一个正弦波调制电压 u_{AB}，u_{AB} 中除了含有与电源同频率的基波分量外，还含有与开关频率有关的高次谐波。图 8-18 所示电路中，在整流电路的交流侧串联有电感 L_s，它的作用就是将交流侧电流中的高次谐波滤除，使交流侧电流 i_s 产生很小的脉动。如果忽略这些脉动成分，i_s 为频率与电源电压 u_s 频率相同的正弦波。

在交流电源电压 u_s 一定时，i_s 的幅值和相位由 u_{AB} 中基波分量的幅值及其与 u_s 的相位差决定，改变 u_{AB} 中基波分量的幅值和相位，即改变加在 VT_1、VT_2、VT_3、VT_4 控制极上 SPWM 脉冲序列的幅值和相位，就可使电源电流 i_s 与电压 u_s 相位相同，从而使整流电路交流侧的输入功率因数为 1，彻底解决 UPS 电力电子装置造成的电网谐波污染问题。

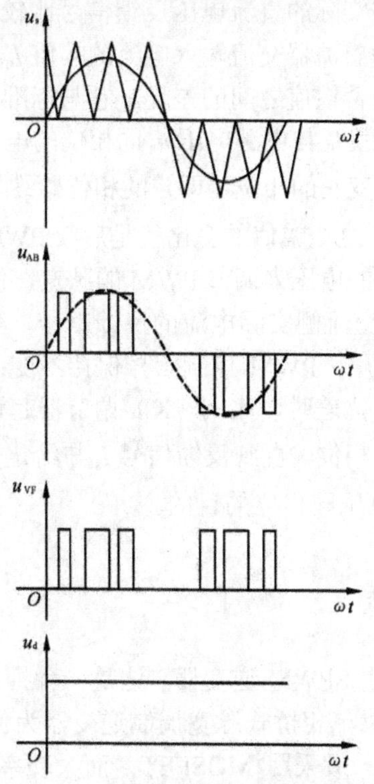

图 8-19　单相全桥 PWM 整流电路波形

图 8-20 为电源电流 i_s 与电压 u_s 同相位控制系统结构示意图。该控制系统为双闭环控制系统。电压环为外环，其作用是调节和稳定整流输出电压。电流环为内环，其作用是使整流电路交流侧的电流 i_s 与电压 u_s 相位相同。

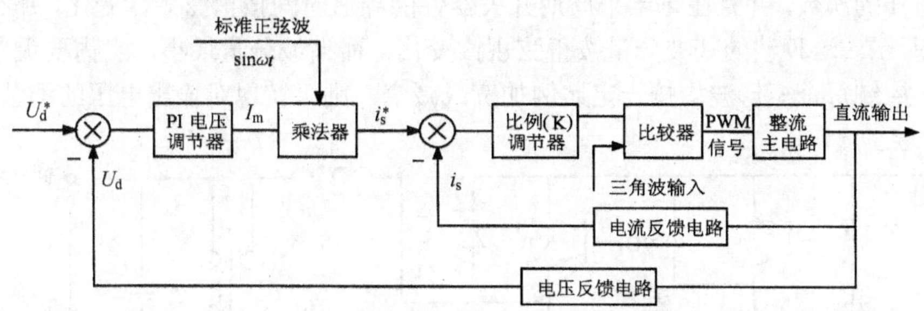

图 8-20　电源电流 i_s 与电压 u_s 同相位控制系统结构示意图

在图 8-20 所示控制系统中，电压给定控制信号为直流电压，通过调节 PWM 调制波的幅值，即可调节 PWM 控制脉宽，使整流输出电压增大或减小。U_d 为整流输出的实际电压的反馈信号，如果整流输出电压与给定控制信号所希望的电压值相同，即 $U_d=U_d^*$，则比例积分（PI）电压调节器不起调节作用，整流输出电压 U_d 保持不变。在 U 不变的情况下，因为其他因素使实际输出电压 U_d 与希望电压值不相等时，U_d^* 与反馈的实际信号 U_d 相比较后，可使控制电路输出的 PWM 脉冲宽度根据误差值（U_d 大于或小于 U_d^*）增大或减小，从而使输出电压增大或

减小，使输出电压稳定在希望值。

将直流输出电压给定信号与实际的直流电压反馈信号比较后，送入比例积分（PI）电压调节器，PI 电压调节器的输出即为整流器交流输入电流的幅值 I_m，这是一个直流信号，它的大小反映了整流输出电压的实际值与希望值之间的差异。它与标准的正弦波相乘后形成交流输入电流的给定信号 i_s^*。标准的正弦波就是与电源电压 u_s 同相位的电压信号，当它与信号 I_m 相乘后，只增加或减小其幅值，而不会改变它的相位，即 i_s^* 的相位始终与电源电压 u_s 的相位相同，其幅值则随着 PI 调节的差值而变化。这个幅值的变化就是后续 PWM 控制电路电压幅值变化的控制信号。因此，可以根据实际输出的电压来调节 PWM 的脉宽，使输出电压达到希望值。

图 8-20 中，i_s 为整流电路交流侧实际电流的反馈信号，当这个电流与给定电流的相位相同时，比例（K）调节器不起作用，PWM 控制信号保持不变；当反馈电流信号 i_s 与电源电压 u_s 相位有差异时，即 i_s^* 与 i_s 有相位差时，比例（K）调节器起调节作用，它可以调节后续比较器电路，从而调整 PWM 脉冲的相位，直到反馈信号 i_s 与给定信号 i_s^* 的相位相同为止，这样就达到了整流电路交流侧电流、电压同相位的目的。

8.3.3 UPS 中的逆变器

正弦波输出的 UPS 通常采用 SPWM 逆变器，这是一种抑制谐波分量的最有效的方法，有单相输出，也有三相输出。下面以单相桥式脉宽调制逆变器为例，说明逆变器的基本工作原理。小功率 UPS 电路中的开关器件一般采用 MOSFET；而大功率 UPS 电路中的开关器件则采用 IGBT。

图 8-21 所示电路中，VT_1、VT_2 和 VT_3、VT_4 不能同时导通，否则将使输入直流电源短路，这个电路只在 VT_1、VT_4 和 VT_2、VT_3 间交替导通与关断，负载才有连续的交流矩形波。如果在输出电压的半个周期内，VT_1 和 VT_4 导通和关断多次，在另外半个周期内 VT_2 和 VT_3 也导通和关断同样的次数，并且在每半个周期开关器件的导通时间按正弦规律变化，那么输出波形如图 8-22 所示。这种波的基波分量按正弦规律变化，而谐波分量最小。当需要调节逆变器输出电压时，控制每个矩形波均按一定比例加宽或减窄，则可实现对输出电压的调节。

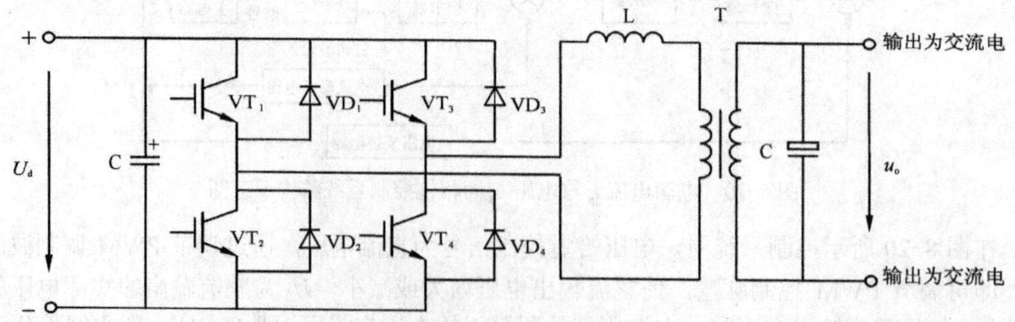

图 8-21　UPS 单相逆变电路

为了滤除开关频率噪声，输出采用 LC 滤波电路，因为开关频率较高，一般大于 20kHz，因此采用较小的 LC 滤波器便能滤除开关频率噪声。输出隔离变压器 T 实现逆变器与负载之间的隔离，避免它们之间电路上的直接联系，从而减少了干扰。另外，为了节约成本，绝大

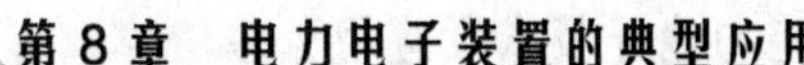

多数 UPS 利用隔离变压器的漏感来充当输出滤波电感，从而可省去图 8-21 所示电路中的电感 L。

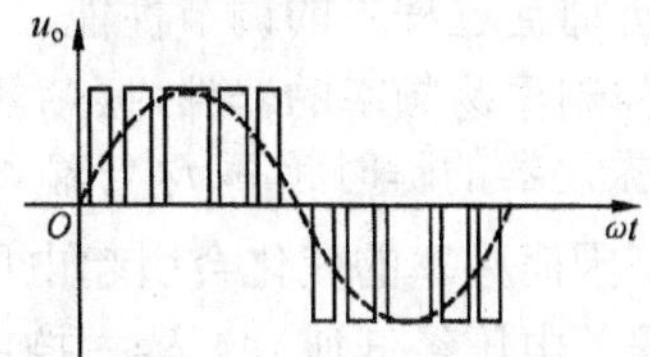

图 8-22 UPS 单相逆变电路输出波形

逆变器是 UPS 的核心部分，这不仅是由它的功能所决定的，也可从它控制电路的复杂程度看出来。逆变器的主电路目前已比较完善，但是逆变器的控制电路却千变万化，差别很大。一般而言，UPS 逆变器的控制电路除了与整流电路一样，通过电压闭环控制实现输出电压的自动调节和自动稳压外，还要实现相位跟踪。图 8-23 所示的电压给定信号 U_d^*、电压反馈信号 u_F、PI 电压调节器即可实现相位跟踪功能。

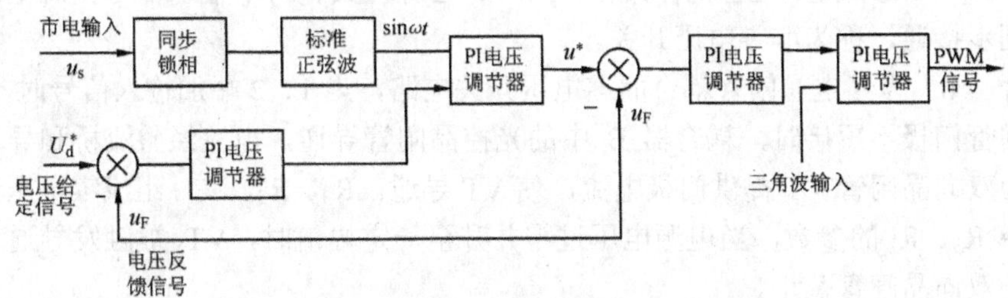

图 8-23 UPS 逆变控制系统结构框图

因为 UPS 要与市电并联运行，所以要求其输出电压应与市电同频率、同相位，这就是所谓的相位跟踪。由于锁相环具有跟踪性能好、稳定性高和电路容易集成化等优点，因而在 UPS 中得到了广泛的应用。锁相技术为提供高质量交流电源创造了条件。

8.3.4 UPS 中的锁相技术

在线式 UPS 中，有时要求变频器输出的电压与市电电压保持同频、同相、同幅度，即变频器的输出必须跟随市电的变化，这就需要锁相技术。

利用两个信号的相位差，通过转换装置形成控制信号，以强迫两个信号相位同步的一种自动控制系统，称为锁相环或环路。

基本的锁相环路由鉴相器、低通滤波器和压控振荡器组成，如图 8-24 所示。

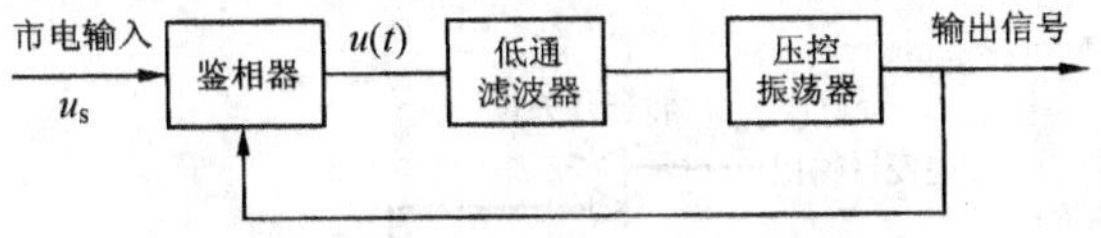

图 8-24 基本锁相环的结构框图

鉴相器也称相位比较器，它将周期性变化的输入信号的相位（从市电或本机振荡获得）与反馈信号的相位（从压控振荡器的输出获得）进行比较，产生与两信号相位差成正比的直流误差电压信号 $u(t)$，该信号可以调整压控振荡器的频率，以达到与输入信号同步的目的。

低通滤波器用于滤除鉴相器输出电压中的高频分量和噪声，只有直流分量才对压控振荡器起控制作用。为了提高系统的动态特性即改善动态跟踪性，在低通滤波器之后加一个由比例积分放大器组成的调节器，即可改善捕捉过程中的调节性能。

压控振荡器是一个由电压来控制振荡频率的器件，振荡器在未加控制电压时的振荡频率称为固有振荡频率，用 $f_{固}$表示。当振荡器的瞬时频率 f_V 与输入信号的频率 f_i 不相同时，由于电压的相位值是频率变化值的积分，因而频率的变化会引起电压相位差的变化，而电压相位差产生变化就会有误差电压产生，该误差电压经低通滤波器去控制压控振荡器的输出频率，使其朝着输入频率的方向变化，进而达到两者同步。

8.3.5 UPS 中的静态开关

静态开关是一种以双向晶闸管为基础构件的无触点通断组件。图 8-25（a）为光电双向晶闸管耦合器的非零电压开关电路，当输入端 1、2 加输入信号时，光电双向晶闸管耦合器 B 导通，门极由 R_2、B 形成通路触发双向晶闸管 VT。这种开关相对于输入信号交流电源的任意相位，均可同步接通，称为非零电压开关。

图 8-25（b）为光电晶闸管耦合的零电压开关电路，当 1、2 端加输入信号时，VT_1 截止，即光控晶闸管门极不短接时，耦合器 B 中的光控晶闸管导通，电流经整流桥和导通的光控晶闸管一起为双向晶闸管 VT 提供门极电流，使 VT 导通。R_3、R_2、VT_1 组成零电压开关电路，适当地选择 R_3、R_2 的参数，当电源电压过零并升至一定幅值时，VT_1 被触发导通，光控晶闸管被关断，双向晶闸管截止。

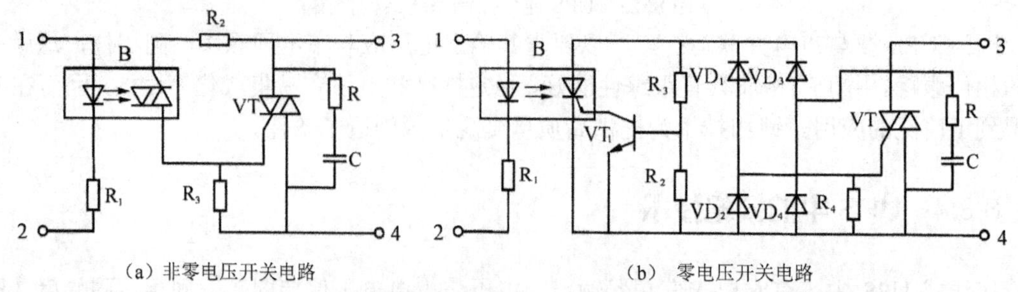

（a）非零电压开关电路　　（b）零电压开关电路

图 8-25　两种静态开关电路

为进一步提高 UPS 的可靠性，在线式 UPS 均装有静态开关，将市电作为 UPS 的后备电源，在 UPS 发生故障或维修时，无间断地将负载切换到市电上，由市电直接供电。静态开关的主电路比较简单，一般由两只晶闸管或一只双向晶闸管组成，单相输出 UPS 静态开关原理图如图 8-26 所示。

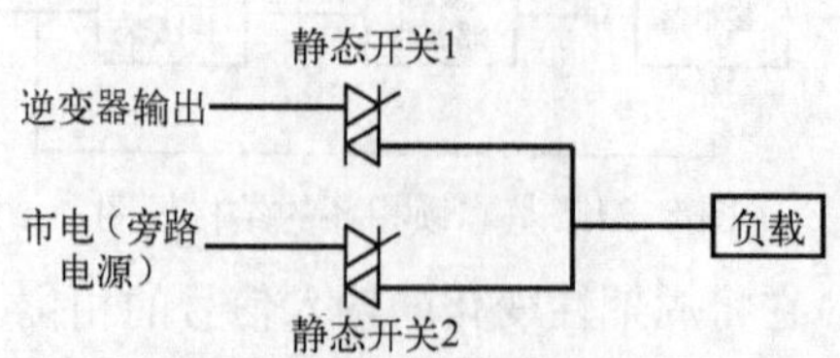

图 8-26　单相输出 UPS 静态开关原理图

静态开关的切换有两种方式，即同步切换方式和非同步切换方式。在同步切换方式中，为了保证在切换过程中供电不间断，静态开关的切换为先通后断。假设负载由逆变器供电，由于某种故障，如蓄电池电压太低，需要由逆变器供电切换为旁路市电供电，切换时首先触发静态开关 2，使之导通，然后再封锁静态开关 1 的触发脉冲。由于晶闸管导通以后，即使除去触发脉冲，它仍然保持导通，只有等到下半个周期到来时，使其承受反压，才能将其关断，因此，存在静态开关 1 和 2 同时导通的现象，此时市电和逆变器同时向负载供电。为了防止环流的产生，逆变器输出电压必须与市电同频、同相、同幅度。这就要求在切换的过程中，逆变器必须跟踪市电的频率、相位和幅值，即锁相，否则环流会使逆变器烧坏。

绝大部分在线式 UPS 除了具有同步切换方式外，还具有非同步切换方式。当需要切换时，如果 UPS 的逆变器输出电压不能跟踪市电，则采用非同步切换方式，即先断后通的切换方式。首先封锁正在导通的静态开关触发脉冲，延迟一段时间，待导通的静态开关关断后，再触发另外一路静态开关导通。很明显，非同步切换方式会造成负载短时间断电。

8.4　变频调速装置

直流电动机具有优良的调速性能，在传统的调速系统中得到了广泛应用。但是，直流电动机具有很多缺点，如结构复杂、价格昂贵、不适合恶劣的工作环境、需要定期维护、最高速度和容量受限制等。同直流电动机相比，交流电动机具有结构简单、体积小、重量轻、惯性小、运行可靠、价格便宜、维修简单、能适应恶劣工作环境等一系列优点。以前，由于交流电动机调速比较困难，在传统的调速系统中应用较少。近年来，由于电力电子技术的发展，由电力电子装置构成的交流调速装置日趋成熟并得到广泛应用，在现代调速系统中，交流调速已占主导地位。

由交流电动机的转速公式 $n=60f_1(1-S)/P$ 可以看出，若均匀地改变定子频率 f_1，则可以平滑地改变电动机的转速。因此，在各种异步电动机调速系统中，变频调速的性能最好，使交流电动机的调速性能可与直流电动机相媲美，同时效率最高。变频调速是交流调速的主要发展方向。

8.4.1　变频调速的基本控制方式

交流电动机的额定频率称为基频。变频调速可以从基频往下调，也可以从基频往上调。频率改变，不仅可以改变交流电动机的同步转速，而且也会使交流电动机的其他参数发生相应的变化，因此，针对不同的调速范围及使用场所，为了使调速系统具有良好的调速性能，变频调速装置必须采取不同的控制方式。

1．基频以下的变频调速

$$E_1=4.44f_1N_1K\Phi_m \tag{8-2}$$

式中　E_1——定子每相感应电动势的有效值；

f_1——定子电源频率；

N_1——定子每相绕组串联匝数；

K——基波绕组系数；

Φ_m——每极气隙磁通量。

如果忽略定子阻抗压降，则外加电源 $U_1=E_1$。由此可见，当 U_1 不变时，随着电源输入频率 f_1 的降低，Φ_m 将会相应增加。由于电动机在设计制造时，已使气隙磁通接近饱和，如果 Φ_m 增加，就会使磁路过饱和，相应的励磁电流增大，铁损急剧增加，严重时导致绕组过热而烧坏。所以在调速的过程中，随着输入电源频率的降低，必须相应地改变定子电压 U_1，以保证气隙磁通不超过设计值。根据式（8-2）可得，如果使 U_1/f_1=常数，则在调速过程中要保持 Φ_m 近似不变，这就是恒压频比控制方式。

2．基频以上的变频调速

电源频率从基频向上提高，可使电动机的转速增加。由于电动机的电压不能超过其额定电压，因此从基频往上调频时，U_1 只能保持在额定值。根据式（8-2）可得，当电压 U_1 一定时，电动机的气隙磁通随着频率 f_1 的升高成比例下降，类似直流电动机的弱磁调速，因此，基频以上的调速属于恒功率调速。

除了上述两种基本控制方式外，变频调速装置的频率控制还有转差频率控制方式、矢量控制方式、直接转矩控制方式等。

8.4.2　SPWM 变频调速装置

图 8-27 为开环控制的 SPWM 变频调速装置结构框图。该装置由二极管整流器电路、能耗制动电路、逆变电路和控制电路组成。逆变电路采用 IGBT 器件，为三相桥式 SPWM 逆变，其电路结构和工作原理已在第 5 章介绍过，下面主要介绍能耗制动电路和控制电路的工作原理。

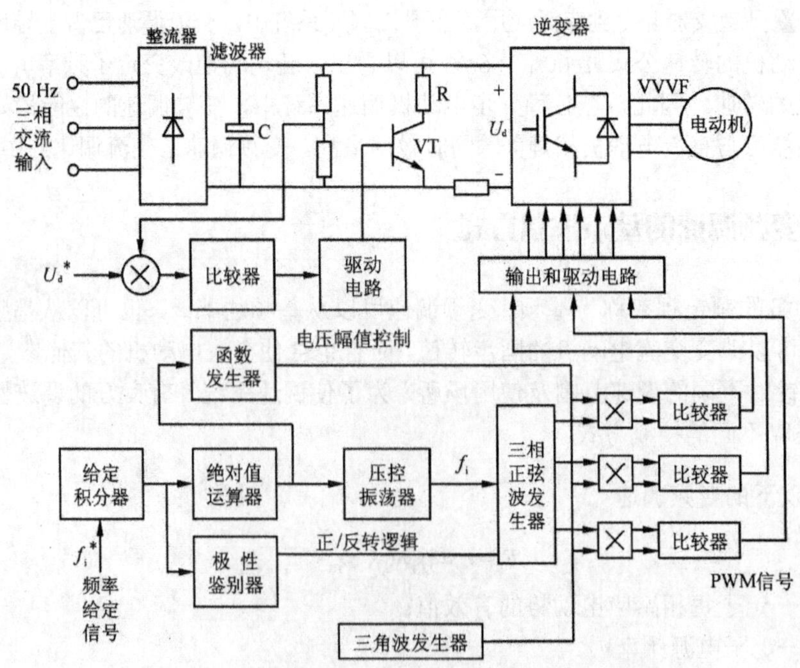

图 8-27　开环控制的 SPWM 变频调速装置结构框图

在图 8-27 所示装置中，R 为外接能耗制动电阻，当电动机正常工作时，电力晶体管 VT

截止，R 中没有电流流过。当快速停机或逆变器输出频率急剧降低时，电动机将处于再生发电状态，向滤波电容 C 充电，直流电压 U_d 升高。当 U_d 升高到最大允许电压 U_{dmax} 时，电力晶体管 VT 导通，接入电阻 R，电动机进行能耗制动，以防止 U_d 过高危害逆变器的开关器件。

输出频率给定信号 f_i^* 首先经过给定积分器，以限定输出频率的升降速度。给定积分器输出信号的极性决定电动机的转向，当输出信号为正时，电动机正转；反之，电动机反转。给定积分器输出信号的大小控制电动机转速的高低。不论电动机是正转还是反转，输出频率和电压的控制都需要正的信号，因此需要加一个绝对值运算器。绝对值运算器的输出信号，一路去函数发生器，函数发生器用来实现低频电压补偿，以保证在整个调频范围内实现输出电压和频率的协调控制。绝对值运算器的另一路信号经过压控振荡器，形成频率为 f_i 的脉冲信号，由此信号控制三相正弦波发生器产生频率与 f_i 相同的三相标准正弦波信号，该信号同函数发生器的输出信号相乘后形成逆变器输出指令信号。同时，给定积分器的输出信号经极性鉴别器确定正/反转逻辑后，去控制三相标准正弦波的相序，从而决定输出指令信号的相序。输出指令信号与三角波比较后形成三相 PWM 控制信号，再经过输出电路和驱动电路，控制逆变器中 IGBT 的通断，使逆变器输出所需频率、相序和大小的交流电压，从而控制交流电动机的转速和转向。

习题与思考题 8

8-1　简述开关稳压电源的工作原理及优点。

8-2　简述 UPS 的种类及特点。

8-3　简述有源功率因数校正电路的作用及工作原理。

8-4　变频调速的基本控制方式有哪几种?

综合实训 1　整流变压器设计

为了培养学生解决实际问题的能力，强化学生的工程意识，下面通过综合实训项目，介绍直流电动机开环控制调速主电路中整流变压器、平波电抗器、脉冲变压器及双闭环调速系统电路的设计方法，以及它们在工程设计中的基本方法和步骤。

在晶闸管整流装置中，满足负载要求的交流电压往往与电网电压不一致，这就需要利用变压器来进行电压匹配。另外，为降低或减少晶闸管变流装置对电网和其他用电设备的干扰，也需要设置变压器将晶闸管装置与电网隔离。因此，在晶闸管整流装置中一般都需要设置整流变压器，它的参数对整流装置的性能有着直接的影响。

例如，根据负载要求的额定电压和电流，确定晶闸管整流主电路的形式之后，晶闸管交流侧的电压只能在一个较小的范围内变化。如果交流侧的电压过高，则晶闸管装置在运行过程中控制角α就会过大，整个装置的功率因数变坏，无功功率增加，在电源回路中电感上的压降增大；另外，对应晶闸管器件的额定电压高，装置成本也会提高。如果交流侧的电压偏低，即使控制角α=0°，整流输出电压也可能达不到负载所要求的额定电压，因而也就达不到负载所要求的功率。因此，必须根据负载的要求，合理计算整流变压器的参数，以确保变流装置安全、可靠运行。

通常情况下，整流变压器的一次侧绕组电压是电网电压，而整流变压器参数的计算是指根据负载的要求计算二次侧绕组的相电压 U_2、相电流 I_2、一次侧绕组容量 S_1、二次侧绕组容量 S_2和平均计算容量 S。只有在这些参数正确计算之后，才能根据计算结果正确、合理地选择或设计整流变压器。

考虑到整流装置的负载不同，电路的运行情况不同，其交直流侧各电量的基本关系也不同。为方便起见，本节以具有大电感的直流电动机负载为例，分析整流变压器参数的计算，其基本原则同样适用于其他性质的负载。不同电路中整流变压器电感负载的各参数取值参见表 Z1-1，电阻负载的各参数值参见表 Z1-2。

表 Z1-1　不同电路中整流变压器的参数值（电感负载）

<table>
<tr><th colspan="2">整流主电路</th><th>单相双半波</th><th>单相半控桥</th><th>单相全控桥</th><th>三相半波</th><th>三相半控桥</th><th>三相全控桥</th><th>带平波电抗器的双反星形</th></tr>
<tr><td colspan="2">$A=\frac{U_{do}}{U_2}$</td><td>0.90</td><td>0.90</td><td>0.90</td><td>1.17</td><td>2.34</td><td>2.34</td><td>1.17</td></tr>
<tr><td rowspan="2">$B=\frac{U_{d\alpha}}{U_{do}}$</td><td>带续流二极管</td><td>$\frac{1+\cos\alpha}{2}$</td><td>$\frac{1+\cos\alpha}{2}$</td><td>$\frac{1+\cos\alpha}{2}$</td><td>$\cos\alpha(\alpha=0°\sim30°)$
$0.577[1+\cos(\alpha+30°)]$
$(\alpha=30°\sim50°)$</td><td>$\frac{1+\cos\alpha}{2}$</td><td>$\cos\alpha(\alpha=0°\sim60°)$
$[1+\cos(\alpha+60°)]$
$(\alpha=60°\sim120°)$</td><td>$\cos\alpha(\alpha=0°\sim60°)$
$[1+\cos(\alpha+60°)]$
$(\alpha=60°\sim120°)$</td></tr>
<tr><td>不带续流二极管</td><td>$\cos\alpha$</td><td>$\frac{1+\cos\alpha}{2}$</td><td>$\cos\alpha$</td><td>$\cos\alpha$</td><td>$\frac{1+\cos\alpha}{2}$</td><td>$\cos\alpha$</td><td>$\cos\alpha$</td></tr>
<tr><td colspan="2">C</td><td>$\frac{1}{\sqrt{2}}=0.707$</td><td>$\frac{1}{\sqrt{2}}=0.707$</td><td>$\frac{1}{\sqrt{2}}=0.707$</td><td>$\frac{\sqrt{3}}{2}=0.866$</td><td>$\frac{1}{2}=0.5$</td><td>$\frac{1}{2}=0.5$</td><td>$\frac{1}{2}=0.5$</td></tr>
<tr><td colspan="2">$K_{11}=\frac{I_1}{I_d}$</td><td>0.707</td><td>1</td><td>1</td><td>0.587</td><td>0.1816</td><td>0.816</td><td>0.289</td></tr>
<tr><td colspan="2">$K_{12}=\frac{kI_1}{I_d}$</td><td>1</td><td>1</td><td>1</td><td>0.472</td><td>0.816</td><td>0.816</td><td>0.408</td></tr>
</table>

续表

整流主电路	单相双半波	单相半控桥	单相全控桥	三相半波	三相半控桥	三相全控桥	带平波电抗器的双反星形
m_2	2	1	1	3	3	3	3
m_1	1	1	1	3	3	3	3
S_1/S_2	0.707	1	1	0.816	1	1	0.707
S_2/P_d	1.57	1.11	1.11	1.48	1.05	1.05	1.48
S_1/P_d	1.11	1.11	1.11	1.21	1.05	1.05	1.05
S/P_d	1.34	1.11	1.11	1.34	1.05	1.05	1.26

表 Z1-2 不同电路中整流变压器的参数值（电阻负载）

整流主电路	单相双半波	单相半控桥	单相全控桥	三相半波	三相半控桥	三相全控桥	带平波电抗器的双反星形
$A=\dfrac{U_{do}}{U_2}$	0.90	0.90	0.90	1.17	2.34	2.34	1.17
$B=\dfrac{U_{d\alpha}}{U_{do}}$	$\dfrac{1+\cos\alpha}{2}$	$\dfrac{1+\cos\alpha}{2}$	$\dfrac{1+\cos\alpha}{2}$	$\cos\alpha(\alpha=0°\sim30°)$ $0.577[1+\cos(\alpha+30°)]$ $(\alpha=30°\sim50°)$	$\dfrac{1+\cos\alpha}{2}$	$\cos\alpha(\alpha=0°\sim60°)$ $[1+\cos(\alpha+60°)]$ $(\alpha=60°\sim120°)$	$\cos\alpha(\alpha=0°\sim60°)$ $[1+\cos(\alpha+60°)]$ $(\alpha=60°\sim120°)$
$K_{11}=\dfrac{I_1}{I_d}$	0.785	1.11	1.11	0.587	0.816	0.816	0.294
$K_{12}=\dfrac{kI_1}{I_d}$	1.11	1.11	1.11	0.480	0.816	0.816	0.415
m_2	2	1	1	3	3	3	6
m_1	1	1	1	3	3	3	3
S_1/S_2	0.707	1	1	0.816	1	1	0.707
S_2/P_d	1.75	1.23	1.23	1.51	1.05	1.05	1.51
S_1/P_d	1.23	1.23	1.23	1.05	1.05	1.05	1.05
S/P_d	1.49	1.23	1.23	1.37	1.05	1.05	1.28

1. 二次侧绕组相电压

欲精确计算整流变压器二次侧绕组相电压 U_2，就必须首先对主电路中影响 U_2 值的各个因素加以考虑。

（1）首先要保证满足负载所要求的最大平均电压 U_D。

（2）在分析整流电路工作原理时，假设晶闸管是理想的开关元件，导通时电阻为零，关断时电阻为无穷大。但事实上，晶闸管并非是理想的半可控开关器件，导通时有一定的管压降，用 U_{VT} 表示。

（3）变压器漏抗的存在导致晶闸管整流装置在换相过程中产生换相压降，用ΔU_X 表示。

（4）当晶闸管整流装置对直流电动机供电时，为改善电动机的性能，保证流过电动机的电流连续平滑，一般都需串接电感足够大的平波电抗器。因平波电抗器具有一定的直流电阻，所以电流流经该电阻时会产生一定的电压降。同时还需要考虑电动机电枢电阻的压降，用 U_P 表示。

考虑到以上几点，在选择变压器二次侧绕组相电压值时，应当取比 U_2 稍大的值（U_2 为理想情况下满足负载要求 U_D 的二次侧绕组相电压）。

根据推导，可得变压器二次侧绕组相电压 U_2 的精确表达式为

$$U_2 = \frac{U_D\left[1+(\gamma_D+\gamma_P)\frac{I_{dmax}}{I_d}-\gamma_D\right]+nU_{VT}}{A\left[\varepsilon B - C\frac{u_k\%}{100}\cdot\frac{I_{dmax}}{I_d}\right]} \tag{Z1-1}$$

在精度要求不高的情况下，变压器二次侧绕组相电压 U_2 可简化为

$$U_2 = (1\sim1.2)\frac{U_D}{A\varepsilon B} \tag{Z1-2}$$

或

$$U_2 = (1.2\sim1.5)\frac{U_D}{4} \tag{Z1-3}$$

式（Z1-1）、式（Z1-2）和式（Z1-3）中，U_D 为负载电动机的额定电压；γ_D 和 γ_P 分别为电动机电阻和所有其他（包括平波电抗器）电阻对于电动机额定电流标幺值和额定电压标幺值，$\gamma_D=\frac{I_D\cdot R_D}{U_D}$，$\gamma_P=\frac{I_D\cdot R_P}{U_D}$；$\frac{I_{dmax}}{I_d}$ 是负载的过载倍数，即最大的过载电流与额定负载时电流平均值之比，其数值由运行要求决定；系数 A、B、C 按表 Z1-1 选取；ε 是电网波动系数，通常取 ε=0.9，在供电质量较差、电压波动更大的情况下，视具体条件取更小的 ε 值；u_k%是变压器的短路电压百分比，100kVA 以下的变压器取 u_k%=5，100～1000kVA 的变压器取 u_k%=5～8；式（8-3）中的系数（1～1.2）和式（8-4）中的系数（1.2～1.5）是考虑到各种因素影响后的安全系数。

2. 一次侧绕组相电流和二次侧绕组相电流

在忽略变压器励磁电流的情况下，可根据变压器的磁势平衡方程写出一次侧绕组和二次侧绕组电流的关系式为

$$I_1 N_1 = I_2 N_2$$

或

$$I_1 = I_2\cdot\frac{N_2}{N_1} = I_2\frac{1}{K}$$

其中，N_1 和 N_2 分别为变压器一次侧和二次侧绕组的匝数；$K=N_1/N_2$，为变压器的变压比。

由上式可见，对于普通电力变压器而言，一次侧绕组和二次侧绕组电流是有效值相等的正弦波电流。但对于整流变压器来说，通常一次侧、二次侧绕组电流的波形并非正弦波，在大电感负载的情况下，整流电流是平稳的直流电，而变压器的二次侧和一次侧绕组中的电流都具有矩形波的形状。

欲求得各种接线形式下变压器一次侧、二次侧绕组电流的有效值，就要根据相应的接线形式下一次侧、二次侧绕组电流的波形求其有效值，从而可得到

$$I_2=K_{12}I_d \tag{Z1-4}$$

$$I_1=K_{11}I_d \tag{Z1-5}$$

其中，K_{11} 和 K_{12} 分别为电流的波形系数，按表 Z1-1 选取。

现以桥式接线形式为例说明在特定接线形式下 K_{11} 和 K_{12} 的计算方法。

三相全控桥式电路，一次侧绕组 U 相中的电流波形 i_2 如图 Z1-1 所示。显然 i_2 不是正弦周期波形，如果把 i_2 分解成基波和各次谐波，它们都可以通过变压器磁耦合反映到一次侧绕组中

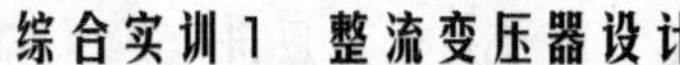

去。因此，一次侧绕组 U 相中具有和二次侧绕组 U 相同形状的电流波形（变压器变压比 K=1）。

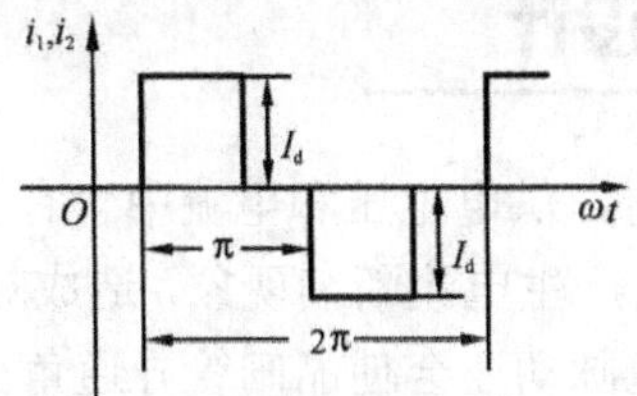

图 Z1-1 三相全控桥式连接时变压器绕组电流波形

根据其波形很容易求出一次侧绕组电流有效值为

$$I_1 = I_2 = \sqrt{\frac{1}{2\pi}\left[I_d^2 \cdot \frac{2\pi}{3} + \left(-I_d\right)^2 \frac{2\pi}{3}\right]}$$

$$= \sqrt{\frac{2}{3}} I_d = 0.816 I_d$$

很明显

$$K_{11} = \frac{I_1}{I_d} = 0.816$$

$$K_{12} = \frac{K \cdot I_1}{I_d}$$

当 K=1 时

$$K_{12} = \frac{I_1}{I_d} = 0.816$$

这说明在变压比 K=1 的情况下，对于桥式线路，一次侧绕组和二次侧绕组电流的有效值相等。

3. 二次侧绕组容量、一次侧绕组容量以及平均计算容量

变压器的容量是指相数、相电压有效值与相电流有效值的乘积。在经过计算得到变压器二次侧绕组相电压有效值 U_2 以及相电流有效值 I_2 后，根据变压器本身的相数 m 就可计算变压器的容量，其值为

$$S_2 = m_2 U_2 I_2 \tag{Z1-6}$$

$$S_1 = m_1 U_1 I_1 \tag{Z1-7}$$

平均计算容量为

$$S = \frac{1}{2}\left(S_1 + S_2\right) \tag{Z1-8}$$

式中，m_1 和 m_2 分别为变压器一次侧、二次侧绕组的相数。对于不同的接线形式，m_1 和 m_2 可查表 Z1-1 选取。

以上结论是以电感性负载为前提推得的。如果是电阻性负载，那么变压器绕组中电流的波形就不再是矩形波，而是正弦波的一部分，并且晶闸管在电源电压由正过零变负时关断，若在此情况下求其有效值，则需要进行特殊考虑。除此之外，电阻性负载整流变压器的参数计算与电感性负载基本相同，在此不再详述。表 Z1-2 列出了电阻性负载时的有关参数，供读者参考使用。

综合实训 2　平波电抗器设计

在使用晶闸管整流装置供电时，供电电压和电流中含有各种谐波成分。当控制角α增大，负载电流减小到一定程度时，还会产生电流断续现象，造成对变流器性能的不利影响。当负载为直流电动机时，电流断续和直流脉动还会使晶闸管导通角θ减小，整流器等效内阻增大，电动机的机械特性变软，换相条件恶化，并且还会增加电动机的损耗。因此，为了提高它对负载供电的性能和提高运行的安全可靠性，除在设计变流装置时要适当增大晶闸管和二极管的容量，选择适于变流器供电的特殊系列的直流电动机外，常在直流侧使用平波电抗器以限制电流的脉动分量，维持电流连续。

电抗器的主要参数包括流过电抗器的电流和电抗器的电感量。流过电抗器的电流往往是给定的，无须计算，下面仅介绍直流侧串接的平波电抗器电感量的计算方法。

1．电动机电枢电感和变压器漏电感的计算

由于存在电动机电枢电感和变压器漏电感，因而在设计和计算直流回路附加电抗器的电感量时，要从根据等效电路折算后求得的所需总电感量中扣除上述两种电感量。

1）电动机电枢电感 L_D

电动机电枢电感为

$$L_D = k_D \frac{U_D}{2pn_N I_D} \times 10^3 \text{（mH）} \tag{Z2-1}$$

式中　U_D——电动机额定电压（V）；

I_D——电动机额定电流（A）；

n_N——电动机额定转速（r/min）；

p——电动机的磁极对数；

k_D——计算系数。

对于有补偿电动机，k_D=8～12；对于快速无补偿电动机，k_D=6～8。

2）整流变压器漏电感

整流变压器漏电感折算到二次侧绕组后，每相漏电感为

$$L_T = k_{TL} \frac{u_k\%}{100} \cdot \frac{U_2}{I_d} \text{（mH）} \tag{Z2-2}$$

式中　U_2——变压器二次侧绕组相电压有效值（V）；

I_d——晶闸管装置直流侧的额定负载电流（平均值）（A）；

$u_k\%$——变压器的短路比，100kVA 以下的变压器取 $u_k\%$=5，100～1000kVA 的变压器取 $u_k\%$=5～10；

k_{TL}——与整流主电路形式有关的系数，查表 Z2-1 的序号 3。

表 Z2-1　计算电感量时的参数

序　号	电感量的有关数值	单相全控桥	三相半波	三相全控桥	带平波电抗器的双反星形
1	f_d	100	150	300	300
	最大脉动时的α值	90°	90°	90°	90°
	U_{dM}/U_2	1.2	0.88	0.80	0.80
2	k_1	2.87	1.46	0.693	0.338
3	k_{TL}	3.18	6.75	3.9	7.8

2．限制输出电流脉动的电感量的计算

由于晶闸管整流装置的输出电压是脉动的，因而输出电流也是脉动的，它可以分解为一个恒定的直流分量和一个交流分量，衡量输出负载电流交流分量大小的电流脉动系数可以定义为

$$S_i = \frac{I_{dM}}{I_d} \tag{Z2-3}$$

式中　I_{dM}——输出电流最低频率的交流分量幅值（A）；

I_d——输出脉动电流平均值（A）。

通常，负载需要的仅是直流分量，而交流分量会引起有害后果。对于直流电动机负载，过大的交流分量会使电动机换相恶化并增加附加损耗。为使晶闸管-电动机系统能正常可靠地工作，对 S_i 有一定的要求。在三相整流电路中，一般要求 $S_i<10\%$；在单相整流电路中，要求 $S_i<20\%$。仅靠电动机自身电感量不能满足对 S_i 的要求，必须在输出电路中串接平波电抗器 L_m，使输出电压中的交流分量基本加在电抗器上，以减少输出电流中的交流分量，使负载能够获得较为恒定的电压和电流。

整流输出电压中交流分量是随控制角α的变化而改变的。分析结果表明，对于常用整流电路，其输出电流的最低谐波频率为 f_d，最大脉动均产生在$\alpha=90°$处。最低谐波频率的电压幅值 U_{dM} 与变压器二次侧绕组为星形接法时相电压有效值 U_2 之比，即 U_{dM}/U_2，见表 Z2-1 的序号 1。

限制电流脉动，需满足一定要求的电感量，即

$$L_m = \frac{\left(\dfrac{U_{dM}}{U_2}\right)\times 10^3}{2\pi f_d} \times \frac{U_2}{S_i I_d}\ \text{（mH）} \tag{Z2-4}$$

式中　U_{dM}/U_2——最低谐波频率的电压幅值与交流侧相电压之比；

f_d——输出电流的最低谐波频率（Hz）；

S_i——根据运行要求给出；

I_d——额定负载电流平均值（A）。

按式（Z2-4）计算出的电感量是指整流回路应具备的总电感量。实际串接的平波电抗器的电感量为

$$L_{ma} = L_m - \left(L_D + L_T\right) \tag{Z2-5}$$

在具体计算时应当注意，对于三相桥式系统，因变压器两相串联导电，故要用 $2L_T$ 代入式（Z2-5）进行计算；对于双反星形电路，则取 $L_T/2$ 代入式（Z2-5）进行计算。

3．使输出电流连续的临界电感量的计算

当晶闸管的控制角α较大，负载电流小到一定程度时，会使输出电流不连续，这将导致晶闸管的导通角θ减小，电动机的机械特性变软，运行不稳定。因此，必须在输出电路中接入与负载串联的电抗器 L_1。

若要求变流器在最小输出电流 I_{dmin} 时仍能维持电流连续，则电抗器电感量为

$$L_1 = k_1 \frac{U_2}{I_{dmin}} \ (\text{mH}) \tag{Z2-6}$$

式中　U_2——交流侧电源相电压有效值（V）；

I_{dmin}——要求连续的最小负载电流平均值（A）；

k_1——与整流主电路形式有关的计算系数，见表 Z2-1 中的序号 2。

可以证明，对于不同控制角α，所需的电感量为

$$L_1 = k_1 \frac{U_2}{I_{dmin}} \sin\alpha \ (\text{mH}) \tag{Z2-7}$$

式中，k_1、U_2、I_{dmin} 含义同式（Z2-6）。

同样，实际临界电感 L_{1a} 也应从式（Z2-7）所求得的 L_1 中扣除 L_D 和 L_T，即

$$L_{1a} = L_1 - (L_D + L_T) \tag{Z2-8}$$

在实际应用中，对不可逆整流电路，可以只串接一只电抗器，使它在额定负载电流 I_d 时的电感量不小于 L_{ma}，在最小负载电流 I_{dmin} 时的电感量不小于 L_{1a}。通常，总是 $L_{1a}>L_{ma}$。当设计的电抗器不能同时满足这两种情况时，可以调节电抗器的空气隙。气隙增大，则大电流时电抗器不易饱和，对限制电流脉动有利；气隙减小，则小电流时电抗器的电抗值增大，对维持电流连续有利。这种电感量随负载电流增大而减小的电抗器称为摆动电抗器。若计算出的 L_{1a} 和 L_{ma} 相差不大，即要求电感量不随负载电流而变，这种电抗器称为线性电抗器；L_{1a} 和 L_{ma} 合并统称为平波电抗器。由于平波电抗器工作时有直流电流流过，故设计电抗器的结构参数时应当考虑直流励磁的存在。

还应指出，由于电磁计算的非线性和所用铁芯材料的不同，各种参考文献的计算公式也有差异，请读者根据实际情况，参阅有关设计手册和厂家的资料，最好能通过试验修正计算中的有关系数。限制环流的均衡电抗器的计算方法不在本节中介绍。

例 Z2.1　已知晶闸管三相全控桥式整流电路供电给 ZZK—32 型快速无补偿直流电动机，其额定容量 P_D=6kW，U_D=220V，I_D=32A，n_N=1350r/min，磁极对数 p=2。变压器二次侧绕组相电压 U_2=127V，短路比 $u_k\%$=5。整流器输出额定电流 I_d=35.5A，要求额定电流时 $S_i \leqslant 0.05$，在 5%额定电流时能保证电流连续。试计算平波电抗器的电感量。

解：（1）求电动机电枢电感 L_D。

$$L_D = K_D \frac{U_D}{2pn_N I_D} \times 10^3 = 8 \times \frac{220 \times 10^3}{2 \times 2 \times 1350 \times 32} \approx 10.2\text{mH}$$

式中，对于快速无补偿电动机，取 K_D=8。

（2）求变压器漏电感 L_T。

$$L_T = k_{TL} \frac{u_K\%}{100} \times \frac{U_2}{I_d} = 3.9 \times \frac{5}{100} \times \frac{127}{35.5} \approx 0.7\text{mH}$$

式中，k_{TL} 的值由表 Z2-1 查得。

（3）求限制输出电流脉动的电感量 L_{ma}。

$$L_{ma}=L_{m}-\left(L_{D}+L_{T}\right)=\frac{\left(\frac{U_{dM}}{U_{2}}\right)\times 10^{3}}{2\pi f_{d}}\times\frac{U_{2}}{S_{i}I_{d}}-\left(L_{D}+L_{T}\right)$$

$$=\frac{0.80\times 10^{3}}{2\pi\times 300}\times\frac{127}{0.05\times 35.3}-\left(10.2+0.7\right)\approx 30.4-10.9\approx 19.5\text{mH}$$

式中，f_d、U_{dM}/U_2 的值由表 Z2-1 查得。

（4）求使输出电流连续的实际临界电感量 L_{1a}。

$$L_{1a}=L_{1}-\left(L_{D}+L_{T}\right)=k_{1}\frac{U_{2}}{I_{dmin}}-\left(L_{D}+L_{T}\right)$$

$$=0.693\times\frac{127}{0.05\times 35.3}-\left(10.2+0.7\right)$$

$$\approx 49.6-10.9=38.7\text{mH}$$

平波电抗器的额定电流为 $1.1\times 35.5\approx 39$A，1.1 为安全系数。

根据以上计算，$L_{1a}>L_{ma}$，故取其中较大者，即电抗器电感量应大于 38.7mH，且为铁芯气隙可调的摆动电抗器。

综合实训3 脉冲变压器设计

晶闸管触发电路中常用脉冲变压器来输出触发脉冲，其作用主要有两点：一是将触发器与触发器、触发电路与主电路实行电气隔离，有利于安全运行和防止干扰；二是起匹配作用，将较高的脉冲电压降低，增大输出电流，以满足晶闸管的控制要求。

脉冲变压器和普通电源变压器的区别在于：电源变压器传送的是交流正弦电压，主要是功率传递；脉冲变压器传送的是前沿陡峭、单一方向变化的脉冲电压，主要是信号传递。脉冲变压器的这种特点使得它的设计与电源变压器的设计有许多不同。首先，要求脉冲变压器传递脉冲信号不失真；其次，要求脉冲变压器的效率高，功耗小。但由于脉冲变压器一次侧绕组电流是单方向流动的，故铁芯利用率低，磁路容易饱和。另外，脉冲变压器的漏电抗对脉冲前沿有不良影响，矩形波的平台部分相当于低频和直流分量，对脉冲传递的保真度和效率都有影响，这些都是设计脉冲变压器时必须注意的问题。

目前，脉冲变压器的设计有多种方法，参数选择也有较大的分散性。本节介绍的设计方法仅为其中较为实用的一种。

1．脉冲变压器设计的基本原则

图 Z3-1 是脉冲变压器铁芯的磁化曲线。当加在脉冲变压器上的电压是周期性重复单向变化的脉冲时，每个周期铁芯都将沿着图中的曲线 3 在 M 点和 N 点之间磁化。图中，N 点为最高磁化点，M 点为最大磁滞回线的剩磁点，曲线 1 是磁化主线，曲线 2 是磁滞回线的一部分，曲线 3 是脉冲变压器的工作周期线。B、H 分别为磁通密度和磁场强度，B_m、H_m 分别为 B 和 H 的最大值，B_r 是剩磁磁密。

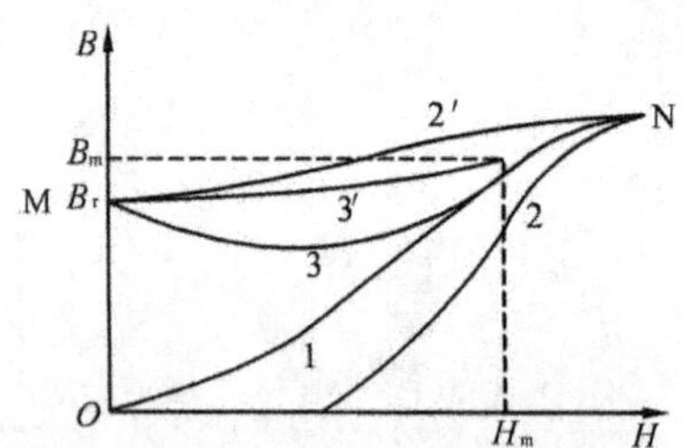

图 Z3-1 脉冲变压器铁芯的磁化曲线

当周期性向变压器施加单向脉冲时，铁芯的平均导磁率为

$$\mu_{cp}=\frac{B_m-B_r}{H_m}$$

可见，向变压器施加单向脉冲时，铁芯导磁率 μ_{cp} 总是比施加交变电压时低，并且剩磁 B_r 越高，μ_{cp} 就越低，变压器铁芯得不到充分利用。为了提高变压器的利用率，希望脉冲变压器铁芯材料的剩磁 B_r 要低，最大磁密度 B_m 和导磁率要高。因此，应尽量选用较好的磁性材料，如冷轧硅钢片、坡莫合金、铁淦氧体，铁芯的截面积要选得大一点。

采用附加位移绕组的方法可以减小脉冲变压器的尺寸，该绕组的作用是使铁芯磁化的原始工作点沿着磁化曲线移到负的最大磁密点上。由于增加了铁芯中磁密的变化范围，故可减少变

压器的匝数和磁路截面积。但在位移绕组回路中必须串入足够大的电阻，使在两个脉冲间隔期变压器的去磁过程不致被滞后。

用一只变压器产生两个相位相反的脉冲，在这种情况下和采用位移绕组一样，铁芯的交变磁化将沿着整个回线进行。但这种线路会产生一个反相寄生脉冲，此脉冲在基本脉冲终止的瞬间产生，影响到反相一组。在固定不变的情况下，可将此寄生脉冲限制在某一允许值范围内。但在可控变流器的控制角要求快速变化的情况下，产生寄生脉冲是不允许的，它会使可控变流器提前导通。

特别要指出的是，设计脉冲变压器时不能使铁芯磁感应强度 B 达到其极限值 B_s，因为此时铁芯饱和，将会出现极大的激磁电流。通常取 $B_m \leqslant (0.8 \sim 0.85) B_s$。如传递的是宽度小于 $\frac{T}{2}$（T 为脉冲周期）的矩形波，则取 $B_m \leqslant \frac{B_r}{3}$。为了尽量减小剩磁 B_r，必要时脉冲变压器的铁芯需留一定的气隙。

2．基本关系和计算方法

1）激磁电流 I_0 与一次侧绕组匝数 N_1 的关系

当脉冲变压器的一次侧绕组加上矩形脉冲时，一次侧绕组就产生一个磁场，该磁场强度为

$$H_m = \frac{N_1 \cdot I_0}{l_c}$$

式中　H_m——铁芯不饱和时的最大磁场强度；

l_c——铁芯磁路的平均长度；

N_1——一次侧绕组匝数；

I_0——一次侧绕组励磁电流。

一般来说，I_0=（0.15～0.5）I_1，I_1 为脉冲变压器二次侧绕组折合到一次侧绕组的电流。当 I_1 较小时，也可取 I_0=（0.6～1.0）I_1。变压器的铁芯材料和结构确定后，H_m 和 l_c 就为已知，这时只要合理选择励磁电流 I_0，就可求得一次侧绕组匝数 N_1。可见，I_0 的选择是脉冲变压器设计的关键之一。I_0 过大，会增大触发电路末级晶体管的负担，并引起变压器发热；I_0 过小，又会使一次侧绕组匝数过多，导致漏抗增加，使传递特性变坏。对于一般脉冲变压器，$N_1 \leqslant 300$。

2）铁芯截面积和磁感应强度的关系

由磁路分析可知，铁芯截面积和磁感应强度的关系如下：

$$S = \frac{U_1 \tau}{N_1 \left(B_m - B_r\right)}$$

式中　S——铁芯截面积；

U_1——加在一次侧绕组上的矩形波脉冲电压值；

τ——矩形波脉冲电压宽度；

N_1——一次侧绕组的匝数；

B_m——铁芯未饱和时的最大磁感应强度；

B_r——铁芯剩磁的磁感应强度。

3）脉冲变压器主要参数的计算方法

设计计算前，已知参数值包括输入矩形波脉冲电压值 U_1、脉冲电压宽度 τ、工作周期 T、输出脉冲要求的幅值 U_2 和负载电阻值 R_{fz}。

计算的步骤和方法如下：

（1）确定变压比 $k=U_1/U_2$，一次侧、二次侧绕组的电流变比，二次侧绕组电流 $I_2=U_2/R_{fz}$；一次侧绕组电流 $I_1=I_2/k$。

（2）选择铁芯材料及形式。

若输入脉冲的频率 $f=1/T$，则 $f\leqslant 100$Hz 时选用热轧硅钢片；$f\leqslant 1000$Hz 时选用冷轧硅钢片；$f>1000$Hz 时选用坡莫合金或铁涂氧体材料。

铁芯可做成“E”字形或铁涂氧磁环。尺寸根据输出功率大小确定，详见表 Z3-1 和表 Z3-2。

（3）计算一次侧、二次侧绕组匝数 N_1、N_2。

$$N_1 = H_m \cdot \frac{l_c}{I_0}$$

若 $N_1>300$，则可适当增加 I_0 或重选铁芯尺寸再预算。

$$N_2 = \frac{N_1}{k}$$

（4）确定铁芯厚度。

铁芯截面积为

$$S = \frac{U_1\tau}{N_1(B_m - B_r)\times 10^{-8}}(\text{cm}^2)$$

则铁芯厚度为

$$b = k_c \frac{S}{a}$$

式中 a——铁芯宽度；

k_c——选片系数（0.9～0.95）。

通常 $b=(1.3\sim1.5)a$。如果 b 过大，则表明铁芯尺寸偏小，应改用尺寸大一号的铁芯。

表 Z3-1 E 形铁芯尺寸表

外　形	a/mm	c/mm	F/mm	A/mm	H/mm	l_c/mm
	5	4.5	12	19.5	17.5	50
	10	6.5	18	36	31	72
	12	8.0	22	44	38	92
	13	7.5	22	40	34	83
	15	10	28	56	48	110
	16	9	24	50	40	100
	19	12	33.5	67	57.5	125
	22	11	33	66	55	130
	28	14	42	83	70	170

续表

外　形	a/mm	c/mm	F/mm	A/mm	H/mm	l_c/mm
	32	16	48	96	80	180
	38	19	57	114	95	220
	44	22	66	132	110	260
	48	25.5	75	150	126	280
	50	25	75	150	125	300
	56	28	84	160	140	320
	64	32	96	192	160	370

表 Z3-2　环形铁芯尺寸表

外形尺寸/mm		型号							
		K-1	K-2	K-3	K-4	K-5	K-6	K-7	K-8
	D_1	22	18	10	10	10	20	20	7
	D_2	14	11	7	7	6	12	8	4
	H	5	8	5	5	5	4	6	3

（5）确定绕组导线截面积和直径。

导线尺寸根据电流有效值选取。

导线截面积为

$$A = \frac{I_{\mathrm{ef}}}{j} = \pi\left(\frac{d}{2}\right)^2$$

导线直径为

$$d = 2\sqrt{\frac{I_{\mathrm{ef}}}{\pi j}}$$

式中　I_{ef}——电流有效值；

　　j——电流密度，可取 2.5A/mm^2。

一次侧绕组电流有效值为

$$I_{\mathrm{ef1}} = \sqrt{\frac{\tau}{T}}I_1 + \frac{I_0}{3}$$

二次侧绕组电流有效值为

$$I_{\mathrm{ef2}} = \sqrt{\frac{\tau}{T}} \cdot I_2$$

由于电流为脉冲形式，因而导线发热不严重。但在铁芯窗口尺寸许可的条件下，截面可以选得大些，以减小变压器的内阻压降。

（6）计算与校核输出级晶体管功耗。

晶体管工作在开关状态，其耗散功率为

$$P_{\mathrm{c}} = U_{\mathrm{ces}}\frac{\tau}{T} \cdot I$$

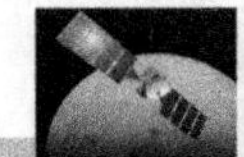

式中　U_{ces}——晶体管饱和压降；

τ——脉冲宽度；

T——脉冲周期；

$I=I_1+I_0$——通过一次侧绕组的总电流。

根据 P_c 可选择合适的输出级晶体管或校核已选用的晶体管是否满足要求。

例 Z3.1　在一个脉冲触发电路中，已知脉冲周期 T=11ms，脉冲宽度 τ=1.1ms，一次侧绕组脉冲电压 U_1=12V，二次侧绕组脉冲电压 U_2=8V，二次侧最小负载电阻 R_{fz}=50Ω，试设计一个脉冲变压器。

解：（1）确定一次侧、二次侧绕组电流及变压比。

$$k=\frac{N_1}{N_2}=\frac{U_1}{U_2}=\frac{12}{8}=1.5$$

$$I_2=\frac{U_2}{R_{fz}}=\frac{8}{50}=0.16\text{A}$$

$$I_1=\frac{I_2}{k}=\frac{160}{1.5}\approx 106\text{mA}$$

（2）选铁芯材料及确定铁芯尺寸。

选用冷轧硅钢片，其 B_s=12000Gs，B_r=4760Gs。选用 $B_m=0.8B_s$，故 B_m=0.8×12000=9600Gs。冷轧硅钢片的导磁率 μ=8000，得

$$H_m=\frac{B_m}{\mu}=\frac{9600}{8000}=1.2\text{（奥斯特）}$$

因 1 奥斯特=0.8A/cm，故 1.2 奥斯特=1.2×0.8=0.96A/cm。

选用磁路长度 l_c=7.2cm，a=1.0cm，取 $I_0=0.3I_1$= 0.3×106=32mA=0.032A，从而得到

$$N_1=\frac{H_m\cdot l_c}{I_0}=\frac{0.96\times 7.2}{0.032}=216\text{（匝）}$$

$$N_2=\frac{N_1}{k}=\frac{216}{1.5}=144\text{（匝）}$$

（3）确定铁芯厚度。

因为

$$S=\frac{U_1\tau}{N_1(B_m-B_r)\times 10^{-8}}=\frac{12\times 1.1\times 10^{-3}}{216\times(9600-4700)\times 10^{-8}}=1.26\text{cm}^2$$

故

$$b=k_c\frac{S}{a}=1\times\frac{1.26}{1}=1.26\text{cm}$$

b=1.26＜1.5，a=1.5，说明铁芯合适。

（4）确定导线截面积。

$$I_{ef1}=\sqrt{\frac{\tau}{T}}\cdot I_1+\frac{1}{3}I_0=\sqrt{\frac{1.1}{11}}\times 0.106+\frac{0.032}{3}=0.0442\text{A}$$

$$I_{ef2}=\sqrt{\frac{\tau}{T}}\cdot I_2=\sqrt{\frac{1.1}{11}}\times 0.16=0.0506\text{A}$$

当电流密度 j=2.5A/mm^2 时，一次侧绕组导线截面积为

$$A_1 = \frac{I_{\text{ef1}}}{j} = \frac{0.0442}{2.5} = 0.018\text{mm}^2$$

二次侧绕组导线截面积为

$$A_2 = \frac{I_{\text{ef2}}}{j} = \frac{0.0502}{2.5} = 0.0202\text{mm}^2$$

据此可以求得导线直径和绕组的断面，将其与窗口比较。若窗口过大，可用较粗导线；反之，则需另选铁芯。

（5）选触发器的输出晶体管。

$$P_{\text{s}} = U_{\text{ces}} \frac{\tau}{T} \left(I_1 + I_0\right)$$

设 U_{ces}=2V，则

$$P_{\text{o}} = 2 \times \frac{1.1}{11} \times \left(106 + 32\right) = 27.6\text{mW}$$

可据此选择晶体管。

应该指出，上面介绍的脉冲变压器的设计忽略了许多因素，因此是近似的。如果脉冲变压器的精度要求很严格，还应参考有关脉冲变压器的设计资料，应用更精确的方法来进行设计。

综合实训 4　双闭环调速系统电路设计与调试

本节介绍双闭环调速系统主电路参数设计及电路的实际调试。已知他励直流电动机的参数：U_D=230V、I_D=3.5A、n_N=1500r/min；励磁回路参数：U_{IN}=220V、I_{fN}=0.35A，电动机的过载能力为 1.5，主电路采用三相全控桥式整流电路，该系统设计步骤如下。

1．整流变压器参数计算

根据综合实训 1 所提供的设计方法分别计算变压器二次侧绕组相电压 U_1、二次侧绕组相电流 I_2 和一次侧绕组相电流 I_1，变压器一次侧绕组容量 S_1、二次侧绕组容量 S_2 和平均计算容量 S。

2．晶闸管参数的选择

合理地选择晶闸管，可以在保证晶闸管装置可靠运行的前提下降低成本，获得较好的技术经济指标。在采用普通型（KP 型）晶闸管的整流电路中，应正确选择晶闸管的额定电压与额定电流参数。这些参数的选择主要与整流电路的形式，电流、电压与负载电压、电流的大小，负载的性质以及晶闸管的控制角α的大小有关。由于在工程实际中，各种因素差别较大，因此要精确计算晶闸管电流值是较为复杂的。为了简化计算，以下均以α=0° 来计算晶闸管的电流值。但在有些整流电路中，若晶闸管长期工作在控制角α较大的情况下，则应参阅有关资料，修改波形系数，按实际情况选择晶闸管元件。

一般来说，晶闸管的参数计算及选用原则如下：

① 计算每个支路中晶闸管元件实际承受的正、反向工作峰值电压。

② 计算每个支路中晶闸管元件实际流过的电流有效值和平均值。

③ 根据整流装置的用途、结构、使用场合及特殊要求等确定电压和电流的储备系数。

④ 根据各元件的制造厂家提供的元件参数及综合技术经济指标选用晶闸管元件。

3．三相桥式全控整流电路晶闸管额定电压的选择

由理论分析可得，当可控整流电路接成三相全控电路形式时，每个晶闸管所承受的正、反向电压均为整流变压器二次侧绕组电压的峰值，即

$$U_m = \sqrt{6}U_{2\varphi}$$

式中　$U_{2\varphi}$——整流变压器二次侧绕组相电压；

　　　U_m——晶闸管承受的正、反向最大电压。

晶闸管额定电压必须大于元件在电路中实际承受的最大电压 U_m，考虑到电网电压的波动和操作过电压等因素，还要乘以 2～3 的安全系数，晶闸管额定电压为

$$U_{VN}=(2\sim3)U_m \tag{Z4-1}$$

式（9-17）中安全系数（2～3）的取值应视运行条件、元件质量和对可靠性的要求程度而定，通常要求高可靠性的装置取值较大。不同整流电路中，晶闸管承受的最大峰值电压 U_m 不同，参见表 Z4-1。

表 Z4-1　整流元件的最大峰值电压 U_m 和通态平均电流的计算系数 k_{fb}

整流电路		单相半波	单相双半波	单相桥式	三相半波	三相桥式	带平衡电抗器的双反星形
U_m		$\sqrt{2}U$	$2\sqrt{2}U_2$	$\sqrt{2}U$	$\sqrt{6}U$	$\sqrt{6}U$	$\sqrt{6}U_2$
k_{fb}（α=0°）	电阻负载	1	0.5	0.5	0.374	0.368	0.185
	电感负载	0.45	0.45	0.45	0.368	0.368	0.184

按式（Z4-1）所计算的 U_{VN} 值选取相应电压级别的晶闸管元件，同时还必须在电路中采取相应的过电压保护措施。

4．三相桥式全控整流电路晶闸管电流的选择

为使晶闸管元件不因过热而损坏，需要对三相桥式全控整流电路晶闸管额定平均电流值 I_{vv} 和电流有效值 I_v 进行选择。按电流的有效值来计算其额定电流值，即必须使元件的额定电流有效值大于流过元件实际电流的最大有效值。由理论分析可知，当α=0° 时流过晶闸管正弦半波电流的有效值 I_v 和额定值 I_{vv}（通态平均电流）的关系为

$$I_v = 1.57 I_{vv} \tag{Z4-2}$$

在各种不同形式的整流电路中，流经整流元件的实际电流有效值等于波形系数 k_f 与元件电流平均值的乘积，而元件电流平均值为 I_d/k_b（式中 I_d 为整流电路负载电流的平均值，即整流输出的直流平均值；k_b 为共阴极或共阳极电路的支路数）。考虑（1.5～2）倍的电流有效值安全系数后，式（Z4-2）可以写为

$$(1.5～2)k_f \frac{I_d}{k_b} = 1.57 I_{vv}$$
$$I_{vv} = (1.5～2)\frac{k_f}{1.57k_b} I_d = (1.5～2)k_{fb} \cdot I_d \tag{Z4-3}$$

式中，计算系数 $k_{fb}=k_f/1.57k_b$。当α=0° 时，不同整流电路、不同负载性质的 k_{fb} 值参见表 Z4-1。

对于非标准负载等级，根据一般晶闸管元件的热时间常数，通常取负载循环曲线中热冲击最严重的 15min 内的有效值作为流过晶闸管的直流电流的额定值，即

$$I_{VN} = \sqrt{\frac{1}{15}\sum_{k=1}^{j} I_{dT}^2 \Delta t_k} \tag{Z4-4}$$

式中　i——负载循环曲线中，热冲击最严重的 15min 内的电流“阶梯”数；

Δt_k——各级电流的持续时间（min）；

I_{dT}——流过每个晶闸管的平均电流。

在要求不严格的场合，直流电流额定值可取流过负载的最大值。

按式（Z4-4）计算的值，还应注意如下因素的影响：当环境温度大于+40℃和元件实际冷却条件低于标准要求时，或对于电阻性负载，当控制角α较大时，均应降低元件的额定电流值。对晶闸管元件，还应同时采取相应的短路和过载保护措施。

例 Z4.1　某晶闸管三相全控桥式整流电路供电给 ZZ—91 型直流电动机，其额定值为 U_D=220V，I_D=287A，P_D=55kW，要求负载短路时过载倍数为 1.5；电网电压波动系数为 0.9；直流输出电路串接平波电抗器；已知整流变压器次级相电压为 U_2=132V。试计算晶闸管的

额定电压和额定电流，并选择晶闸管。

解：（1）计算晶闸管额定电压 U_{VN}。查表 Z4-1，对于三相全控桥式电路，晶闸管承受的最大峰值电压 $U_m=\sqrt{6}U_2=\sqrt{6}\times132V$。按式（Z4-1）计算的晶闸管额定电压为

$$U_{VN}=(2\sim3)U_m=(2\sim3)\times\sqrt{6}\times132=(647\sim970)V$$

取 800V。

（2）根据式（Z4-3）计算晶闸管的额定平均电流 I_{vv}。查表 Z4-1，系数 k_{fb}=0.368，式中 I_d=1.5×I_D。晶闸管额定电流为

$$I_{vv}=(1.5\sim2)k_{fb}\cdot I_d=(1.5\sim2)\times0.368\times(287\times1.5)=(238\sim317)A$$

取 300A。

选择 KP300—8 型晶闸管，共 6 只。

5．晶闸管保护电路的设计

与一般半导体元件相同，晶闸管元件的主要弱点是过载能力差，因此需针对晶闸管的工作条件采取适当的保护措施，确保整流装置正常运行。保护措施详见第 3 章，主要保护措施包括晶闸管过电压保护，晶闸管过电流保护及电流上升率、电压上升率的限制。

1）过电压保护

（1）交流侧过电压保护。

交流侧 RC 过电压抑制电路参数的计算公式为

$$C_a\geqslant6i_0\%\frac{S_{TM}}{U_2^2} \tag{Z4-5}$$

电容 C_a 的耐压

$$U_{Ca}\geqslant1.5\sqrt{3}U_2 \tag{Z4-6}$$

$$R_a\geqslant2.3\frac{U_2^2}{S_{TM}}\sqrt{\frac{u_k\%}{i_0\%}} \tag{Z4-7}$$

电阻 R_a 的功率为

$$P_{Ra}\geqslant(3\sim4)I_C^2R_a \tag{Z4-8}$$

$$I_C=2\pi fC_aU_{Ca}\times10^{-8} \tag{Z4-9}$$

式中 S_{TM}——变压器每相平均计算容量（VA）；

U_2——变压器二次侧绕组相电压有效值（V）；

$i_0\%$——励磁电流百分数。当 S_{TM}<1000VA 时，$i_0\%$=l0；当 $S_{TM}\geqslant$1000VA 时，$i_o\%$=3～5；

$u_k\%$——变压器的短路比，当变压器容量为 10～1000kVA 时，$u_k\%$=5～10；

I_C，U_{Ca}——当 R_a 正常工作时电流、电压的有效值。

上述 C_a 和 R_a 的计算公式是依单相条件推导得出的，对于三相电路，变压器二次侧绕组的接法可以与 RC 吸收电路的接法相同，也可以不同。严格来讲，应按不同情况和初始条件另行推出 C_a、R_a 的计算公式，但实用中也可按式（Z4-5）和式（Z4-7）进行近似计算。只是在不

同接法时，C_a 和 R_a 的数值应按表 Z4-2 进行相应换算。

表 Z4-2　变压器阻容装置不同接法时电阻和电容的数值

变压器接法	单　相	三相，二次侧绕组 Y 接法		三相，二次侧绕组 D 接法	
阻容装置接法	与变压器次级并联	Y 连接	D 连接	Y 连接	D 连接
电容/μF	C_a	C_a	$\frac{1}{3}C_a$	$3C_a$	C_a
电阻/Ω	R_a	R_a	$3R_a$	$\frac{1}{3}R_a$	R_a

在实际应用中，由于触头断开时电弧的耗能和其他放电回路的存在，变压器磁场能量不可能全部转换为阻容吸收能量，因此，按式（Z4-5）和式（Z4-7）计算所得的 C_a、R_a 值偏大，可适当减小。至于电路采用何种接法，可根据实际使用情况而定。D 接法时，C_a 的容量小但耐压要求高，电阻取值大；Y 接法时，C_a 的容量大些但耐压要求低，电阻取值小。

对于大容量的晶闸管装置，三相保护电路的体积较大；在一般 RC 电路中，因电容所储存的能量将在晶闸管触发导通时释放，从而增大了晶闸管导通时 di/dt 的值，工作中的发热量也较大。为此，可采用整流式 RC 吸收电路，它虽然多了一个三相整流桥，但是只用一个电容器，又因只承受直流电压，可用体积小、容量大的电解电容，从而减小了 RC 电路的体积。整流式 RC 电路的计算公式如下：

$$C_a \geqslant 6i_0\%\frac{S_{TM}}{U_2^2}$$

$$U_{Ca} \geqslant 1.5\sqrt{2}U_{2l}$$

$$\frac{1}{3C_a}\times 10^4 \leqslant R_a \leqslant \frac{1}{5C_a}\times 10^6$$

$$P_{Ra} \geqslant (3\sim 4)\frac{\sqrt{2}(U_{2l})^2}{R_a}$$

$$R_a \geqslant 3.3\frac{U_2^2}{S_{TM}}\sqrt{\frac{u_k\%}{i_0\%}}$$ （Ω）（变压器二次侧绕组为 Y 接法时）

$$R_a \geqslant 1.1\frac{U_2^2}{S_{TM}}\sqrt{\frac{u_k\%}{i_0\%}}$$ （Ω）（变压器二次侧绕组为 D 接法时）

（2）直流侧过电压保护。

整流器直流侧断开时，如果出现直流侧快速开关断开或桥臂快速熔断等情况，则会在整流器直流输出端产生过电压，前者因变压器储能的释放产生过电压，后者则由于直流电抗器储能的释放产生过电压，都会使晶闸管元件损坏。当直流端处在短路情况下断开流电路时，产生的浪涌峰值电压特别严重，所以对直流侧过电压必须采取措施加以抑制。

直流侧保护可以采取与交流侧保护相同的方法，主要有阻容保护、非线性元件抑制和晶闸管泄能保护。因为直流侧阻容保护会使系统的快速性达不到要求的指标，且能量损耗较大，在晶闸管换相时会增大 di/dt，因而应尽量少用或不用阻容保护，而主要采用非线性元件抑制直流侧过电压。

（3）晶闸管换相过电压的保护。

通常是在晶闸管元件两端并联电路，如图 Z4-1 所示。图 Z4-1（a）为常用电路，多用于中小容量整流电路。串联电阻的作用一是抑制 LC 回路的振荡，二是限制晶闸管开通瞬间的损耗且可减小电流上升率 di/dt。

电容 C_a 选择可按下式计算：

$$C_a = (2\sim4)I_{vv} \times 10^{-3}$$

电容 C_a 的耐压应大于正常工作时晶闸管两端电压峰值的 1.5 倍。电阻 R_a 一般取 10～30Ω，对于整流管取下限值，对于晶闸管取上限值，其功率应满足下式：

$$P_{Ra} \geqslant 1.75 f C_a U_m^2 \times 10^{-6}$$

实际应用中，R_a、C_a 的值可按经验数据选取，参见表 Z4-3。

表 Z4-3　与晶闸管并联的阻容电路经验数据

晶闸管额定电流/A	10	20	50	100	200	500	1000
电容/μF	0.1	0.15	0.2	0.25	0.5	1	2
电阻/Ω	100	80	40	20	10	5	2

图 Z4-1（b）为分级电路，适用于较大容量元件的保护。图 Z4-1（c）为整流式阻容保护电路，它不会使晶闸管 di/dt 增大，但线路复杂，使用元件多，故不常用。

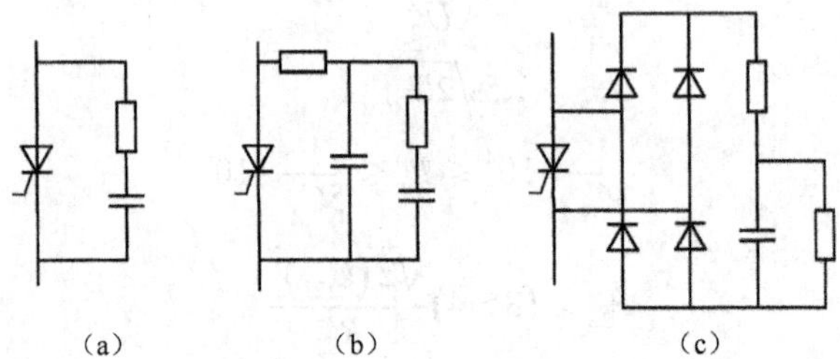

图 Z4-1　换相过电压保护电路

2）晶闸管过电流保护及电流上升率、电压上升率的限制

（1）过电流保护。

快速熔断器（简称快熔）是一种最简单、有效而应用最普遍的过电流保护元件，其断流时间一般小于 10ms。国产快速熔断器的主要参数见表 Z4-4，目前国产快速熔断器的形式有大容量插入式 RTK、保护整流二极管用 RSO 型、保护晶闸管用 RS3 型，以及小容量螺旋型 RLS 等。

表 Z4-4　快速熔断器的参数

项　目	参　数	备　注
额定电压/V	250，500，750，1000	均方根值
额定电流/kA	7.5，(10)，15，30，80，(100)，150，(250)，300，350，450，(500) 600，750，1000	括号内的数值尽量不采用

续表

项　　目		参　数	备　　注
分断能力/kA 均方根值	A	50	$\cos\varphi$0.25
	B	100	$\cos\varphi$0.25
	C	200	$\cos\varphi$0.2
分断绝缘/MΩ	500V 以下	0.5	熔断器分断后 3min 内测量
	750V	0.75	
	1000V	1	

快速熔断器的时间/电流特性参见表 Z4-5。快速熔断器的允许能量值等参数请参阅有关资料手册。

快速熔断器的选用原则如下：

◆ 额定电压的选择。快速熔断器额定电压 U_{RN} 不小于电路正常工作电压的均方根值。

◆ 额定电流的选择。快速熔断器的额定电流 I_{RN} 应按它所保护的元件实际流过的电流 I_R（均方根值）来选择，而不是根据元件的标称额定电流 I_{vv} 值来确定。一般可按下式计算：

$$I_{RN} \geqslant k_i k_a I_R$$

式中　k_i——电流裕度系数，取 k_i=1.1～1.5；

k_a——环境温度系数，取 k_a=1～1.2；

I_R——实际流过快速熔断器的电流有效值。

表 Z4-5　快速熔断器的时间/电流特性

额定电流倍数	熔断时间/s			
	ROS		RS3	
	300A 以上	300A 以上	300A 及以下	300A 以上
1.1	4h 不熔断			
6	/	/	不大于 0.2	/
8	不大于 0.2	/	/	不大于 0.2
10	/	不大于 0.2	/	

在确定快速熔断器额定电流时要注意两点情况：首先，在同一整流臂中若有多个元件并联时，要考虑电流不均衡系数，快速熔断器应按在支路中流过最大可能电流的条件来选择；其次，要考虑整流柜内的环境温度，一般要比柜外高，有时可相差 10℃。

快速熔断器有一定的允许通过的能量 I^2t 值，元件也具有承受一定 I^2t 值的能力。为了使快速熔断器能可靠地保护元件，要求快速熔断器的$(I^2t)_R$ 值在任何情况下都小于元件的 $I_{TSM}^2 t$ 值。其关系为

$$(I^2t)_R \leqslant 0.9 I_{TSM}^2 t$$

式中　$(I^2t)_R$——快速熔断器的允许能量值，可从产品说明书中查得；

I_{TSM}——元件的浪涌峰值电流的有效值，可从元件手册中查得；

t——元件承受浪涌电流的半周时间，在 50Hz 情况下 t=1/100s。

例 Z4.2 三相桥式全控整流电路，晶闸管为 KP300 型，直流输出电流为 I_d=250A，交流电压为 380V，计算桥臂中与晶闸管串联的快速熔断器参数。

解：（1）因工作时电压为 380V，取 U_{RN}=500V。

（2）流过快速熔断器的电流有效值为

$$I_R = \frac{1}{\sqrt{3}} I_d = \frac{1}{\sqrt{3}} \times 250 = 145\text{A}$$

快速熔断器的额定电流为

$$I_{RN} = k_1 k_a I_R = 1.5 \times 1.2 \times 145 = 261\text{A}$$

选取 I_{RN}=300A。

（3）验算 I^2t 值。

从有关手册中查知 RS3 型 500V/300A 快速熔断器的$(I^2t)_R$=135000A^{2}s，KP300 型晶闸管的浪涌电流峰值 I_{TSM}=5650A，其有效值为 5650/$\sqrt{2}$ =3995A。所以

$$0.9I_{TSM}^2 t = 0.9 \times 3995^2 \times \frac{1}{100} = 143640\text{A}^2\text{s}$$

故

$$(I^2t)_R < 0.9I_{TSM}^2 t$$

关系成立。

（2）电流上升率 di/dt 的限制。

通常桥臂电感 L_K 取 10～20μH，由空心线圈绕制而成。

（3）电压上升率 du/dt 的限制。

对于交流侧产生的 du/dt，可采用带有整流变压器和交流侧阻容保护的变流装置。

进线电感为

$$L_T = \frac{U_2}{NI_2} u_k\% = \frac{U_2}{2\pi f I_2} u_k\%$$

式中 U_2、I_2——交流侧的相电压和相电流；

f——电源频率；

u_k%——与晶闸管装置容量相等的整流变压器的短路比。

应当指出，目前晶闸管保护装置的参数定量计算还缺乏成熟和统一的方法，有待于进一步科学论证。按本节介绍的计算公式所得的参数仅供选用时参考，读者应随时参阅厂家产品说明并参照最近同类产品的参数来选取。

6. 触发电路及分析

（1）可采用锯齿波触发电路或集成触发器触发电路，分析触发电路中各主要点的波形。

（2）分析同步变压器的选择原则。

（3）说明各触发脉冲之间的关系，画出波形图。

7. 电路调试

8. 撰写设计说明书

1）内容

（1）分析主电路和控制电路的工作原理。

（2）主电路分别带电阻性、大电感性负载时，求主电路输出电压、电流的平均值；画出输出电压、电流波形。

（3）确定触发电路形式，画出电路中各主要点的波形。

（4）写出调试步骤。

（5）将调试中各点的波形与理论分析做比较，分析其不同之处。

（6）绘出他励直流电动机的机械特性。

（7）写出实习的心得体会，提出意见及建议。

2）设计电路绘制

（1）在三号图纸上绘制标准电路图。

（2）所用电气、电子元件的符号均采用国家标准符号。手工绘制时，如果是典型元件，如熔断器、电动机等，最好用电工模板绘制（也可用计算机软件进行绘制）。

（3）图中线条要求规范。参照有关教材中的范图和元件符号，粗实线、细实线、虚线严格分清绘出。

（4）图纸布局要匀称合理。主电路和控制电路可以分开绘制。

（5）图纸右下角应按工程制图要求绘制标题栏。

附录 A　电源相序的测定

三相整流电路是按一定顺序工作的，故保证相序正确是非常重要的。根据条件测定相序可采用如下三种方法进行。

1. 双踪示波器法

测定时，可指定一根电源线为 U_1 相，并用探头 I 测量其波形。再用探头 II 测量另一根电源线，若探头 II 测出波形滞后探头 I 波形 120°，则探头 II 测定的一根电源线为 V 相，剩下一根电源线则为 W_1 相。反之，若探头 II 测得波形超前于探头 I 的波形 120°，则探头 II 测得的一根电源线为 W_1 相，剩下一根电源线为 V_1 相。

2. 相序灯法

如图 A-1（a）所示，把电容、灯泡接成星形，三个端点分别接到三相电源上，则一个灯较亮，另一个灯较暗。如果以接电容的一相为 U_1 相，则与较亮的灯泡相接的一端为 V_1 相，与较暗的灯泡相接的一端为 W_1 相。

3. 相序鉴别器

图 A-1（b）是一种简易的相序鉴别器电路图。当相序正确时（如图中 U_1、V_1、W_1），氖灯亮；如果相序不正确，则氖灯不亮。

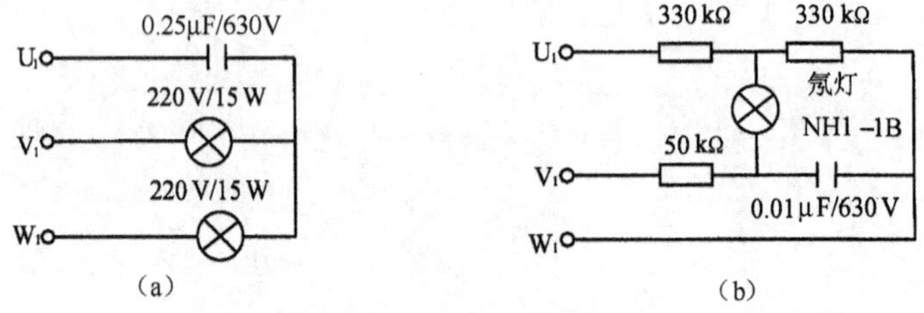

图 A-1　相序鉴别器

附录B 变压器极性的测定

1．单相变压器极性测定

在测定极性前，先用万用表电阻挡测量四个出线端的通断情况及电阻大小，找出高低压线圈，并将高压线圈的两个出线端分别标记 U_1、U_2，低压线圈的两个出线端分别标记 U_1、U_2。

（1）直流电压法。可用一节干电池和一只电压表（或万用表电压挡）进行测量，如图B-1（a）所示。闭合S，若电压表指针正向偏转，则与电池正极所接的端头和电压表正极所接的端头为同名端。反之，若电压表指针反向偏转，则接电池正极的端头与接电压表负极端头为同名端。测出的同名端用“·”标记。

（2）交流电压法。按图B-1（b）把 U_2、U_2 端连接起来，在高压端接一个较低的便于测量的电压，用电压表测量 U_1、u_1 间的电压和一次侧、二次侧的电压 $U_{u_1u_2}$ 和 $U_{u_1u_2}$，如果 $U_{U_1U_1}=U_{U_1U_2}-U_{u_1u_2}$，则 U_1、u_1 端为同极性端，并在 U_1、u_1 端打上“·”，若 $U_{U_1u_1}=U_{U_1U_2}+U_{u_1u_2}$，则 U_1、u_1 端为异极性端，那么 U_1、u_2 为同极性端。

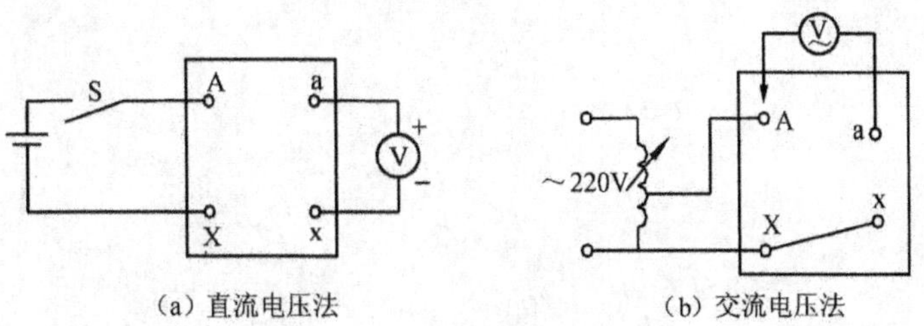

（a）直流电压法　　（b）交流电压法

图B-1　单相变压器极性的测定

2．三相变压器极性测定

（1）测定相间极性。首先用万用表电阻挡测量12个出线端间的通断情况及电阻大小，找出三相高压线圈。暂定标记 U_1、V_1、W_1 及 U_2、V_2、W_2。

按图B-2接线，将 V_2、W_2 两点用导线相连，在 U_1 相施加低电压，用电压表（或万用表电压挡）测量 $U_{v_1v_2}$、$U_{w_1W_2}$ 及 $U_{v_1W_1}$，若 $U_{v_1W_1}=U_{v_1v_2}-U_{w_1W_2}$，则标记正确。若 $U_{v_1w_2}=U_{v_1v_2}-U_{w_1w_2}$，则说明标记错误，应把 V_1、W_1 相中任意一相的端点标号互换（如将 V_1、V_2 换成 V_2、V_1）。用同样的方法，在 V_1 相施加低电压，决定 U_1、W_1 相间的极性，测定三相高压线圈相互极性后，把它们的首末端做正式标记。

（2）找出各组二次侧线圈。首先在 U_1、U_2 端施加低电压，用电压表测量二次侧电压，中电压最高的一相即为 U_1 相的二次侧线圈，暂标上 u_1、u_2。同理可标出 v_1、v_2 及 w_1、w_2。

（3）测定一、二次侧极性。按图B-3接线，一次侧与二次侧的中性点用导线相连，高压线圈施加三相低电压，测 $U_{U_1u_2}$、$U_{V_1v_2}$、$U_{W_1w_2}$、$U_{u_1u_2}$、$U_{v_1v_2}$、$U_{w_1w_2}$、$U_{U_1u_2}$、$U_{V_1v_1}$、$U_{W_1w_1}$，若 $U_{U_1u_2}=U_{U_1U_2}-U_{u_1u_2}$，则 $U_{U_1U_2}$ 与 $U_{u_1u_2}$ 同相，U_1 与 u_1 端极性相同；若 $U_{U_1u_1}=U_{U_1U_2}+U_{u_1u_2}$，则 $U_{U_1U_2}$ 与 $U_{u_1u_2}$ 反相，U与u端极性相反。同样原则判别 V_1、W_1 两相一次侧、二次侧极性。测定后把低压线圈各相首末端做正式标记。

极性标出后，则可按实验电路的要求接成所需要的连接组。

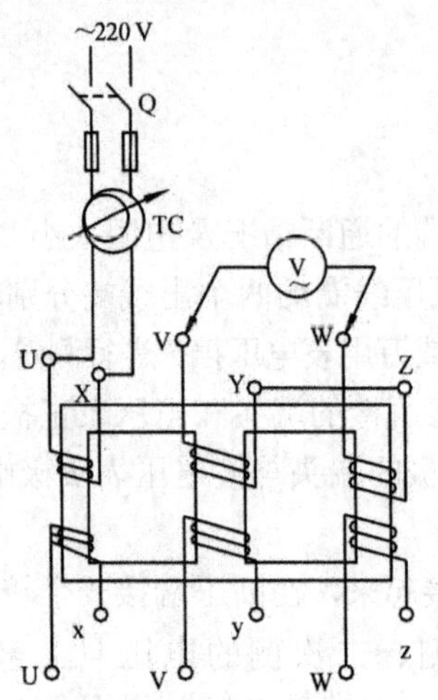

图 B-2　测定相间极性接线图

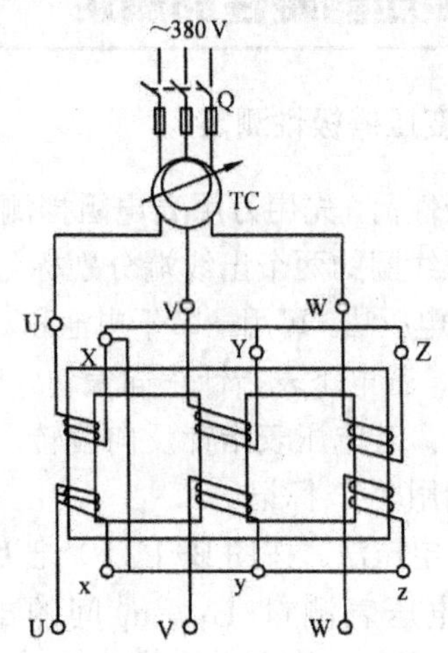

图 B-3　测定一次侧、二次侧极性接线图

参 考 文 献

[1] 曾方．电力电子技术［M］．西安：西安电子科技大学出版社，2004．

[2] 王兆安，张明勋．电力电子设备设计和应用手册［M］．北京：机械工业出版社，2002．

[3] 张立，黄两一．电力电子场控器件及其应用［M］．北京：机械工业出版社，1995．

[4] 吕汀，石红梅．变频技术原理与应用［M］．北京：机械工业出版社，2003．

[5] 苏开才，毛宗源．现代功率电子技术．北京：国防工业出版社，1995．

[6] 龙志文．电力电子技术［M］．北京：机械工业出版社，2006．

[7] 张立编著．现代电力电子技术［M］．北京：高等教育出版社，1999．

[8] 吴守箴，臧英杰．电气传动的脉宽调制控制技术［M］．北京：机械工业出版社，1997．

[9] 张涛．电力电子技术［M］．北京：电子工业出版社，2003．

反侵权盗版声明

举报电话：（010）88254396；（010）88258888
传　　真：（010）88254397
E-mail：dbqq@phei.com.cn
通信地址：北京市海淀区万寿路 173 信箱
　　　　　电子工业出版社总编办公室
邮　　编：100036